煤炭高等教育"十四五"规划教材

煤炭
智能精准开采概论

主编 袁 亮 杨 科 陈登红

U0337703

中国矿业大学出版社
·徐州·

内 容 提 要

本书旨在介绍煤炭智能精准开采先进理论、技术与工程案例。全书按"智能精准开采发展背景-煤炭开采基本概念-煤炭精准开采基础-'掘、采、运、安全保障'等生产系统智能化知识"四个维度构建煤炭智能精准开采体系。全书共八章内容，第一章阐明了我国煤炭工业地位、智能化发展历程及当前面临的机遇与挑战，提出煤炭智能精准开采是煤炭工业高质量发展必由之路；第二章简介了煤炭的形成、煤炭开采等基本概念；第三章厘清了煤炭精准开采的基本概念、阐明了煤炭精准开采基本保障——透明矿山和多场耦合，结合煤矿智能化建设内容形成了煤炭智能精准开采技术架构；第四章至第七章介绍了煤炭智能精准"掘、采、运、安全保障"等生产系统知识；第八章介绍了智能精准开采在煤矿的典型应用。

本书为新形态教材，可作为采矿工程、智能采矿工程、安全工程、地质工程、管理科学与工程、数学与应用数学、医学等多学科相关专业的教材，也可供相关领域工程技术人员参考。

图书在版编目（C I P）数据

煤炭智能精准开采概论 / 袁亮，杨科，陈登红主编
.—徐州：中国矿业大学出版社，2023.8
ISBN 978 - 7 - 5646 - 5923 - 3

Ⅰ.①煤…　Ⅱ.①袁…　②杨…　③陈…　Ⅲ.①智能技术—应用—煤矿开采—高等学校—教材　Ⅳ.①TD82-39

中国国家版本馆 CIP 数据核字（2023）第 151491 号

书　　名	煤炭智能精准开采概论
主　　编	袁　亮　杨　科　陈登红
责任编辑	王美柱　　满建康
出版发行	中国矿业大学出版社有限责任公司
	（江苏省徐州市解放南路　邮编 221008）
营销热线	（0516）83885370　83884103
出版服务	（0516）83995789　83884920
网　　址	http://www.cumtp.com　E-mail：cumtpvip@cumtp.com
印　　刷	江苏淮阴新华印务有限公司
开　　本	787 mm×1092 mm　1/16　**印张** 16.5　**字数** 422 千字
版次印次	2023 年 8 月第 1 版　2023 年 8 月第 1 次印刷
定　　价	38.00 元

（图书出现印装质量问题，本社负责调换）

《煤炭智能精准开采概论》
编 委 会

前　言

我国能源结构的基本特征是"贫油、少气、相对富煤"。作为能源供应的压舱石,我国煤炭资源禀赋复杂,煤矿安全问题依然严峻,煤矿智能化建设任重道远。针对我国煤炭安全智能开采面临的挑战和机遇,袁亮院士于 2017 年提出煤炭精准开采科学构想,这一构想已成为行业共识。煤炭智能精准开采是基于透明空间地球物理和多物理场耦合,以智能感知、智能控制、物联网、大数据、云计算等作为支撑,将不同地质条件的煤炭开采扰动影响、致灾因素、开采引发生态环境破坏等统筹考虑,时空上准确高效的煤炭少人(无人)智能开采与灾害防控一体化的未来采矿新模式。煤炭智能精准开采可显著提高煤炭安全开采自动化、智能化、信息化水平,是实现煤炭工业由劳动密集型向技术密集型转变的根本途径。

2020 年 3 月,国家发展改革委、教育部等八部门联合印发《关于加快煤矿智能化发展的指导意见》。为加快智能采矿人才培养,适应社会行业发展需求,编写一本介绍煤炭智能精准开采发展历程、相关知识与未来趋势的通识教材迫在眉睫。在此背景下,本教材结合矿业类人才培养的内在需求,总结了近年来在煤炭安全智能精准开采方面的理论、技术与实践。

本教材是矿业类院校相关专业本科生和研究生的通识课程教材,由安徽理工大学牵头,联合中国矿业大学、中国矿业大学(北京)等单位编写完成,力求系统总结分析我国煤炭智能精准开采发展现状,介绍煤炭智能精准开采研究成果与实践经验,为我国煤矿安全高效生产提供范例和经验借鉴,为相关设计研究、生产管理、人才培养提供参考。全书共八章内容,分别为绪论、煤炭开采基本概念、煤炭精准开采基础、煤矿智能掘进系统、煤炭智能开采系统、煤矿智能运输系统、煤矿安全智能保障系统及智能精准开采工程案例。本书重点是介绍煤炭智能精准开采基础及"掘、采、运、安全保障"等生产系统智能化知识,不同内容独立成章,各高校可根据教学需要进行取舍。

由于煤炭智能精准开采理论与技术发展还不够成熟,研究还不够深入,认识还不够统一,加之编写时间比较仓促,书中难免有瑕疵,恳切希望广大教师、学生和读者对本书的欠妥之处提出批评、指正和修改意见。

感谢所有参与本书调研、编写和出版的研究人员和编辑对本书出版的支持!

编　者
2023 年 7 月

目　次

第一章 绪 论

第一节 煤炭的工业地位

煤炭的
工业地位

煤炭作为不可再生资源,具有能源、工业原料双重属性,不仅可以作为燃料取得热量和动能,还是化工产品等的重要工业原料。自第一次工业革命以来,煤炭在为人类提供能源等领域扮演了重要角色,是工业"真正的粮食"。即使在科技高度发展的今天,煤炭仍然是宝贵的能源资源,在世界一次能源消费结构中仍占 27.2%(2020 年),甚至在部分国家占据能源消费主导地位,如 2021 年我国煤炭消费量占能源消费总量的 56%。

世界近代煤炭工业是从 18 世纪 60 年代英国的产业革命开始的,煤炭是欧美各国工业化的动力基础。第一次世界大战前后,煤产量达到高峰。1913 年,英国产煤 292 Mt,为历史最高水平;世界煤炭总产量为 1 320 Mt,占世界一次能源总产量的 92.2%。从 20 世纪 20 年代开始,世界能源结构逐渐由煤炭转向石油和天然气,煤炭产量增长缓慢,1950 年世界煤炭总产量为 1 820 Mt。

1950—1973 年,是石油的黄金时代,煤炭在世界能源系统中的地位迅速下降,1966 年被石油超过而退居第二位。1973 年第一次石油危机以后,煤炭重新受到重视,生产和利用都有很大发展。以微电子技术为先导的世界新技术革命的成果,迅速渗透到煤炭领域,使这一古老的传统产业发生巨大的变革,正在从根本上改变煤炭工业的面貌,劳动生产率成倍提高,生产成本明显下降,安全状况大为改善,洁净煤技术的研究开发将使煤炭成为干净、高效和廉价的能源。这在高技术领先的美国尤为突出。

1991 年,世界煤炭总产量为 4 540 Mt,其中硬煤 3 475 Mt,褐煤 1 065 Mt。产量超过 100 Mt 的国家有 8 个:中国 1 089 Mt,美国 901 Mt,苏联 558 Mt,德国 352 Mt,印度 241 Mt,澳大利亚 226 Mt,波兰 210 Mt,南非 171 Mt。

从《BP 世界能源统计年鉴(2021 年版)》的数据分析当前的全球一次能源消费情况(图 1-1)(扫描图中二维码获取彩图,下同)可以看出:石油在能源结构中占了最大份额(31.2%),煤炭是 2020 年第二大燃料,占一次能源消费总量的 27.2%,较 2019 年略有上升。

我国能源资源赋存特点决定了煤炭在我国能源结构中占主导地位。我国能源资源赋存特点为"贫油、少气、相对富煤",2 000 m 以浅煤炭资源总量 5.95×10^{12} t,煤炭资源量及探明储量世界排名第三。根据自然资源部发布的《中国矿产资源报告 2022》可知:截至 2021 年年底,我国煤炭储量 2 078.85 亿 t(证实储量与可信储量之和),石油剩余探明技术可采储量 36.89 亿 t,天然气剩余探明技术可采储量 63 392.67 亿 m^3,页岩气剩余探明技术可采储量 5 440.62 亿 m^3,煤层气剩余探明技术可采储量 3 659.68 亿 m^3。

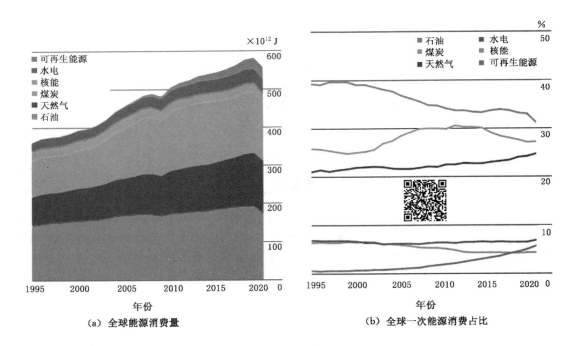

图 1-1　全球一次能源消费情况统计

中国是世界最大的煤炭生产与消费国。自 1965 年以来,我国累计生产原煤近 960 亿 t,为国民经济和社会发展提供了可靠的能源保障。1991 年,煤炭消费量占一次能源消费量的 76%,全国 70% 的工业燃料和动力、80% 的民用商品能源、60% 的化工原料是由煤炭提供的。年产量 10 Mt 以上的大型矿区有山西大同、西山、阳泉、晋城,河北开滦、峰峰,河南平顶山、义马,黑龙江鹤岗、鸡西、双鸭山,安徽淮北,江苏徐州,辽宁阜新、铁法,山东兖州。全国原煤入洗比例为 110.1%,出口煤炭 20 Mt。到 2021 年,煤炭消费量占一次能源消费量的 56%,原煤产量 41.3 亿 t,煤矿安全生产形势持续向好,百万吨死亡人数降至 0.044 人;大型煤炭企业采煤机械化程度提高到 98.95%。煤炭集约开发布局进一步优化,煤炭生产重心加快向晋陕蒙新地区集中、向优势企业集中。2021 年,山西、内蒙古、陕西、新疆、贵州、安徽 6 个省份(自治区)原煤产量超亿吨,产量共计 35.4 亿 t,占全国(41.3 亿 t)的 85.7%。截至 2021 年年底,全国煤矿数量减少至 4 500 处以内,年产 120 万 t 以上的大型煤矿产量占全国的 85% 左右。其中,建成年产千万吨级煤矿 72 处,产能 11.24 亿 t/a;在建千万吨级煤矿 24 处左右,设计产能 3.0 亿 t/a 左右;年产 30 万 t 以下小型煤矿产能占全国的比例下降至 2% 左右。全行业建成一批智能化示范煤矿,建成 800 多个智能化采掘工作面,多种类型煤矿机器人在煤矿井下示范应用,推动了煤矿质量变革、效率变革、动力变革。

党的二十大报告中明确指出:"积极稳妥推进碳达峰碳中和,立足我国能源资源禀赋,坚持先立后破,有计划分步骤实施碳达峰行动。完善能源消耗总量和强度调控,重点控制化石能源消费,逐步转向碳排放总量和强度'双控'制度。深入推进能源革命,加强煤炭清洁高效利用,加大油气资源勘探开发和增储上产力度,加快规划建设新型能源体系,统筹水电开发和生态保护,积极安全有序发展核电,加强能源产供储销体系建设,确保能源安全。完善碳排放统计核算制度,健全碳排放权市场交易制度。提升生态系统碳汇能力。积极参与应对气候变化全球治理。"这为我国煤炭绿色低碳高质量发展指明了最新方向。

碳达峰碳中和引领能源生产消费革命方向。2021 年,我国一次能源生产总量为 43.3 亿 t 标准煤,比上年增长 6.2%。能源生产结构中煤炭占 67.0%,石油占 6.6%,天然气占 6.1%,水电、核电、风电、光电等非化石能源占 20.3%;能源消费总量为 52.4 亿 t 标准煤,增长 5.2%,能源自给率为 82.6%。在能源生产增速加快的同时,我国能源消费结构也在不断改善。2021 年,煤炭消费量占一次能源消费总量的比例为 56.0%,石油占 18.5%,天然气占 8.9%,水电、核电、风电等非化石能源占 16.6%。与十年前相比,煤炭消费量占能源消费量比例下降了 14.2 个百分点,水电、核电、风电等非化石能源比例提高了 8.2 个百分点,在我国"贫油、少气、相对富煤"的资源禀赋下,可以预测的未来十年乃至二十年煤炭主体能源地位和兜底保障责任不会改变。随着"十四五"煤炭消费峰值的到来,需深入推动煤炭工业改革,以数字化技术为引领,以煤矿智能精准开采为发展方向,加快煤炭行业转型升级。

第二节 煤炭开采综合机械化、自动化和智能化发展现状

一、我国煤矿综合机械化发展历程

20 世纪 70—80 年代,我国大规模引进了综采装备,推动了由人工采煤、炮采、普采到综采的技术革命,成为中国煤炭工业发展史上具有里程碑意义的重大事件。通过消化吸收国外的综采装备,逐步开展国产综采技术与装备的研发;基于大量现场实测与试验研究,探索揭示了综采工作面围岩控制理论、液压支架与围岩耦合作用关系、液压支架设计方法

煤炭开采综合机械化、自动化和智能化发展现状

等,研发了适应不同煤层赋存条件的多种类型综采液压支架,并于 1984 年颁布了我国第一部液压支架标准——《液压支架型式试验规范》(MT 86—1984),标志着我国综采技术与装备研发初具雏形。

1985—2000 年,我国综采技术与装备进入从消化吸收到自主研发的阶段,针对我国不同矿区复杂煤层赋存条件,研发了适用于薄煤层、中厚煤层、厚及特厚煤层的综采(放)技术与装备,并针对大倾角、急倾斜等煤层条件开发了大倾角液压支架、分层铺网液压支架等特殊类型的液压支架,逐步形成了综采液压支架设计理论方法体系,制定了液压支架和其他综采装备技术标准,初步实现了普通液压支架、采煤机、运输设备等的国产化制造。针对我国分布广泛的特厚煤层赋存条件,开发了低位高效综采放顶煤液压支架与综放技术,实现了厚及特厚煤层的安全、高效、高采出率开发。

在此期间,国外发达采煤国家研发了以高可靠性、大功率综采装备为基础的高效集约化综采模式,采用高可靠性、强力液压支架,大功率采煤机,重型刮板输送机等,大幅提高了综采工作面的产量与效率。受制于薄弱的工业制造基础,我国综采装备制造技术、设备参数、检验标准等,均落后于发达国家。从 1995 年起,神东矿区通过大量引进国外高端综采成套设备,实现了工作面的高产高效开采。由于国产装备与进口装备在生产能力、可靠性等方面存在显著差距,德国 DBT、美国 JOY 等国外煤机企业长期垄断我国高端综采装备市场。

　　为了扭转我国高端煤机装备长期依赖进口的局面,天地科技股份有限公司开采设计事业部与山西晋城无烟煤矿业集团有限责任公司合作率先开展国产高端液压支架的研发,于 2003 年成功研制了首套支撑高度为 5.5 m 的大采高电液控制系统液压支架(ZY8640/25.5/55),实现了工作面日产 3 万 t。2004 年起,由煤炭科学研究总院牵头,全国骨干煤炭科研单位、装备制造企业、煤炭生产企业采用产学研相结合的方式,进行了“厚煤层高效综采关键技术与成套装备”“年产 600 万 t 综采成套装备研制”等项目的联合攻关,在充分消化吸收国外高端综采技术与装备的基础上,针对我国特殊的煤层赋存条件,研发了多种系列的大采高综采(放)高端液压支架及配套装备,建立和完善了综采液压支架技术标准体系,彻底改变了我国高端综采成套装备长期依赖进口的局面。

　　2008 年以来,针对我国西部矿区坚硬厚及特厚煤层赋存条件,有关单位进行了超大采高综采(放)技术与装备的研发。中国煤炭科工集团相关院所与大同煤矿集团有限责任公司等单位合作完成了“十一五”国家科技支撑计划重点项目“特厚煤层大采高综放开采成套技术与装备研发”,解决了大同塔山煤矿 14～20 m 厚煤层高效综放开采难题;与山西西山晋兴能源有限责任公司合作完成了“十一五”国家科技支撑计划课题“年产千万吨大采高综采技术与装备研制”,成功研制了 ZY12000/28/64 型超大采高液压支架,并在斜沟煤矿成功应用,实现了工作面最大采高突破 6 m,年生产能力突破 1 000 万 t。2009 年,天地科技股份有限公司开采设计事业部等单位依托中央国有资本经营预算重大技术创新及产业化项目“7 m 超大采高综采成套技术与装备研发”,研制了世界首套 7.0 m 以上的超大采高液压支架及成套装备,并在陕煤集团红柳林煤矿和国家能源集团国神公司三道沟煤矿等成功应用。2014 年,针对金鸡滩煤矿坚硬厚煤层条件,兖矿集团首次研发了最大支撑高度 8.2 m 的超大采高液压支架(ZY21000/38/82D)。2018 年 3 月,世界首个 8.8 m 超大采高智能综采工作面在神东上湾煤矿试生产。上述超高端成套技术与装备的成功研发与应用,标志着我国综采技术与装备已经由跟随国外发展,跨越至引领世界综采技术发展的新阶段。

二、液压支架电液控制系统发展历程

　　液压系统是液压支架控制的核心,电液控制系统为液压支架智能自适应控制奠定了基础。20 世纪 70 年代,英国提出了液压支架电液控制系统的概念,并于 1985 年在井下成功应用了基于微处理机的控制系统。我国于 1991 年研制出第一套电液控制系统,并进行了井下工业性试验,受材料、技术、制造工艺等多方面因素的影响,国产电液控制系统可靠性无法满足生产要求。

　　2000 年起,煤炭科学研究总院北京开采研究所与德国 Maco 公司合作成立了北京天地玛珂电液控制系统有限公司(以下简称天玛公司),合作研发液压支架电液控制系统,在中国煤矿推广应用液压支架电液控制技术;至 2008 年,天玛公司研发了具有自主知识产权的SAC 型电液控制系统。经过近 10 年的快速发展,我国电液控制系统已经基本国产化并推广应用,同时基于电液控制系统研发了综采工作面自动化、智能化控制系统,初步实现了综采工作面设备群的集中控制。

三、高可靠性煤机装备发展历程

　　高可靠性采掘装备是实现工作面自动化、智能化开采的基本保障。20 世纪 80 年代末,德国、美国等发达国家研发了直流电牵引采煤机,90年代后期发展为交流大功率采煤机并成为主流采煤机。我国在引进国外先进采煤机的基础上,利用"八五""九五""十五"国家科技攻关计划,研发了薄煤层矮机身采煤机、中厚煤层采煤机、大倾角采煤机、大采高大功率采煤机等系列采煤机,但采煤机可靠性长期落后于国外先进产品。

进入"十一五"以来,国产大型煤机装备发展迅猛,采煤机装机总功率突破2 000 kW,最大截割高度突破6 m,攻克了一系列制约煤机装备发展的技术瓶颈。"十二五"和"十三五"期间,我国逐步建立了采、掘、运、支成套装备及关键元部件的试验与检测标准体系,成功研发了成套系列化国产煤机装备,采煤机装机总功率达到近3 000 kW,截割功率达1 150 kW,截割高度突破8.0 m,生产能力达4 500 t/h,研发了以DSP(digital signal processor,数字信号处理器)为核心、基于CAN-BUS(controller area network-bus,控制器局域网总线技术)的新一代分布嵌入式控制系统,实现了采煤机的自动化控制,且随着控制技术、远程通信技术的不断发展和完善,逐步由单机自动化向智能化及综采设备群智能联动控制方向发展。

四、薄煤层自动化、智能化开采实践

① 峰峰集团薄煤层自动化开采实践。峰峰矿区薄煤层储量约占总储量的40%,煤层赋存条件差异较大,薛村煤矿3号煤层平均厚度为0.6 m。由于煤层中含有硬夹矸,煤层厚度变化较大,传统液压支架无法满足这种大伸缩比支护要求,采煤机也难以解决矮机身与大功率的矛盾。

针对上述难题,研发了单进回液口双伸缩立柱,提高了立柱的伸缩比;采用板式整体顶梁、双连杆与双平衡千斤顶叠位布置等新结构,满足了薄煤层液压支架的超大伸缩比要求。采煤机采用变径叶片螺旋式截割原理,多电动机平行布置、反装齿轨销排牵引结构等,实现了对含硬夹矸薄煤层的高效截割。提出了薄煤层工作面在巷道进行集中控制(有人值守),工作面无人操作的全自动化开采模式;采用采煤机记忆截割、工作面低照度高分辨率视频跟踪等技术,实现了工作面煤层厚度的自适应截割,如图1-2所示。薛村煤矿开采煤层厚度为0.6～1.3 m,实现了工作面月产11.8万t,年产达100万t。

(a) 巷道集中控制　　　　　　　　　　(b) 工作面开采示意

图1-2　薄煤层自动化开采

② 黄陵一号煤矿薄及较薄煤层智能化开采实践。黄陵一号煤矿主采 2 号煤层,煤层平均厚度为 2.2 m,煤层倾角一般小于 5°,采用一次采全厚开采技术。2013—2014 年,针对较薄煤层赋存条件,黄陵一号煤矿进行了智能化开采技术与装备的研发与工程示范,在 1001 工作面配套采用 ZY6800/11.5/24 型液压支架、MG400/925-AWD 型采煤机、SGZ800/1050 型刮板输送机和智能供液系统。通过采用液压支架初撑力自动补偿系统,提高了液压支架对围岩的适应性;通过优化采煤机的记忆截割功能,提高了采煤机的截割控制精度;刮板输送机采用变频软启动,提高了对瞬时煤量变化的适应性;优化布置了云台高清摄像仪,提升了对工作面工作状态的高清无盲点监测效果;超前液压支架采用远程遥控技术,降低了两端头超前支护的作业强度,实现了综采工作面与巷道超前支护的自动化协同作业。在工作面巷道设置监控中心(图 1-3),并将数据上传至地面调度中心,实现了在工作面巷道监控中心、地面调度中心对工作面设备的集中监控,成为第一个实现常态化"有人巡视、无人值守"的智能化开采示范矿井,为全国推进煤矿智能化开采提供了很好的示范样板。

图 1-3 工作面巷道监控中心

③ 登茂通煤矿薄煤层智能化开采实践。山西省薄煤层储量约占总储量的 19.2%,阳泉煤业(集团)股份有限公司在永兴、新大地、石港、登茂通等矿井均赋存有大量薄煤层,由于缺乏高效的薄煤层智能化开采技术与装备,薄煤层开采效率低、经济效益差,部分矿井对薄煤层进行弃采,从而导致大量煤炭资源浪费。

为解决薄煤层开采难题,2016—2018 年山西省实施了重点科技攻关项目"薄煤层智能化综采成套装备研发",以登茂通煤矿薄煤层赋存条件为基础,通过创新薄煤层设备配套模式,优化工作面开采工艺,实现了工作面端部留三角煤小截深双向高效截割,有效降低了采煤机截割阻力,大幅提高了采煤机截割速度(提高 40%),改善了薄煤层工作面装煤效果。通过研发薄煤层成套装备可靠性监测预警及健康管理系统,实现了薄煤层刮板输送机链条自动张紧、液压支架支护质量的智能监测、基于"黑匣子"的采煤机状态监测(图 1-4)与故障诊断等,全面增强了设备的可维护性,实现了综采装备的自动化管理。通过开发基于激光对位传感器的工作面直线度控制系统,保证了工作面的直线度。经现场试验,相邻液压支架推进方向位置误差最大为 34 mm,最小为 2 mm,传感器及其控制功能稳定,满足了相邻液压支架间距不超过 50 mm 的要求。

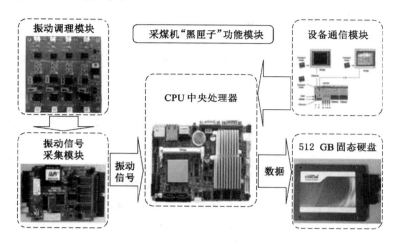

图 1-4 采煤机"黑匣子"在线监测系统

　　2018 年,登茂通煤矿进行了薄煤层智能化开采井下工业性试验,实现了巷道集中控制、工作面无人操作的智能开采,工作面每天割煤 10 刀,平均开采厚度 1.4 m,生产能力达 92 万 t/a。

　　④ 滨湖煤矿薄煤层智能化开采实践。滨湖煤矿开采 16 号煤层,煤层平均厚度约为 1.35 m,煤质坚硬,局部有黄铁矿结核,煤层倾角为 3°～5°,局部存在断层、夹矸等。

　　工作面采用矮机身大功率截割采煤机,采煤机截割高度控制在 1.3 m,杜绝了割顶、破底现象。通过将液压支架监控数据、采煤机传感监测数据、视频监测数据等上传至巷道监控中心,对监测数据进行实时处理与展示,实现了工人在井下巷道监控中心对工作面设备的操作。

　　工作面由原来的 2 名采煤机司机、6 名支架工,减少至 2 名巡视人员,实现了有人安全巡视、无人操作作业,工作面回采工效达到 48 t/(人·d)。

　　⑤ 张家峁煤矿坚硬薄煤层智能化综采装备研发。陕北地区蕴藏着丰富的侏罗系优质煤炭资源,以 4-3、4-4 号煤层为主的薄煤层遍布各个矿区,约占总储量的 20%。张家峁煤矿 4-3 号煤层厚度为 0.1～1.9 m,平均厚度 1.28 m,煤层完整性好、硬度大(坚固性系数 $f \geqslant$ 2.5～3.0),传统配套方式及成套装备无法满足高效开采要求。

　　为此,陕西煤业化工集团有限责任公司立项开展"陕北侏罗系硬煤薄煤层智能化综采成套技术与装备研发"项目,针对张家峁煤矿坚硬薄煤层开采难题,建立了薄煤层设备高能积比时空协同模型;针对工作面-巷道布置特点,研发了大落差柔性过渡系统;针对陕北侏罗系薄煤层群联合开采支架-围岩耦合关系特点,建立了考虑工作面尺度效应的液压支架群组支护机理分析模型,研发了高刚度超薄板式整体顶梁液压支架,解决了超大伸缩比与高强度结构矛盾的难题;基于薄煤层工作面设备高能积比时空协同模型,优化设计了采煤机滚筒安装结构、挡煤板结构及机身结构,研发了半悬机身、全悬截割系统的大功率薄煤层采煤机,装机功率达 1 050 kW,满足坚硬薄煤层的高效快速截割;通过刮板输送机减阻技术研究,提高了薄煤层超长工作面的运行能力,降低了功耗和元部件损耗,研发了适应工作面-巷道大落差的重叠侧卸技术,以及刮板输送机煤流精准测量技术,保障了采煤机和刮板输送机采运协调运行;开发了薄煤层三维多源信息真实数据驱动虚拟现实可视化操控系统。成套技术和装备在张家峁煤矿进行了工程示范,生产能力达 200 万 t/a。

五、中厚煤层智能化开采实践

① 转龙湾煤矿中厚煤层智能化开采实践。转龙湾煤矿主采 2-3 号煤层,23303 工作面煤层厚度为 3.08~4.11 m,煤层倾角小于 5°,工作面长度为 300 m,采用综采一次采全厚开采方法。

为了提高工作面智能化开采水平及开采效率,研发设计了中心距为 2.05 m、型号为 ZY16000/23/43 的强力液压支架,实现了对围岩的可靠支护与成组快速推进;研发了高速高可靠性采煤机,重载牵引速度达 17 m/min,并与 LASC(一种基于陀螺仪导向定位的自动化采煤方法,以承担此项技术的研究组织 Longwall Automation Steering Committee 的英文缩写命名)技术相融合,实现了采煤机位姿的精准控制;研发了大运量重型刮板输送机,采用柔性变频软启动技术,实现了基于刮板输送机瞬时煤量变化的智能调速控制;工作面两端头采用自动控制超前液压支架,设备列车采用自动推移技术,实现了工作面设备与巷道设备的协同快速推进。

将惯导技术与采煤机截割工艺有效融合,实现了对采煤机截割轨迹、位姿的有效监测;基于工作面循环记忆截割系统,实现了采煤机的自动截割、刮板输送机的自动调直控制,如图 1-5 所示。23303 工作面作业人员由 9 人减至 4 人,实现了最高日产 3.78 万 t,最高月产 90.13 万 t,具备年产千万吨水平。

② 锦界煤矿中厚煤层智能化开采实践。锦界煤矿一盘区 114 工作面煤层厚度为 3.2 m,工作面长度为 369 m,推进长度为 5 000 m。该工作面采用 JOY 电牵引采煤机,对采煤机电控系统进行国产化改造;刮板输送机采用变频软启动控制;供液系统采用智能变频乳化液泵站,实现智能供液。

锦界煤矿通过给采煤机预设"十二步功法"自动截割工序,实现了采煤机的智能截割;采用万兆环网,实现了 6.8 万个测点数据的实时传输。工作面采用三级控制,分别为井上调度室、井下远程监控台、机头遥控控制室,如图 1-6 所示,均可实现工作面主要设备的图表化参数显示,指导工人操作。

图 1-5　转龙湾煤矿年产千万吨智能化工作面　　图 1-6　锦界煤矿年产千万吨智能化工作面控制系统

通过采用上述系统,锦界煤矿 114 工作面正常生产仅需要 7 人,分别为采煤机司机

1 人、支架工 1 人、控制台 1 人、机头 2 人、机尾 1 人、带班班长 1 人,实现了中厚煤层的常态化智能开采。

六、大采高和超大采高智能化开采实践

① 黄陵二号煤矿大采高智能化开采实践。黄陵二号煤矿 416 工作面煤层厚度为 5.1～7.0 m,平均厚度为 6 m,工作面长度为 300 m,推进长度为 2 632 m,采用大采高一次采全厚开采方法。

针对大采高工作面煤壁片帮问题,开发了基于煤壁片帮智能感知的液压支架特殊跟机工艺,利用液压支架护帮板的压力及行程传感器,配合视频监测系统,分阶段调整采煤机滚筒附近液压支架的护帮板状态;针对泥岩底板易扎底的问题,开发了基于软底的自动跟机移架控制方法,通过液压支架多级智能移架方式,实现了对软弱底板条件下液压支架的智能移架控制。通过研发工作面矿压监测管理平台,实现了对工作面支架工作状况及顶板压力数据的实时分析,如图 1-7 所示。通过研发智能分析软件系统,实现了基于手机等移动端对工作面工况信息的智能管理。通过研发基于瓦斯浓度的采煤机联动控制技术,实现了根据瓦斯浓度智能感知的工作面安全预警。

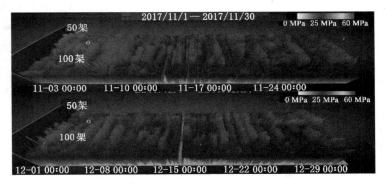

图 1-7 工作面矿压观测数据实时监测结果

通过采用上述技术,416 大采高工作面单班作业人员由 21 人减少至 9 人,实现了复杂条件下大采高工作面年生产能力达 600 万 t。

② 红柳林煤矿 7 m 超大采高智能化开采实践。红柳林煤矿开采 5-2 号煤层,煤层厚度为 6.62～7.71 m,平均厚度为 6.99 m,工作面长度为 350 m,采用大采高一次采全厚开采方法。

2006 年,首次进行了 7 m 超大采高开采工艺与装备的可行性研究,针对超大采高工作面煤壁片帮控制难题,研发了三级护帮装置;针对超大采高工作面割煤高度远大于巷道高度的问题,采用了大梯度一次性过渡配套技术;采用基于支架与围岩耦合的三维动态优化设计方法,提高了液压支架对围岩失稳的适应性;研发了首套槽宽为 1 400 mm 的重型刮板输送机,配套 3×1 500 kW 大功率电动机,满足了大采高工作面瞬时大煤量的运输要求;采用超大采高工作面自动化控制系统,通过优化截割工艺参数与劳动组织,大幅降低了工作面作业人员数量。

红柳林煤矿在世界上首次实现了采高为 7.0 m 的超大采高开采,工作面年生产能力达 1 200 万 t 以上。

③ 金鸡滩煤矿 8 m 超大采高智能化开采实践。金鸡滩煤矿主采 2-2$_上$煤层,108 工作面

煤层厚度为 5.5～8.4 m,煤质坚硬,平均坚固性系数 $f=2.8$,煤层平均埋深约为 233 m,煤层倾角小于 1°。由于采用综放开采技术存在顶煤冒放性差、采出率低等问题,针对 2-2上煤层创新采用超大采高一次采全厚开采技术,工作面最大采高为 8.0 m,工作面长度为 300 m。

为了解决超大采高工作面采高增加带来的动载矿压与煤壁片帮冒顶等问题,设计研发了 ZY21000/38/82D 型强力高可靠性超大采高液压支架,研发了抗冲击立柱、高压升柱系统等新结构,提高了液压支架对顶板动载矿压的适应性,同时采用三级分体式护帮装置,并在支架顶梁前端安装行程传感器、位移传感器等,对煤壁防护状态进行智能监测,提高了对煤壁片帮的适应性;研发了 SGZ1400/3×1600 型重型刮板输送机,采用煤量自适应变频调速控制系统,实现了重型装备的无级软启动与智能调速,巷道可伸缩带式输送机采用落地式折叠机身,解决了传统可伸缩带式输送机需要不断拆卸机身、劳动强度大、效率低等问题,实现了工作面的连续快速推进;采用高清广角云台摄像仪,提高了工作面的监测范围与精度;采用工作面端部大梯度＋小台阶过渡配套技术及支护系统自组织协同控制方法,实现了超大采高工作面重型设备的协同高效推进,如图 1-8 所示。

金鸡滩煤矿 108 超大采高工作面于 2016 年 8 月开始试生产,工作面作业人员数量大幅减少,顶板、煤壁得到了有效控制,达到了最高日产 5.7 万 t、最高月产 150 万 t。

七、特厚煤层智能化综采放顶煤开采实践

图 1-8　超大采高智能综采工作面

① 塔山煤矿特厚煤层智能化综放开采实践。同煤塔山煤矿开采 3-5 号煤层,煤层平均厚度为 15.72 m,埋深为 300～500 m,倾角为 1°～3°,采用大采高综放开采技术,工作面长度为 200 m,采煤机最大割煤高度为 5.0 m。

设计研发了大采高放顶煤液压支架,实现了液压支架的跟机自动移架控制;在采煤机的左右滚筒安装截割高度传感器,对采煤机截割高度进行智能监控,通过优化采煤机记忆截割工艺,实现了采煤机的智能记忆截割。为了实现顶煤冒放过程的自动化控制,曾尝试在液压支架尾梁安装基于振动感知的煤矸识别装置,如图 1-9 所示,结合顶煤记忆放煤算法进行放顶煤工作面的自动放煤控制,取得了一定的效果。

(a) 煤矸识别装置安装位置　　　　　　(b) 记忆放煤控制过程

图 1-9　自动放煤控制装置

通过研发大采高综放开采成套技术与装备,解决了特厚煤层顶煤放出率低的问题,实现了大采高综放工作面年产 1 000 万 t 以上。

② 金鸡滩煤矿 7 m 超大采高综放开采实践。金鸡滩煤矿东翼 2-2$_上$ 煤层厚度为 8~12 m,坚固性系数 $f=2.8$,埋深约 240 m,由于煤层埋深浅、硬度高、厚度大,采用传统综放开采技术存在顶煤冒放性差、资源采出率低等问题。

通过建立埋深较浅、坚硬、特厚顶煤的单一悬臂梁力学模型,定量计算得出了不同机采高度的顶煤极限悬顶长度,综合考虑顶煤冒落块度与放出率,确定超大采高综放工作面的机采高度为 7.0 m。通过建立液压支架与顶煤耦合控制模型,实时感知支架-围岩的耦合状态,实现了支架降柱—移架—升柱过程中姿态的自适应调整;针对特厚坚硬煤层顶煤冒放特点,研发了强扰动高效放煤机构,加大尾梁的长度及摆动幅度,通过高精度传感器内置设计,精准测量放煤机构收放状态;基于煤矸灰分识别和大数据分析进行记忆放煤控制算法开发,建立了放煤控制模型,实现了智能、精准、高效放煤;首次研发了适应硬煤的工作面四级大块煤连续破碎技术及装备,以及大功率大流量高速煤流运输技术及装备,实现了刮板输送设备的智能判断、主动适应和固定调速区间的智能调速。

金鸡滩煤矿于 2018 年年底开始 7 m 超大采高综放开采实践,如图 1-10 所示,工作面日推进 10~15 m,日产 5 万~6 万 t,工作面采出率约为 87.2%,含矸率约为 9.3%,成套装备年产超过 1 500 万 t。

(a)

(b)

(c)

(d)

图 1-10 超大采高综放开采工作面

第三节　我国煤炭高效安全开采面临的主要问题

一、"五大区"绿色煤炭资源总量偏少

煤炭开采
面临的问题

根据中国工程院重大项目已有研究成果,五大产煤区域分别为晋陕蒙宁甘区、华东区、东北区、华南区和新青区。

"五大区"煤炭资源分布如图 1-11 所示(截至 2011 年年底数据)。由图 1-11 可知,全国已利用煤炭资源量为 4 185.16 亿 t,晋陕蒙宁甘区已利用煤炭资源量为 2 581.84 亿 t,占比最大,达 61.69%;华东区次之,已利用煤炭资源量为 720.18 亿 t,占比达 17.21%;新青区、华南区和东北区已利用煤炭资源量分别为 489.52 亿 t、233.71 亿 t 和 159.91 亿 t,分别占 11.70%、5.58%和 3.82%。从勘探、详查、普查和预查资源量来看,晋陕蒙宁甘地区煤炭资源的分布较为集中,分别占全国的 61.74%、80.36%、63.56%、85.83%。

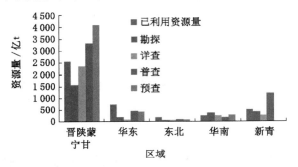

图 1-11　"五大区"煤炭资源分布

绿色煤炭资源量受煤矿安全、技术、经济、环境四重效应约束,以"科学化、资源化和再利用"为原则,具有"竞争、共生、自生"的机制,据此构建绿色煤炭资源量的评价模型。基于绿色煤炭资源量和绿色煤炭资源指数的内涵,提出绿色煤炭资源量评价指标,主要包括资源安全度(瓦斯、冲击地压、自燃、水文地质)、资源赋存度(埋深,煤层倾角、厚度,地质构造)、生态恢复度(生态恢复、环境保护、资源综合利用)和市场竞争度(全员工效、吨煤成本)等四个方面,共 16 个二级指标,结合专家意见,得到绿色煤炭资源量评价指标及对应权重,见表 1-1。

表 1-1　绿色煤炭资源量评价指标及对应权值

约束条件	序号	一级指标	二级指标	选　项	选项分值	合计(100)
资源安全度	1	瓦斯	矿井瓦斯等级	A. 瓦斯矿井;B. 高瓦斯矿井;C. 煤与瓦斯突出矿井	A(6)B(3)C(0)	19
	2	冲击地压	冲击地压危险性	A. 无危险;B. 弱危险;C. 中等危险;D. 强危险	A(6)B(4)C(2)D(0)	
	3	自燃	自燃倾向性	A. 不易自燃;B. 自燃;C. 容易自燃	A(3)B(2)C(1)	
	4	水文地质	水文地质类型	A. 简单;B. 中等;C. 复杂;D. 极复杂	A(4)B(3)C(2)D(1)	

表 1-1(续)

约束条件	序号	一级指标	二级指标	选 项	选项分值	合计(100)
资源赋存度	5	埋深	埋深	A. <400 m;B. 400～800 m;C. 800～1 200 m;D. >1 200 m	A(12)B(8)C(4)D(0)	33
	6	煤层倾角、厚度	煤层倾角、厚度(h)	A. 倾角0°～25°,3.5 m<h<8 m。B. 倾角0°～25°,h>8 m,1.3 m<h<3.5 m;倾角>45°,h>20 m。C. 倾角25°～45°。D. 倾角>45°,h<20 m	A(12)B(8)C(4)D(0)	
	7	地质构造	地质构造类型	A. 简单;B. 中等;C. 复杂;D. 极复杂	A(9)B(6)C(3)D(0)	
生态恢复度	8	生态恢复	采煤塌陷系数	A. <0.1;B. 0.1～0.25;C. 0.25～0.4;D. >0.4	A(6)B(4)C(2)D(0)	27
			复垦率	A. 100%;B. 80%～100%;C. 60%～80%;D. <60%	A(4)B(3)C(2)D(1)	
	9	环境保护	煤种	A. 无烟煤;B. 烟煤;C. 褐煤	A(6)B(4)C(2)	
	10	资源综合利用	煤矸石利用率	A. >80%;B. 60%～80%;C. 40%～60%;D. <40%	A(3)B(2)C(1)D(0)	
			矿井水利用率	A. >90%;B. 70%～90%;C. 50%～70%;D. <50%	A(3)B(2)C(1)D(0)	
			瓦斯抽采利用率	A. >80%;B. 60%～80%;C. 40%～60%;D. <40%	A(3)B(2)C(1)D(0)	
			煤与伴生资源协调开采	A. 协调开发;B. 未协调开发	A(2)B(0)	
市场竞争度	11	全员工效	煤矿全员工效	A. >10;B. 7～10;C. 4～7;D. <4	A(9)B(6)C(3)D(0)	21
	12	吨煤成本	吨煤成本	A. <市场售价的60%;B. 市场售价的60%≤吨煤成本<市场售价的80%;C. 市场售价的80%≤吨煤成本<市场售价;D. ≥市场售价	A(12)B(8)C(4)D(0)	

根据绿色煤炭资源量评价指标,按"五大区"各自保有资源量加权平均,得出绿色煤炭资源指数。绿色煤炭资源量按已利用煤炭资源量与未利用资源量中的勘探资源量和详查资源量三者之和乘以绿色煤炭资源指数计算,"五大区"绿色煤炭资源量分布情况见表 1-2。

表 1-2 "五大区"绿色煤炭资源量

分区名称	已利用煤炭资源量/亿 t	勘探资源量/亿 t	详查资源量/亿 t	绿色煤炭资源指数	绿色煤炭资源量/亿 t
晋陕蒙宁甘	2 581.84	1 548.69	2 356.50	0.57	3 697.61
华东	720.18	171.02	59.53	0.44	418.32
东北	159.91	22.54	37.07	0.21	46.10
华南	233.71	353.02	229.87	0.31	253.15
新青	489.52	413.18	249.60	0.55	633.77

二、开采条件多样性与区域不平衡并存

我国煤层赋存条件具有多样性和复杂性,不同区域的煤炭开采技术水平、管理水平等发展不平衡,因此,应因地制宜,根据不同的煤层赋存条件、开采技术水平、管理水平等,开发煤炭资源条件适应型智能化开采技术。

针对我国西部晋陕蒙等煤层赋存条件较好的矿区,应大力推广应用薄及中厚煤层智能化无人开采模式、大采高工作面智能高效人机协同巡视模式、综放工作面智能化操控与人工干预辅助放煤模式,实现薄煤层、厚及特厚煤层的智能化、无人化开采,变电所、水泵房等固定作业场所推广应用无人值守技术,主辅运输系统应用智能无人运输技术,最大限度减少井下作业人员数量,提高煤矿智能化开采水平。

针对云贵川等煤层赋存条件比较复杂的矿区,应推广应用机械化+智能化开采模式,液压支架采用电液控制系统进行自动跟机移架控制,减轻工作面作业人员劳动强度,变电所、通风机房、水泵房等固定作业场所应用无人值守技术,瓦斯、水、火、顶板事故防治等采用智能监测预警技术。根据矿井实际地质条件,最大限度地应用智能化开采技术与装备,减轻井下工人劳动强度,实现安全、高效、智能化开采。

受制于煤层赋存条件、开采技术水平等,不同矿区的智能化发展呈现较大的差异性,因此,不能按统一标准对煤矿智能化水平进行评判,应因地制宜,制定不同煤层条件、不同矿区的煤矿智能化评判标准。

三、成套装备的稳定性与可靠性有待提高

在执行层、感知层、装备层、系统层四个层面上,成套装备的稳定性、可靠性均存在一定的问题,对综采智能化开采的支撑不够,造成了当前智能化开采项目问题暴露较多、实际效果参差不齐。煤矿智能精准开采成套装备在执行层、感知层、装备层、系统层的分布简图如图1-12所示。

四、智能化采掘技术适应性较差、推广较难

现有智能化采掘技术仅在地质条件简单的中厚及偏薄煤层工作面中能够实现。但我国大部分工作面地质条件复杂(如煤层起伏变化大、煤层薄、采高大、瓦斯含量高、顶板破碎、存在断层等),围岩结构和矿压动态变化规律不清楚,无有效实时预测与处置技术,不能安全连续推进;煤岩层空间信息不精准,无实时高精度感知方法和手段,不能精确控制;综采装备控制与煤层信息未关联,无法响应煤层动态变化,不能自适应割煤。

五、智能化建设高质量上水平仍需提升

目前,国家层面已经出台了《煤矿智能化建设指南(2021年版)》《智能化示范煤矿验收管理办法(试行)》等相关技术文件,为煤矿智能化建设与验收管理提供了依据,但尚缺少从技术效益、经济效益、社会效益等多维度对智能化煤矿的建设质量与效益进行综合评价的相关标准规范。应对智能化煤矿建设效果进行定量评价,发现智能化煤矿建设中存在的问题,并寻找解决途径。

煤矿智能化建设不仅指矿井采掘机运通各业务系统的智能化运行,还应包括采前的智

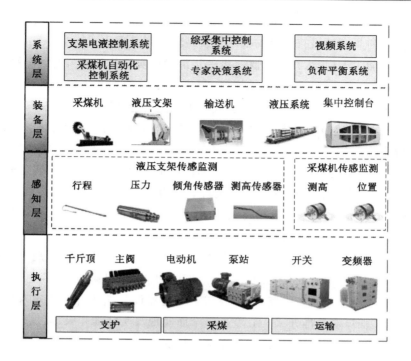

图 1-12 煤矿智能精准开采成套装备

能地质探测,以及采后的智能洗选加工与增值利用、智慧循环经济园区发展等,应将矿区、社区、景区三大要素进行有机融合,统一协调矿区智能化发展、工业园区智能低碳发展及社区人文智慧融合,构建矿-景-镇一体的多能融合智慧生态系统。

六、智能精准开采是煤炭工业高质量发展的必由之路

据统计,我国 1 000 m 以深的煤炭资源量占比 53%,未来 10~20 年,包括西部在内的全国 70%煤炭产能将来自深部开采,深部煤与瓦斯突出、冲击地压等典型动力灾害威胁更加严重;与此同时,我国薄煤层资源分布十分广泛,储量丰富,全国已探明的薄煤层可采储量约为 6.15×10^9 t,约占煤炭总可

煤炭智能精准
开采发展历程

采储量的20.4%。在一些地区薄煤层储量比例很大,如四川省占 60%,山东省占 54%,黑龙江省占 51%,贵州省占 37%,其他产煤省区如河南、山西、内蒙古、河北、吉林等也有丰富的薄煤层资源,由于缺乏适应性好、生产效率高的薄煤层智能综采技术装备,特别是各矿区在投产初期通常优先开采中厚煤层和厚煤层,放弃开采厚度在 1.3 m 以下的煤层,浪费了大量宝贵的煤炭资源,缩短了矿井的服务期限,制约了整个煤炭工业的协调发展。

为协调推进我国煤炭安全高效开采,煤炭智能精准开采是必由之路。煤炭智能精准开采以透明空间地球物理和多物理场耦合为基础,以少人(无人)开采技术和安全开采技术为支撑,实现煤炭开采零死亡;以数字化、信息化为重要手段,将不同地质条件的煤炭开采扰动影响、致灾因素、开采引发生态环境破坏等统筹考虑,时空上构建准确高效的煤炭无人(少人)智能开采与灾害防控一体化的未来采矿新模式,实现煤炭连续开采、资源回收率达国际

领先水平。煤炭智能精准开采对提高煤炭安全开采技术水平、资源开发效率及实现煤炭工业由劳动密集型向具有高科技特点的技术密集型转变意义重大。

聚焦煤炭智能少人(无人)安全开采,进一步加大煤炭科技创新力度,实现煤炭智能精准开采,任重而道远。目前,我国已实现煤与瓦斯精准共采、采区工作面少人(无人)开采、工作面盾构无人掘进、矿井自动化运输等,这些成果为煤炭智能精准开采奠定了基础。

自袁亮院士于 2017 年提出煤炭精准开采科学构想以来,煤炭智能精准开采科学理念与关键技术已成为行业共识,助推了煤炭工业"十三五"高质量发展。随着国家八部门联合印发《关于加快煤矿智能化发展的指导意见》明确提出加快助推人才培养、装备升级等煤矿智能化的软硬件建设,应基于煤矿智能化建设现状及存在的问题,分阶段(2025 年、2030 年、2035 年)勾画未来智能化煤矿高质量建设范式,构建未来煤矿(井工)采掘运智能柔性生产技术体系、煤矿安全智能闭环管控技术体系、智能化露天煤矿技术体系、煤矿智慧管理体系与标准规范、煤炭智能分选与增值利用技术体系、煤矿智能绿色低碳生态技术体系等,分析多目标驱动下煤炭资源需求变化与能源安全战略,提出未来煤矿智能、绿色、高效开发与低碳高效综合利用建设范式及技术路径,为煤矿智能化建设与迭代升级奠定基础。可以预见到 2030 年基本实现煤炭精准开采,到 2050 年全面实现煤炭精准开采,以煤炭智能精准开采全面实现高科技产业改造升级,助推中国能源科技强国梦。

思　考　题

1. 浅谈我国能源资源禀赋特征如何? 能源安全如何保障?
2. 如何理解党的二十大报告中提出的"碳达峰、碳中和"要坚持先立后破?
3. 试简述我国煤炭开采综合机械化、自动化、智能化发展历程。
4. 我国煤炭安全高效开采面临的主要问题有哪些?
5. 如何理解煤炭智能精准开采是煤炭工业高质量发展的必由之路?

参　考　文　献

[1] 范京道,徐建军,张玉良,等.不同煤层地质条件下智能化无人综采技术[J].煤炭科学技术,2019,47(3):43-52.

[2] 樊运策.综放工作面冒落顶煤放出控制[J].煤炭学报,2001,26(6):606-610.

[3] 任怀伟,孟祥军,李政,等.8 m 大采高综采工作面智能控制系统关键技术研究[J].煤炭科学技术,2017,45(11):37-44.

[4] 王国法,庞义辉,刘俊峰.特厚煤层大采高综放开采机采高度的确定与影响[J].煤炭学报,2012,37(11):1777-1782.

[5] 王国法.煤炭安全高效绿色开采技术与装备的创新和发展[J].煤矿开采,2013,18(5):1-5.

[6] 王国法.煤炭综合机械化开采技术与装备发展[J].煤炭科学技术,2013,41(9):44-48,90.

[7] 王国法.综采自动化智能化无人化成套技术与装备发展方向[J].煤炭科学技术,

2014,42(9):30-34,39.

[8] 王国法,庞义辉,张传昌,等.超大采高智能化综采成套技术与装备研发及适应性研究[J].煤炭工程,2016,48(9):6-10.

[9] 王国法,李希勇,张传昌,等.8 m 大采高综采工作面成套装备研发及应用[J].煤炭科学技术,2017,45(11):1-8.

[10] 王国法,范京道,徐亚军,等.煤炭智能化开采关键技术创新进展与展望[J].工矿自动化,2018,44(2):5-12.

[11] 王国法,庞义辉.特厚煤层大采高综采综放适应性评价和技术原理[J].煤炭学报,2018,43(1):33-42.

[12] 王国法,庞义辉,任怀伟,等.矿山智能化建设的挑战与思考[J].智能矿山,2022(10):2-15.

[13] 谢和平,王金华,申宝宏,等.煤炭开采新理念:科学开采与科学产能[J].煤炭学报,2012,37(7):1069-1079.

[14] 袁亮.煤炭精准开采科学构想[J].煤炭学报,2017,42(1):1-7.

[15] 袁亮,张农,阚甲广,等.我国绿色煤炭资源量概念、模型及预测[J].中国矿业大学学报,2018,47(1):1-8.

第二章　煤炭开采基本概念

为了更好地学习掌握智能精准开采,必须首先掌握煤炭开采的基本概念。本章主要内容包括煤炭的形成、煤田开发的概念、井田内的划分、矿井生产系统、井田开拓、采煤方法和井巷工程。从地面开掘一系列的井巷进入煤层,称为井田开拓。它是矿井巷道系统的关键组成部分。采煤方法是煤矿生产的核心,矿井各项工作主要围绕采煤方法来进行,我国煤矿开采条件多样,采煤方法的种类较多。

第一节　煤炭的形成

煤的形成、
分类与瓦斯

一、成煤作用

煤是由古代植物演变而来的,用显微镜观察煤的薄片,植物结构清晰可见。煤是由植物经过漫长的极其复杂的生物化学、物理化学作用转变而成的。从植物遗体堆积到转变为煤的一系列演变过程称为成煤作用。成煤作用大致可分为以下两个阶段(表2-1)。

表 2-1　成煤作用阶段划分及其产物

成煤原始物质	成煤作用第一阶段	成煤作用第二阶段		
	泥炭化作用或腐泥化作用	煤化作用		
		成岩作用	变质作用	
高等植物	泥炭	褐煤	烟煤(长焰煤、气煤、肥煤、焦煤、瘦煤、贫煤)	无烟煤
低等植物	腐泥	腐泥煤	腐泥煤	

第一阶段——泥炭化作用阶段或腐泥化作用阶段。在地表常温、常压下,死去的植物遗体堆积在湖泊、沼泽底部,随地壳缓慢下降而逐渐被水覆盖、与空气隔绝,在厌氧细菌参与的生物化学作用下不断分解、化合,形成泥炭或腐泥的过程,称为泥炭化作用或腐泥化作用。这一阶段以生物化学降解作用为主。

第二阶段——煤化作用阶段。泥炭或腐泥被埋藏后,由沉积盆地基底沉降至地下深部,经成岩作用转变成褐煤或腐泥煤;温度和压力再逐渐增高,经变质作用转变成烟煤和无烟煤或腐泥煤。由泥炭(或腐泥)转变成褐煤(或腐泥煤)以至无烟煤的全过程,称为煤化作用。这一阶段以物理化学作用为主。

煤在地壳中积聚主要依靠古植物、古气候、古地形地貌和地质条件的良好配合。形成具有开采价值的煤层,必须具备以下四个条件。

① 植物条件——植物是成煤的原始物质。没有大量的植物尤其是高等植物的生长、繁盛,就不可能形成有经济价值的煤炭。

② 气候条件——潮湿、温暖的气候是成煤的有利条件。首先,潮湿是沼泽的最主要的特征;其次,温度过高或过低都不利于植物遗体分解,只有温暖的气候才有利于泥炭大量堆积;最后,泥炭的保存需要适当的覆水条件,而覆水程度与湿度有关。一般认为,无论在热带、温带或寒带,只要有足够的湿度就有可能发生成煤作用。

③ 地理条件——是指成煤的场所。地表上有相当多的植物死亡后,因没有有利的堆积场所而被氧化分解了。所以,要形成分布面积较广的煤层,还必须有适于发生大面积沼泽化的自然地理场所,如滨海平原、内陆盆地、山间盆地等。

④ 地壳运动条件——泥炭层的积聚要求地壳缓慢下沉,下沉速度最好与植物遗体堆积的速度大致平衡。这种状态持续的时间越久,形成的泥炭层越厚。泥炭层形成以后,地壳下降较快有利于泥炭的保存和转变成煤。

综上所述,植物、气候、地理、地壳运动都是成煤的必要条件,缺一不可。具备这四个条件的时间越长,形成的煤层就越厚。其中,地壳运动为主导因素,它对植物生长及植物遗体保存、适宜气候形成、成煤场所、煤层厚度等都有控制作用。

二、煤系

煤系,是指含有煤层的一组沉积岩层。煤系一般按其形成时代命名,如华北的石炭二叠纪煤系、东北的侏罗纪煤系、华南的晚二叠纪煤系等。从时间上看,自古生代至新生代的古近纪、新近纪各个地质时期全球均有含煤岩系形成。含煤岩系的厚度由几米到几千米,单个煤层的厚度可由几十厘米到一二百米,而含煤层数可由一层到几十层。

煤系是在温暖潮湿的气候条件下形成的,富含有机物质,所以煤系的颜色多为灰色、灰黑色、灰绿色、黄绿色。

在煤系中,除含有煤矿床外,还经常伴有其他沉积矿产,如油页岩、铝土矿、菱铁矿、黄铁矿、赤铁矿、褐铁矿等。

三、煤层的特征

煤层多呈层状分布。不同的煤层在结构、厚度及稳定性等方面有所不同。

1. 煤层结构

根据煤层中有无稳定的岩石夹层(夹矸),可将煤层分为两种类型(图 2-1)。

① 简单结构煤层——煤层中不含稳定的呈层状分布的岩石夹层,但有时也含有呈透镜体或结核状分布的矿物质夹层。

② 复杂结构煤层——煤层中常夹有稳定的呈层状分布的岩石夹层,少者一两层,多者十几层。

2. 煤层厚度

煤层的顶面与底面之间的垂直距离称为煤层厚度。对于复杂结构煤层,有总厚度和有益厚度之分。总厚度,是指煤层顶板至底板之间全部煤分层与岩石夹层厚度之和。有益厚度,是指顶底板之间各煤分层厚度的总和,不包括夹石层厚度。我国有关部门规定,一般地区地下开采煤层的最低可采厚度为 0.7 m;露天开采最低可采厚度为 0.5 m;缺煤地区的最

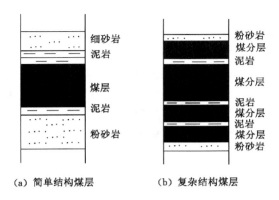

（a）简单结构煤层　　（b）复杂结构煤层

图 2-1　煤层结构

低可采厚度分别比一般地区相应标准降低 0.1 m。

3. 煤层分类

① 按煤层倾角分类，如表 2-2 所列。

表 2-2　按煤层倾角进行煤层分类表

煤层分类	煤层倾角/(°)	
	露天开采	地下开采
近水平煤层	<5	<8
缓(倾)斜煤层	5~10	8~25
中斜煤层	10~45	25~45
急(倾)斜煤层	>45	>45

② 按煤层厚度分类，如表 2-3 所列。

表 2-3　按煤层厚度进行煤层分类表

煤层分类	煤层厚度/m	
	露天开采	地下开采
薄煤层	<3.5	<1.3
中厚煤层	3.5~10	1.3~3.5
厚煤层	>10	>3.5

③ 按煤层稳定性分类。

稳定煤层——煤层厚度变化很小、规律明显，结构简单至较简单，全区可采或基本可采。

较稳定煤层——煤层厚度有一定变化但规律较明显，结构简单至复杂，全区可采或大部分可采，可采区内煤层厚度变化不大。

不稳定煤层——煤层厚度变化较大、无明显规律，结构复杂至极复杂。煤层厚度变化很大，有突然增厚、变薄等现象；煤层呈串珠状、藕节状。

极不稳定煤层——煤层厚度变化极大，呈透镜状、鸡窝状，一般为不连续分布，很难找出规律。

4.煤层的顶板和底板

（1）煤层顶板

煤层顶板,是指位于煤层上方一定范围的岩层。根据顶板岩层岩性、厚度和位置以及采煤时顶板变形特征和垮落难易程度,将顶板分为伪顶、直接顶和基本顶三种(图2-2)。

① 伪顶——指直接覆盖在煤层之上的薄层岩层。岩性多为碳质页岩或碳质泥岩,厚度一般为几厘米至几十厘米。它极易垮塌,常随采随落。

② 直接顶——指位于伪顶之上或直接位于煤层之上的岩层。岩性多为粉砂岩或泥岩,厚1~2 m。它不像伪顶那样容易垮塌,但采煤回柱后一般能自行垮落,有的经人工放顶后也比较容易垮落。直接顶垮落后均充填在采空区内。

③ 基本顶——指位于直接顶之上或直接位于煤层之上的岩层。岩性多为砂岩或石灰岩,一般厚度较大、强度也大。基本顶一般在采煤结束经过一定时间后才能垮塌或仅发生缓慢下沉。

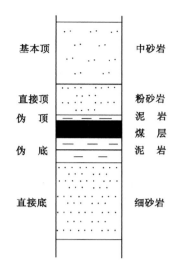

图 2-2 煤层顶底板柱状图

（2）煤层底板

煤层底板,是指位于煤层下方一定范围的岩层。对生产影响最大的煤层底板一般为伪底和直接底。

① 伪底——指煤层之下与煤层直接接触的岩层。它往往是当初沼泽中生长植物的土壤,富含植物根须化石。岩性以碳质泥岩为主,厚度不大,常为几十厘米。

② 直接底——指位于伪底之下的岩层。岩性多为粉砂岩或砂岩,厚度较大。

第二节 煤田开发的概念

一、井田、矿区与煤田

在地质历史发展的过程中,含碳物质沉积形成的基本连续的大面积含煤地带称为煤田。开发煤田形成的生产企业与社会组合,称为矿区。

在矿区内,划归给一个矿井开采的那部分煤田称为井田(矿井)。

根据目前开采技术水平,一般小型矿井井田走向长度不小于1 500 m,中型矿井不小于4 000 m,大型矿井不小于8 000 m。

二、资源量与储量类型划分

按照地质可靠程度由低到高,资源量分为推断资源量、控制资源量和探明资源量。考虑地质可靠程度,按照转换因素的确定程度由低到高,储量可分为可信储量和证实储量,见图2-3。

资源量和储量之间可以相互转换,见图2-3。探明资源量、控制资源量可转换为储量。资源量转换为储量至少要经过预可行性研究,或与之相当的技术经济评价。当转换

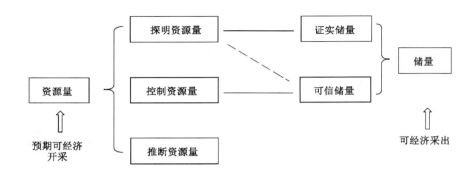

图 2-3　资源量和储量类型及转换关系示意图

因素发生改变,已无法满足技术可行性和经济合理性的要求时,储量应适时转换为资源量。

资源量:经矿产资源勘查查明并经概略研究,预期可经济开采的固体矿产资源,其数量、品位或质量是依据地质信息、地质认识及相关技术要求而估算的。

推断资源量:经稀疏取样工程圈定并估算的资源量,以及控制资源量或探明资源量外推部分;矿体的空间分布、形态、产状和连续性是合理推测的;其数量、品位或质量是基于有限的取样工程和信息数据来估算的,地质可靠程度较低。

控制资源量:经系统取样工程圈定并估算的资源量;矿体的空间分布、形态、产状和连续性已基本确定;其数量、品位或质量是基于较多的取样工程和信息数据来估算的,地质可靠程度较高。

探明资源量:在系统取样工程基础上经加密工程圈定并估算的资源量;矿体的空间分布、形态、产状和连续性已确定;其数量、品位或质量是基于充足的取样工程和详尽的信息数据来估算的,地质可靠程度高。

储量:探明资源量和(或)控制资源量中可经济采出的部分,是经过预可行性研究、可行性研究或与之相当的技术经济评价,充分考虑了可能的矿石损失和贫化,合理使用转换因素后估算的,满足开采的技术可行性和经济合理性。

可信储量:经过预可行性研究、可行性研究或与之相当的技术经济评价,基于控制资源量估算的储量;或某些转换因素尚存在不确定性时,基于探明资源量而估算的储量。

证实储量:经过预可行性研究、可行性研究或与之相当的技术经济评价,基于探明资源量而估算的储量。

三、矿井储量与生产能力

矿井地质储量可分为矿井工业储量和矿井远景储量,其中矿井工业储量(Z_g)又可分为矿井可采储量和设计损失储量。矿井可采储量(Z_k)是矿井设计中预期可以采出的储量:

$$Z_k = (Z_g - P)C \tag{2-1}$$

式中　　P——保护煤柱损失量;

　　　　C——采区采出率,厚煤层不小于75%,中厚煤层不小于80%,薄煤层不小于85%。

矿井工业储量:是指在井田范围内,经过地质勘探,煤层厚度和质量均合乎开采要求,地质构造比较清楚,目前即可供利用的可列入平衡表内的储量,即 A+B+C 级储量,不包括 D

级远景储量。

矿井可采储量:矿井设计的可以采出的储量。

矿井设计生产能力:设计中规定矿井在单位时间(年)内采出的煤炭和其他矿产品的数量,单位为 Mt/a。

矿井核定生产能力:矿井经过技术改造,核定后的生产能力,单位为万 t/a。

井型:根据矿井设计生产能力,我国将矿井分为特大型、大型、中型、小型四种类型。其类型划分应符合下列规定:

特大型矿井:10.00 Mt/a 及以上;

大型矿井:1.20 Mt/a、1.50 Mt/a、1.80 Mt/a、2.40 Mt/a、3.00 Mt/a、4.00 Mt/a、5.00 Mt/a、6.00 Mt/a、7.00 Mt/a、8.00 Mt/a、9.00 Mt/a;

中型矿井:0.45 Mt/a、0.60 Mt/a、0.90 Mt/a;

小型矿井:0.09 Mt/a、0.15 Mt/a、0.21 Mt/a、0.30 Mt/a。

矿井设计服务年限:按矿井可采储量、设计生产能力,并考虑储量备用系数计算出的矿井开采年限。

矿井设计生产能力、设计服务年限与可采储量的关系为:

$$T = Z_k/(AK) \tag{2-2}$$

式中 Z_k——矿井可采储量,万 t;

T——矿井设计服务年限,a;

A——矿井设计生产能力,万 t/a;

K——储量备用系数,1.3～1.5,地质条件复杂的矿井取 1.5,地方小煤矿取 1.3。
  (储量备用系数是为保证矿井有可靠服务年限而在计算时对储量采用的富余系数。)

我国各类井型的矿井和水平设计服务年限如表 2-4 所列。

表 2-4 我国各类井型的矿井和水平设计服务年限

矿井设计生产能力/(Mt/a)	矿井设计服务年限/a	第一开采水平设计服务年限/a		
		煤层倾角 <25°	煤层倾角 25°～45°	煤层倾角 >45°
10.00 及以上	70	35	—	—
3.00～9.00	60	30	—	—
1.20～2.40	50	25	20	15
0.45～0.90	40	20	15	15
0.21～0.30	25	—	—	—
0.15	15	—	—	—
0.09	10	—	—	—

四、煤田划分为井田

(1)井田划分的原则

① 充分利用自然条件划分井田,如地质构造、地形、地物、水文地质及煤层特征等,减小

煤炭损失。

② 矿井储量和开采技术条件要与矿井生产能力相适应。

③ 合理规划矿井开采范围,处理好相邻矿井之间的关系。

（2）井田边界的划分方法

① 垂直划分:相邻矿井以某一垂直面为界,沿境界线各留井田边界煤柱,称为垂直划分。当煤层倾角较小时,多采用垂直划分。

② 水平划分:以一定标高的煤层底板等高线为界,并沿该煤层底板等高线留置边界煤柱。

③ 按煤组划分。

④ 以自然边界（如断层等）划分。

第三节　井田内的划分

一、井田划分为阶段和水平

阶段:在井田范围内,沿煤层倾斜方向,按一定标高把煤层划分为若干个平行于走向的长条部分,每个长条部分具有独立的生产系统,每个长条称为一个阶段。

开采水平:布置有井底车场和主要运输大巷,并担负该水平开采范围内的主要运输和提升任务的水平,简称"水平"。一个开采水平可只为一个阶段服务,也可以为该水平上下两个阶段服务。

阶段表示井田范围的一部分,水平指布置大巷的某一标高水平面。阶段和水平的划分如图 2-4 所示。

开采顺序:一般是先采上部水平和阶段,后采下部水平和阶段。

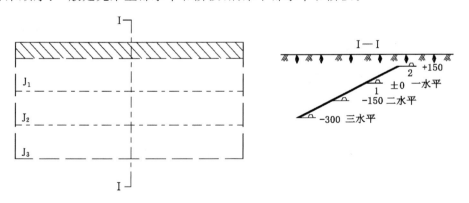

J—阶段;1—阶段运输大巷;2—阶段回风大巷。

图 2-4　阶段和水平的划分

二、阶段内的再划分

（1）采区式划分

在阶段范围内,沿走向把阶段划分为若干个具有独立生产系统的块段,每个块段称为采区。如采用走向长壁采煤法,还要沿煤层倾向将采区划分成若干个长条部分,称为区段(图2-5)。

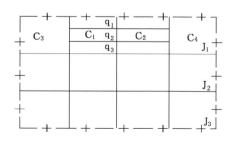

J—阶段;C—采区;q—区段。

图2-5 采区及区段划分

每个区段上部边界开掘区段回风平巷,下部边界开掘区段运输平巷,各区段平巷通过采区运输上山、轨道上山、回风上山与开采水平大巷连接,构成生产系统。

(2)带区式划分

在阶段内沿煤层走向划分若干个具有独立生产系统的带区,每个带区布置若干个倾斜分带,分带内布置一个采煤工作面,这种划分称为带区式(图2-6)。带区式布置适用于倾斜长壁采煤法,巷道布置系统简单,比采区式布置巷道掘进工程量少,但分带工作面两侧倾斜回采巷道掘进困难、辅助运输不便。带区式布置在煤层倾角较小(<12°)的条件下适用。在分带内分为俯斜开采和仰斜开采。

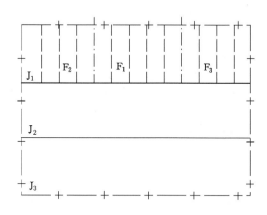

J—阶段;F—分带。

图2-6 带区及分带划分

三、井田直接划分为盘区

井田内煤层倾角很小,接近水平时,由于煤层沿倾斜方向高差很小,没有必要再按标高划分阶段,可沿煤层主要延展方向布置主要大巷,将井田分为两翼,然后以大巷为轴将两翼分成若干适宜开采的块段,每个块段叫作一个盘区(图2-7)。每个盘区通过盘区石门与主要大巷相连构成相对独立的生产系统。

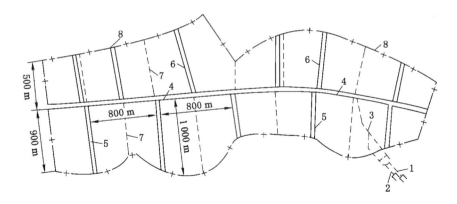

1—主斜井；2—副斜井；3—主要石门；4—主要运输大巷；5,6—盘区运输平巷；7—盘区边界；8—井田边界。

图 2-7　盘区划分

第四节　矿井生产系统

矿井生产系统
及采掘方法

一、矿井巷道分类

按巷道长轴线与水平面的相互位置关系，矿井巷道分为垂直巷道、水平巷道、倾斜巷道、硐室（图 2-8）。

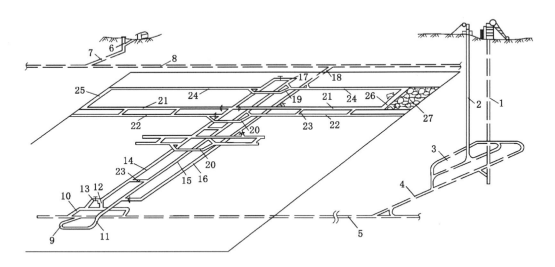

1—主井；2—副井；3—井底车场；4—主要运输石门；5—运输大巷；6—风井；7—主要回风石门；
8—回风大巷；9—采区运输石门；10—采区下部车场底板绕道；11—采区下部车场；12—采区煤仓；13—行人进风巷；
14—采区运输上山；15—采区轨道上山；16—采区回风上山；17—上山绞车房；18—采区回风石门；19—采区上部车场；
20—采区中部车场；21—区段运输平巷；22—下区段回风平巷；23—联络巷；24—区段回风平巷；25—开切眼；
26—采煤工作面；27—采空区。

图 2-8　矿井巷道及生产系统立体图

（1）垂直巷道

垂直巷道,是指巷道的长轴线与水平面垂直的巷道,如立井、暗立井、溜井、溜煤眼等。

立井:与地面直接相通的直立巷道。

主井:主要用于提升煤炭的立井。

副井:主要用于提升矸石、设备材料、人员等的立井。

暗立井:不与地面直接相通的直立巷道。

溜井:专门用来溜放煤炭的暗立井。

溜煤眼:位于井底车场和采区内部,高度和直径不大的溜井。

（2）水平巷道

水平巷道,是指巷道的长轴线与水平面近似平行的巷道,如平硐、大巷、石门、煤门、平巷等。

平硐:与地面直接相通的水平巷道,有主平硐、副平硐、排水平硐、回风平硐。

大巷:为开采水平服务的平巷,有运输大巷、轨道大巷、回风大巷。

石门:巷道长轴线与煤层走向直交或斜交的岩石平巷,有主要石门、采区石门、回风石门。

煤门:在厚煤层中,与煤层走向直交或斜交的水平巷道。

（3）倾斜巷道

倾斜巷道,是指巷道的长轴线与水平面有一定夹角的巷道,如斜井、暗斜井、采区上（下）山、斜巷等。

斜井:与地面直接相通的倾斜巷道,其作用与立井或平硐相同。

暗斜井:不与地面直接相通的倾斜巷道,其作用与暗立井相同。

采区上（下）山:服务于整个采区的倾斜巷道,上山用于开采其生产水平以上的煤层,下山用于开采其生产水平以下的煤层。

（4）硐室

硐室,是指空间 3 个轴线长度相差不大且又不直通地面的地下巷道,如变电所、泵房、绞车房、煤仓等。

二、矿井巷道掘进顺序

如图 2-8 所示的矿井生产系统,其矿井巷道的开掘顺序为:首先自地面开凿主井 1、副井 2 进入地下;当井筒开凿至第一阶段下部边界开采水平标高时,即开凿井底车场 3、主要运输石门 4,同时向井田两翼掘进开采水平运输大巷 5;直到采区运输石门位置后,由运输大巷 5 开掘采区运输石门 9 通达煤层;到达预定位置后,开掘采区下部车场底板绕道 10、采区下部车场 11 和采区煤仓12;然后,沿煤层自下而上掘进采区运输上山 14、轨道上山 15 和回风上山 16。与此同时,自风井6、主要回风石门 7,开掘回风大巷 8;向煤层开掘采区回风石门 18、采区上部车场 19、上山绞车房17,分别与采区回风上山 16、运输上山 14 和轨道上山 15 相连通。当形成通风回路后,即可自采区上山向采区两翼掘进第一区段运输平巷 21 和区段回风平巷 24 及下区段回风平巷 22,当这些巷道掘到采区边界后,即可掘进开切眼 25,形成采煤工作面。安装好机电设备和进行必要的准备工作后,即可开始采煤。采煤工作面 26 向采区上山方向后退式回采,与此同时需要适时地开掘第二区段的运输平巷和开切眼,保证采煤工作面正常接替。

三、矿井主要生产系统

(1) 运煤系统

从采煤工作面 26 采下的煤,经区段运输平巷 21、采区运输上山 14 到采区煤仓 12,在采区下部车场 11 内装车,经开采水平运输大巷 5、主要运输石门 4 运到井底车场 3,由主井 1 提升到地面。

(2) 通风系统

新鲜风流从地面经副井 2 进入井下,经井底车场 3、主要运输石门 4、运输大巷 5、采区运输石门 9、采区下部车场 11、采区轨道上山 15、区段运输平巷 21 进入采煤工作面 26。清洗工作面后,污浊风流经区段回风平巷 24、采区回风上山 16、采区回风石门 18、回风大巷 8、主要回风石门 7,从风井 6 排出井外。

(3) 运料、排矸系统

采煤工作面所需材料、设备,用矿车由副井 2 下放到井底车场 3,经主要运输石门 4、运输大巷 5、采区运输石门 9、采区下部车场 11,由采区轨道上山 15 提升到区段回风平巷 24,再运到采煤工作面 26。采煤工作面回收的材料、设备和掘进工作面运出的矸石,用矿车经与运料系统相反的方向运至地面。

(4) 排水系统

排水系统一般与进风风流方向相反,由采煤工作面 26,经区段运输平巷 21、采区轨道上山 15、采区下部车场 11、采区运输石门 9、运输大巷 5、主要运输石门 4 等巷道一侧的水沟自流到井底车场水仓,再由水泵房的排水泵通过副井的排水管道排至地面。

四、矿井开拓、准备与回采巷道的概念

矿井巷道按其作用和服务的范围不同,可分为开拓巷道、准备巷道和回采巷道。

开拓巷道:为全矿井或阶段服务的巷道,如主副井、井底车场、主要石门、运输大巷、回风大巷、主要风井等。其服务年限较长,一般为 10~30 a。

准备巷道:为整个采区服务的巷道,如采区上(下)山、采区车场、采区石门等。其服务年限一般为 3~5 a。

回采巷道:仅为采煤工作面生产服务的巷道,如区段运输平巷、区段回风平巷和开切眼等。其服务年限较短,一般为 0.5~1 a。

第五节 井田开拓

在井田范围内,为了采煤,从地面向地下开掘一系列巷道进入煤体,建立矿井提升、运输、通风、排水和动力供应等生产系统,称为井田开拓。井下巷道的形式、数量、位置及其相互联系和配合称为开拓方式。

一、井田开拓类别

① 按井筒(硐)形式:立井开拓、斜井开拓、平硐开拓、综合开拓。

② 按开采水平数目:单水平开拓、多水平开拓。

③ 按开采准备方式:

上山式开采——开采水平只开采上山阶段,阶段内一般采用采区式准备。

上下山式开采——开采水平分别开采上山阶段及下山阶段,阶段内采用采区式准备或带区式准备;近水平煤层,开采水平分别开采井田上山部分及下山部分,采用盘区式或带区式准备。

混合式开采——上述方式的结合应用。

④ 按开采水平大巷布置方式:

分煤层大巷——在每个煤层设大巷。

集中大巷——在煤层群中集中设置大巷,通过采区石门与各煤层联系。

分组集中大巷——对煤层群分组,分组中设集中大巷。

井田开拓方式分类见图2-9。

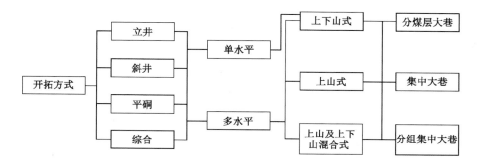

图 2-9　井田开拓方式分类

二、确定井田开拓方式的原则

① 贯彻执行国家有关煤炭工业的技术政策,为早出煤、出好煤、高产高效创造条件。在保证生产可靠和安全的条件下减少开拓工程量;尤其是初期建设工程量,节约基建投资,加快矿井建设。

② 合理集中开拓部署,简化生产系统,避免生产分散,做到合理集中生产。

③ 合理开发国家资源,减少煤炭损失。

④ 必须贯彻执行煤矿安全生产的有关规定。要建立完善的通风、运输、供电系统,创造良好的生产条件,减少巷道维护量,使主要巷道保持良好状态。

⑤ 要适应当前国家的技术水平和设备供应情况,并为采用新技术、新工艺以及发展采煤机械化、综合机械化、自动化创造条件。

⑥ 根据用户需要,应照顾到不同煤质、煤种的煤层分别开采,以及其他有益矿物的综合开采。

三、井田开拓的主要内容

① 确定井筒的形式、数目及配置,合理选择井筒及工业广场的位置。

② 合理地确定开采水平数目和位置。

③ 布置大巷及井底车场。

④ 阶段内的划分。

⑤ 确定矿井开采程序,做好开采水平的接替。

⑥ 进行矿井开拓延深、深部开拓及技术改造。

⑦ 合理确定矿井通风、运输等生产系统。

⑧ 确定开拓方案时需要综合考虑地质、开采技术等条件,经过全面技术经济比较后才能选择合理的方案。

第六节 采煤方法

煤炭开采
基本概念

采煤方法是煤矿生产的核心,矿井各项工作主要围绕采煤方法来进行。我国煤矿开采条件多样,采煤方法的种类较多。采煤方法的选择与应用是否正确会直接影响矿井的安全生产和各项技术经济指标,所以必须结合具体的矿山地质、技术条件与采出率高的要求以及行业部门的有关方针政策来选择采煤方法。

一、采煤方法

1. 采煤方法的概念

采煤方法包括采煤系统和采煤工艺两部分内容。

采煤工作面是直接采取煤炭的场所,有时又称为采场(工作面)。工作面内的采煤工艺包括破煤、装煤、运煤、顶板支护和采空区处理五项主要工序。把煤从整体煤层中破落下来称为破煤。把破落下来的煤炭装入采煤工作面中的运输设备内称为装煤。煤炭运出采场的工序称为运煤。为保持采场内有足够的工作空间,就需要用支架来支护采场,这种工序称为工作面顶板支护。煤炭采出后,被废弃的空间称为采空区。为了减轻矿山压力对采场的作用,保证采煤工作顺利进行,必须处理采空区的顶板,这项工作称为采空区处理。

生产系统与巷道布置在时间、空间上的配合称为采煤系统。

采煤方法就是采煤系统与采煤工艺的总称。根据不同的矿山地质及技术条件,可以采用不同的采煤系统与采煤工艺相配合,从而构成多种多样的采煤方法。

2. 采煤方法的分类

我国使用的采煤方法种类较多,大体上可归纳为壁式体系采煤法和柱式体系采煤法两大体系(图 2-10)。前者以采煤工作面长度长为主要标志,后者以采煤工作面长度短为主要特征。这两种体系的采煤方法在巷道布置、运输方式和采煤工艺上都有很大区别,采煤机械设备也不相同。在世界各国,除美国等国家以柱式体系采煤法为主外,其他主要产煤国家都以壁式体系采煤法为主。我国主要采用长壁采煤法。

(1) 壁式体系采煤法

壁式体系采煤法中主要应用的是长壁采煤法。其主要特征是采煤工作面长度较长,一般在 60~80 m 以上。每个工作面两端必须有两个出口,一端出口与回风平巷相连,用来回风及运送材料;另一端出口与运输平巷相连,用来进风和运煤。在工作面内安装采煤设备。随着煤炭被采出,工作面不断向前移动,并始终保持成一条直线。

如果将长壁工作面沿煤层倾斜方向布置,采煤时工作面沿走向推进,工作面的倾斜角度等于煤层的倾角,则称为走向长壁采煤法[图 2-11(a)];如果将工作面沿走向布置,工作面呈水平状态,采煤工作面可以沿倾斜方向向上或向下推进,则称为倾斜长壁采煤法,工作面向

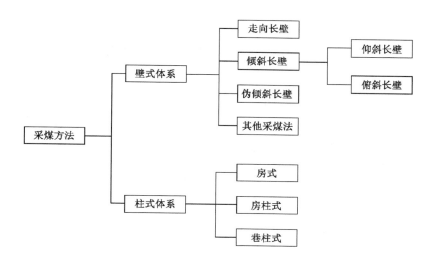

图 2-10　采煤方法分类

上推进时称为仰斜开采[图 2-11(b)],向下推进时称为俯斜开采[图 2-11(c)];工作面还可以沿伪倾斜方向布置[图 2-11(d)]。伪倾斜是指工作面倾斜方向与煤层的真倾向斜交,伪倾斜工作面的倾角比煤层的倾角小。

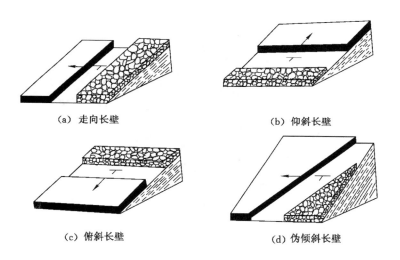

图 2-11　长壁工作面推进方向示意图

（2）柱式体系采煤法

柱式体系采煤法可分为三种类型:房式、房柱式和巷柱式。图 2-12 所示的是房柱式采煤法。

房式和房柱式采煤法的实质是将煤层划分为若干条形块段,在每一块段内开掘一些宽度为 5～7 m 的煤房,各煤房之间留有一定宽度的煤柱并以联络巷相通,形成近似于矩形的煤柱。房式采煤法只采煤房不回收煤柱。房柱式采煤法既采煤房,又回收房间煤柱。

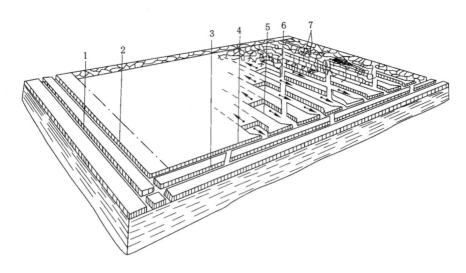

1—采区上山;2—采区行人巷;3—区段运输平巷;4—区段回风平巷;5—煤房;6—联络巷;7—煤柱。

图 2-12 房柱式采煤法立体图

图 2-13 所示为巷柱式采煤法。其实质是在采区内预先开掘大量的巷道,将煤层切割成 6 m×6 m～20 m×20 m 的方形煤柱,然后有计划地回采这些煤柱,采空区的顶板任其自行垮落。

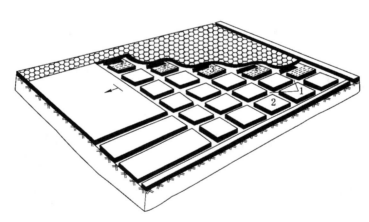

1—巷道;2—煤柱;3—开采煤柱。

图 2-13 巷柱式采煤法立体图

近年来,我国引进了一些国外配套设备,提高了机械化程度。这种高度机械化的柱式体系采煤法作为长壁开采的一种补充手段,在我国也有一定的应用前景。

(3)影响采煤方法选择的因素

影响采煤方法选择的因素主要有煤层赋存条件、技术发展与装备水平以及管理水平。

其中,煤层赋存条件包括煤层的倾角和厚度,煤层及围岩特征,煤层中的地质构造,煤层的涌水量、瓦斯涌出量及煤的自然发火性。

技术发展与装备水平以及管理水平也会影响采煤方法的选择,其中主要是机械装备水平。

二、采煤工艺

我国长壁工作面的采煤工艺主要有三种类型,即爆破采煤工艺(炮采)、普通机械化采煤工艺(普采)和综合机械化采煤工艺(综采)。

1. 爆破采煤工艺

(1)爆破落煤

炮采的爆破落煤生产过程是:采煤工人用煤电钻在煤壁上钻出 1～3 排、深度为 1.0～1.5 m 的炮眼,然后向炮眼内安装炸药、雷管和填塞炮泥,爆破工用专门的起爆器爆破。

(2)装煤

爆破后炸碎的煤堆积在煤层底板上,需要用人力装入刮板输送机运出。刮板输送机是由许多节溜槽连接起来的,沿工作面全长铺设,可就近装煤。随着采煤工作面向前推进,刮板输送机也向前移动。

(3)运煤

运煤是炮采工作面实现机械化的唯一工序。刮板输送机移置器多为液压式推移千斤顶,工作面内每隔 6 m 设 1 台千斤顶。

2. 普通机械化采煤工艺

采煤工作面安设单滚筒或双滚筒采煤机、可弯曲刮板输送机、金属摩擦支柱或单体液压支柱、金属铰接顶梁以及液压千斤顶等设备。其中,采煤工艺的落煤、装煤和运煤实现了机械化,而支护和采空区处理需要由人工完成。

采煤机骑在刮板输送机上,以刮板输送机为导轨,在工作面上下移动。采煤机的截割部通过摇臂带动滚筒旋转,煤被螺旋叶片上的截齿破落下来,利用螺旋滚筒和弧形挡煤板将煤源源不断地装入刮板输送机内。刮板输送机的刮板链不停地运转,煤被运出工作面。液压千斤顶将刮板输送机向前推移,使其重新紧靠煤壁。这样就实现了落煤、装煤、运煤以及推移刮板输送机的机械化。

3. 综合机械化采煤工艺

综合机械化采煤是指采煤工作面的落煤、装煤、运煤、支护和采空区处理等主要工序全部实现了机械化。综采工作面的主要设备是自移式液压支架、采煤机、可弯曲刮板输送机和端头支护设备。

(1)综采工艺过程

综采工作面设备布置如图 2-14 所示。采煤工艺过程为:采煤机骑在刮板输送机上割煤与装煤,然后刮板输送机被自移式液压支架前端的推移千斤顶推向煤壁;移架从工作面一端开始,紧随刮板输送机被推向煤壁,逐节向前移动;移架时支柱卸载,顶梁脱离顶板,推移千斤顶收缩、移架。

(2)自移式液压支架

液压支架是综采工作面的主要标志,它由顶梁、底座、推移千斤顶、支柱和控制装置等组成。液压支架按其与围岩的相互作用方式不同可分为支撑式、掩护式和支撑掩护式三种基本类型。

支撑式(垛式)支架顶梁较长,支撑力较大,切顶性能较好,适用于顶板坚硬完整、周期压力明显、底板也较硬的薄及中厚煤层。

掩护式支架的结构特点是支架的顶梁较短,有一个整体的掩护板,可将工作空间和采空

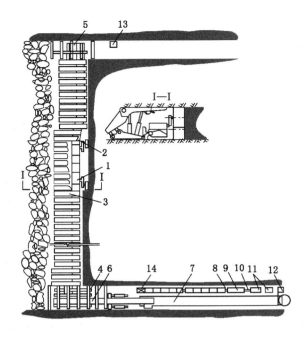

1—采煤机;2—刮板输送机;3—液压支架;4—下端头支架;5—上端头支架;6—转载机;7—可伸缩带式输送机;
8—配电箱;9—移动变电站;10—设备列车;11—泵站;12—喷雾泵站;13—绞车;14—集中控制台。

图 2-14　综采工作面设备布置图

区完全隔开,适用于中等稳定和易于冒落的顶板条件。

支撑掩护式支架以支撑为主,兼有隔离采空区矸石的能力,它的作用介于支撑式支架和掩护式支架之间,是今后重点发展的一种架型。

各种类型支架的动作原理基本相同,均用高压乳化液作为动力。支架的操作由操纵阀控制,在邻架间进行操作或分组遥控。综采的主要特点是机械化程度高,安全性好,产量大。但是综采设备昂贵,要求操作与管理水平高、开采条件好。

第七节　井巷工程

矿山井巷类型按照巷道长轴线与水平面之间的夹角来分,有水平巷道、倾斜巷道和垂直巷道;按用途分,有开拓巷道、准备巷道和回采巷道。巷道种类繁多,设计施工复杂。井巷施工是在安全高效、低耗的条件下,进行破岩、装岩、运岩和支护等工序。

一、岩石的性质和工程分级

1. 岩石的性质

(1) 岩石的物理性质

岩石的物理性质主要指岩石的重力密度(简称重度)、密度、硬度、碎胀性和耐风化侵蚀性等。

其中,岩石的重度,是指单位体积岩石所承受的重力;岩石的密度,是指单位体积岩石的质量;岩石的碎胀性,是指岩石破碎后,其体积比破碎前有所增大的性质。

（2）岩石的力学性质

岩石的力学性质,是指岩石的变形性质,如弹性、塑性、脆性和岩石的强度性质,即岩石对压、拉、弯、剪等外力的抵抗能力。

2.岩石的工程分级

岩石的工程分级的方法很多。20世纪50年代,我国引进了按岩石坚固性进行分类的方法(即普氏分类法),煤炭系统至今一直沿用。

M.M.普罗托奇雅可诺夫于1926年提出"坚固性"这一概念,作为岩石工程分类的依据,建议用"坚固性系数"作为岩石分类指标。因此,在生产实践中,一般用岩石的坚固性来代表岩石破碎的难易程度,包括岩石的上述物理力学性质特征。岩石坚固性系数 f 可按式(2-3)计算。

$$f = \frac{\sigma_c}{10} \tag{2-3}$$

式中　σ_c——岩石的单轴抗压强度,MPa。

目前,我国一般采用的岩石分级方法是岩石强度分级法(普氏岩石分级法),用坚固性系数 f 将岩石坚硬度分为10级(表2-5)。

这种岩石分级法的优点是确定 f 值方便,表现形式比较明确,使用方便。但 f 值不能完全反映岩石的特性,特别是不能反映在不同地质构造和不同应力状态下的岩石性质。

表 2-5　岩石坚固性分类表

级别	坚固性程度	岩　　石	坚固性系数 f
Ⅰ	最坚固的岩石	最坚固、最致密的石英岩及玄武岩,其他最坚固的岩石	20
Ⅱ	很坚固的岩石	很坚固的花岗岩类;石英斑岩,很坚固的花岗岩,硅质片岩;坚固程度较Ⅰ级岩石稍差的石英岩;最坚固的砂岩及石灰岩	15
Ⅲ	坚固的岩石	致密的花岗岩及花岗岩类岩石,很坚固的砂岩及石灰岩,石英质矿脉,坚固的砾岩,很坚固的铁矿石	10
Ⅲa	坚固的岩石	坚固的石灰岩,不坚固的花岗岩,坚固的砂岩,坚固的大理岩,白云岩,黄铁矿	8
Ⅳ	相当坚固的岩石	一般的砂岩,铁矿石	6
Ⅳa	相当坚固的岩石	砂质页岩,泥质砂岩	5
Ⅴ	坚固性中等的岩石	坚固的页岩,不坚固的砂岩及石灰岩,软的砾岩	4
Ⅴa	坚固性中等的岩石	各种不坚固的页岩,致密的泥灰岩	3
Ⅵ	相当软的岩石	软的页岩,很软的石灰岩,白垩,盐岩,石膏,冻土,无烟煤,普通泥灰岩,破碎的砂岩,胶结的卵石及粗砂砾,多石块的土	2
Ⅵa	相当软的岩石	碎石土,破碎的页岩,结块的卵石及碎石,坚硬的烟煤,硬化的黏土	1.5
Ⅶ	软岩	致密的黏土,软的烟煤,坚固的表土层	1.0
Ⅶa	软岩	微砂质黏土,黄土,细砾石	0.8
Ⅷ	土质岩石	腐殖土,泥煤,微砂质黏土,湿砂	0.6
Ⅸ	松散岩石	砂,细砾,松土,采下的煤	0.5
Ⅹ	流沙状岩石	流沙,沼泽土壤,饱含水的黄土及饱含水的土壤	0.3

二、巷道破岩方法

井巷施工首先要破碎岩石,常用的破岩方法有机械破岩和爆破破岩两种。

1. 钻眼爆破

钻眼爆破,是指在采掘的煤岩中用钻眼工具钻凿炮眼(其深度一般不超过 3～4 m,直径为 35～75 mm),然后在炮眼中安放一定数量的炸药,炮眼口直至炸药间的一段炮眼放置用不燃的惰性物质(一般为黏土与砂子混合物)做的炮泥,再用一定的方法使炸药在炮眼内起爆,从而产生巨大压力使煤和岩石从其整体中分离出来,并破碎成便于装运的块体。

（1）冲击式凿岩机

冲击式凿岩机破岩原理如图 2-15 所示。钎刃在冲击力 F 的作用下凿入岩石,凿出深度为 h 的沟槽 I-I,然后将钎子转动一角度 β 再次冲击,此时不但凿出沟槽 II-II,而且两条沟槽之间的岩石也被冲击时产生的水平分力 H 剪切掉。为使钎刃始终作用在新的岩面上,必须及时排除岩石碎屑。冲击、转杆、排粉,往复循环地持续进行,便可凿出圆形炮眼。

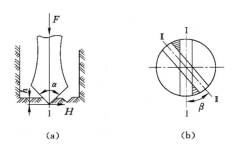

图 2-15　冲击式凿岩机破岩原理图

（2）冲击式凿岩工具

凿岩机钎子由六角形或圆形的中空钢钎锻造而成。钎子分钻杆、钎肩和钎尾三部分。

凿岩机钎头按形状分为一字形、十字形、X 形、Y 形和镶硬质合金齿的球齿形钎头。现场常用的是一字形和十字形钎头。

（3）旋转式钻机

旋转式钻机破岩原理:钎刃在轴向压力 p 的作用下侵入岩石,同时钎刃不停地旋转,旋转力矩 M 推动钎刃向前切削岩石。在 p 和 M 的共同作用下,孔底岩石连续沿螺旋线破坏,切削下来的岩石碎屑沿着钎杆的螺旋沟排出或用压力水排除。

① 煤电钻——煤电钻主要用于在煤层或较软的岩石中钻眼。因为它所需要的功率较小,机体质量较小,钻眼时可用人力抱钻并推进,也称为手持式煤电钻。它主要由电动机、减速器、风扇外壳和手柄等部分构成。

② 岩石电钻——岩石电钻与煤电钻的构造基本相同,只是岩石电钻的电动机功率大,质量也大,且钻眼时需要很大的轴向推力,用人力无法支撑操作,必须配有推进和支撑设备。

（4）钻眼工具

① 钻杆——煤电钻使用的钻杆多为螺旋形的(俗称"麻花"钎子),钻杆上的螺旋沟槽是用来排除煤粉的。钻杆断面形状有矩形和菱形两种。

② 钻头——由于煤电钻和岩石电钻所钻煤、岩的坚硬程度不同,钻头所用的钢材与钻

头结构也不同。

2.掘进机破岩

岩石掘进机是靠旋转刀盘上的盘形滚刀破碎岩石而使巷道一次成形的大型机械设备。由于它集开挖、出矸和衬砌于一体,能完成破岩、装岩、运输、支护、喷雾除尘等全部工序,因此,岩石掘进机是自动化程度较高的地下工程施工设备,广泛应用于矿山、铁路隧道、水利水电隧道、涵洞和城市地下工程等的建设。岩石掘进机具有机械化程度高、施工速度快、效率高和工作安全等优点,在国内外的一些较长的隧道工程中已广泛应用。

岩石平巷联合掘进机由工作机构(刀盘)、排岩机构、液压支撑行走机构和操作机构等四个主要部分组成。

三、巷道断面设计

1.巷道断面形状的选择

我国矿井中使用的巷道断面形状有矩形、梯形、多边形、拱形、马蹄形、椭圆形以及圆形等(图 2-16),而经常使用的则是矩形和拱形两种。

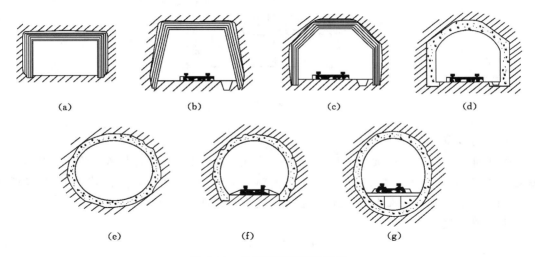

图 2-16　巷道断面形状示意图

矩形断面的巷道能承受一定的顶压力。支架结构简单、施工方便,在采准巷道中应用较多。

拱形断面能承受较大的顶压力和侧压力,是我国目前矿山主要开拓巷道的基本断面形式。

巷道断面形状的选择主要应考虑下列因素:一是巷道的围岩性质及地层压力;二是支架的材料;三是巷道的用途及服务年限。

2.巷道断面尺寸的确定

(1)巷道净宽度

巷道净宽度指巷道内侧的水平距离。

双轨巷道(图 2-17):

$$B_0 = 2b + b_1 + b_2 + m \tag{2-4}$$

单轨巷道：

$$B_0 = b + b_1 + b_2 \tag{2-5}$$

式中　b——运输设备的宽度；

　　　b_1——运输设备到支架的间距；

　　　b_2——人行道的宽度；

　　　m——运输设备最突出部分的距离。

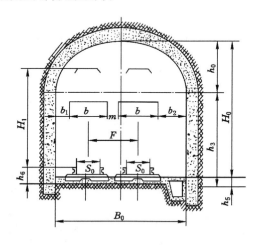

图 2-17　双轨巷道净尺寸图

（2）巷道净高度

巷道净高度是指道砟面至拱顶内缘（梯形巷道顶梁下缘）的垂直距离。巷道的高度必须保证行人方便及生产运输的要求。主要运输巷道和主要通风巷道的净高度不得低于 2 000 mm，采区内的通风巷道、运输巷道等净高度不得低于 1 800 mm。

巷道净高度 H_0 的计算式为：

$$H_0 = h_3 + h_0 - h_5 \tag{2-6}$$

式中　h_3——拱形巷道墙高；

　　　h_0——拱形巷道拱高；

　　　h_5——道砟厚度。

（3）风速验算

生产矿井的巷道通常兼作通风用，因此还应按照《煤矿安全规程》等规定的允许最大风速进行验算，即

$$v = \frac{Q}{S} \leqslant v_m \tag{2-7}$$

式中　v——通过巷道风流的速度，m/s；

　　　Q——通过巷道的风量，m³/s；

　　　S——巷道的净断面积，m²；

　　　v_m——巷道允许通过的最高风速，m/s。

《煤炭工业矿井设计规范》规定：矿井主要进风巷的风速一般不大于 6 m/s，输送机巷或

采区风巷一般不大于 4 m/s。设计时,应在不违反《煤矿安全规程》的原则下,按规范要求确定巷道断面,以留有余地。

设计出的巷道净断面积,不符合上述风速要求的,须加大断面尺寸。

四、巷道支护

为了保证井下安全生产,巷道爆破装岩后,在距工作面一定的距离内必须对巷道围岩进行及时支护。

1. 棚式金属支架支护

金属支架的支撑强度大,坚固,耐用,可以制成各种形状的构件。虽然金属支架初期投资大些,但可以回收复用。其主要类型有梯形金属支架和拱形可缩金属支架。

梯形金属支架(图 2-18)——常用轻便钢轨(18~24 kg/m)或矿用工字钢(16~20 号)制作。由两根棚腿和一根顶梁组成,适用于回采巷道。

拱形可缩金属支架(图 2-19)——由一根弧形顶梁和两根上端带曲率的柱腿组成,间距一般在 0.7 m 左右,纵向通过金属拉杆拉紧以提高稳定性。梁腿搭接长度为 300~400 mm,采用两个卡箍固定,适用于软岩、地压大且不稳定(动压)、围岩变形量大的巷道。

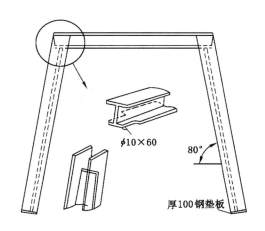

图 2-18　梯形金属支架

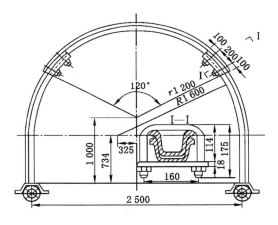

图 2-19　拱形可缩金属支架

2. 锚杆支护

锚杆支护就是在巷道掘进后向围岩中钻眼,然后将锚杆安设在锚杆眼内,对巷道围岩进行人工加固,提高围岩的强度。

按锚固段长短分,有端头锚固和全长锚固两种类型;按锚杆组成材料来分,有金属锚杆、木锚杆;按锚固剂分,有水泥砂浆锚杆和树脂锚杆等。

树脂锚杆是目前应用比较广泛的一种锚杆。它以合成树脂为黏结剂,在固化剂和加速剂的作用下快速固化,将锚杆体与岩石牢固地黏结成为一个坚固的整体。树脂锚杆的最大特点是固化时间快,能在几分钟到几小时内获得很高的初锚力,能够迅速有效地控制围岩变形。

3. 锚索支护

锚索长度一般是锚杆长度的 3~5 倍甚至更长。它除具有普通锚杆的作用外,与普通锚杆不同之处是把部分围岩压力传递至深部稳定岩层中,对巷道围岩产生强力悬吊作用。矿井巷道支护一般将锚杆、锚索配合使用。图 2-20 所示为锚索结构图。

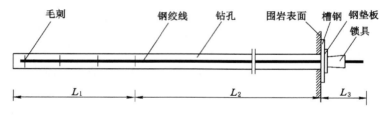

L_1——内锚固段长度；L_2——自由段长度；L_3——张拉段长度。

图 2-20　锚索结构图

4. 喷射混凝土支护

喷射混凝土支护是将一定配合比的水泥、砂、碎石和速凝剂搅拌料通过混凝土喷射机，以压缩空气为动力沿着管路压送到喷嘴处与水混合后，以较高的速度（30～120 m/s）喷射在围岩表面上，凝结硬化而成的一种支护形式。喷射混凝土支护工艺如图 2-21 所示。

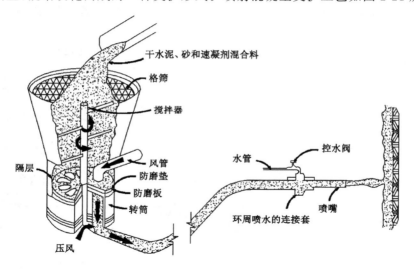

图 2-21　喷射混凝土支护工艺

思　考　题

1. 简述煤的形成过程及形成条件。

2. 煤田划分为井田的原则有哪些？

3. 阶段内的再划分有哪几种？如何划分？

4. 矿井巷道按其作用和服务的范围不同可分为哪几种类型？

5. 井田开拓方式主要有哪几种？

6. 简述采煤方法的定义。我国采煤方法可分为哪些类型？

7. 我国长壁工作面的采煤工艺主要有哪几种类型？各有什么特点？

8. 巷道断面形状主要有哪些？选择巷道断面形状应考虑哪些因素？

9. 巷道支护形式主要有哪些？各有什么特点？

参 考 文 献

［1］杜计平,孟宪锐.井工煤矿开采学［M］.徐州:中国矿业大学出版社,2014.

［2］康健,郭忠平.采煤概论［M］.2版.徐州:中国矿业大学出版社,2011.

［3］全国国土资源标准化技术委员会.固体矿产资源储量分类:GB/T 17766—2020［S］.北京:中国标准出版社,2020.

［4］中煤科工集团南京设计研究院有限公司,中国煤炭建设协会勘察设计委员会.煤炭工业矿井设计规范:GB 50215—2015［S］.北京:中国计划出版社,2016.

第三章　煤炭精准开采基础

新世纪互联网＋智能化发展势头强劲,在总结煤炭开采历史及科技发展趋势的基础上,思考了煤炭开采如何应对新一轮科技创新的到来,针对我国煤炭开采面临的挑战和机遇,提出了煤炭精准开采的科学构想。煤炭精准开采是基于透明空间地球物理和多物理场耦合,以智能感知、智能控制、物联网、大数据云计算等作支撑,将不同地质条件的煤炭开采扰动影响、致灾因素、开采引发生态环境破坏等统筹考虑,时空上准确高效的煤炭少人(无人)智能开采与灾害防控一体化的未来采矿新模式。

第一节　煤炭精准开采基本概念

智能精准
开采的提出

智能精准开
采科学内涵

一、煤炭精准开采科学内涵

煤炭精准开采是基于透明空间地球物理和多物理场耦合,以智能感知、智能控制、物联网、大数据云计算等作支撑,具有风险判识、监控预警等处置功能,能够实现时空上准确安全可靠的智能少人(无人)安全精准开采的新模式新方法,其科学内涵如图 3-1 所示。精准开采支撑科学开采,是科学开采的重中之重。

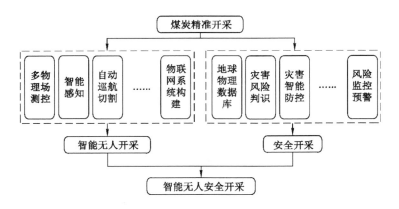

图 3-1　煤炭精准开采的科学内涵

二、煤炭精准开采技术架构

煤炭精准开采从资源评估与决策、矿山规划和设计到煤矿生产与安全管理等全过程都始终贯彻和融入现代科技成果,真正实现现代化煤炭开采,其框架如图 3-2 所示。煤炭精准开采系统层级从下到上依次为基础数据层、模型层、模拟与优化层、设计层、执行与控制层和管理层,如图 3-3 所示。

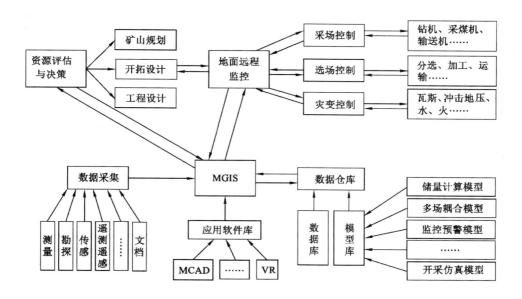

图 3-2　煤炭精准开采框架

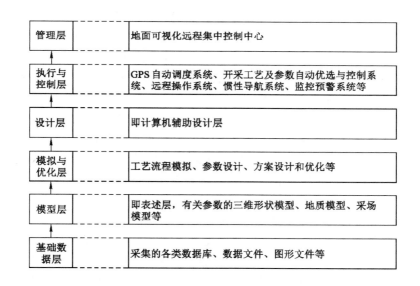

图 3-3　煤炭精准开采系统层级

结合煤炭发展现状及长远要求,精准开采将分两步实施:第 1 步是实现地面和井下相结合的远程遥控式精准开采,即操作人员在监控中心远程干预遥控设备运行,采掘工作面落煤区域无人操作;第 2 步是实现智能化少人(无人)精准开采,即采煤机、液压支架等设备自动化智能运行、惯性导航。煤炭精准开采将最终实现地面远程控制的智能化、自动化、信息化和可视化,实现煤炭开采的少人(无人)、精确、智能感知和灾害智能监控预警与防治。

三、煤炭精准开采关键科学问题

智能精准开
采关键科学问题

煤炭精准开采涉及面广、内容纷繁复杂,实施过程中需要解决诸多科学问题。

(1)煤炭开采多场动态信息(如应力、应变、位移、裂隙、渗流等)的数字化定量

传统采矿多依赖经验、凭借定性分析开采,精准开采是传统采矿与定量化、智能化的高度结合,需开发出多功能、多参数的智能传感器。以开采沉陷的精准控制为例,需要快速而精确地实现对开采沉陷数据的识别、获取、重建,以达到开采沉陷的信息化、数字化及可视化,为进一步的定量化预测奠定基础。

(2)采场及开采扰动区多源信息采集、传感、传输

煤炭井下开采涉及应力场、裂隙场、渗流场等诸多问题,采场及开采扰动区地应力、瓦斯压力、瓦斯涌出量、裂隙发育区等信息准确获取至关重要。煤炭精准开采在该方面涉及的关键科学问题包括采场及开采扰动区多源信息采集传感、矿井复杂环境下多源信息多网融合传输以及人机环参数全面采集、共网传输等。

(3)基于大数据云技术的多源海量动态信息评估与筛选机制

随着煤矿物联网覆盖的范围越来越广,"人、机、物"三元世界在采场信息空间中的交互、融合所产生的数据量越来越大,基于大数据云技术的多源海量动态信息评估与筛选机制的研究越发重要。煤炭精准开采在该方面涉及的关键科学问题包括井下掘进定位以及应力场-应变场-裂隙场-瓦斯场等多物理场信息定量化采集,多源、海量、动态、多模态等特征传感信息评估与筛选,多维度信息复杂内在联系构建,质量参差不齐、不确定等海量信息的聚合、管理与查询,可视化、交互式、定量化、快速化、智能化的多物理场信息智能分析系统搭建等。

(4)基于大数据的多相多场耦合灾变理论研究

煤炭开采涉及固-液-气三相介质,在开采扰动作用下三者相互影响、相互制约、相互联系,形成采动应力场-裂隙场-渗流场-温度场的多场耦合效应;研究煤炭开采灾害的多相多场致灾机理是精准开采的重要内容。煤炭精准开采在该方面涉及的关键科学问题包括开采扰动及多场耦合条件下灾害孕育演化机理,灾变前兆信息采集传感传输,灾变前兆信息挖掘辨识方法与技术等。

(5)深度感知灾害前兆信息智能仿真与控制

与基于被控对象精确模型的传统控制方式不同,智能仿真与控制可直观地展示井下采场情况,模拟不同开采顺序、工艺等引起的采动变化等,更好地解决煤矿复杂系统的应用控制,更具灵活性和适应性。煤炭精准开采在该方面涉及的关键科学问题涵盖矿山地测空间数据深度感知技术,矿山地质及采动信息数字化,矿山采动及安全隐患智能仿真,开采模拟分析与智能控制软件开发等。

(6)矿井灾害风险预警

矿井灾害风险超前、动态、准确预警是煤矿安全生产的前提。煤炭精准开采在该方面涉及的关键科学问题包括矿井灾害致灾因素分析,矿井灾害预警指标体系创建,多源数据融合灾害风险判识方法及预警模型构建,灾害智能预警系统建立等。

(7)矿井灾害应急救援关键技术及装备

快速有效的应急救援是减少事故人员伤亡和财产损失的有效措施。煤炭精准开采在该

方面涉及的关键科学问题包括救灾通信、人员定位及灾情侦测技术与装备,灾难矿井应急生命通道快速构建技术与装备,矿井灾害应急救援通信系统网络等。

四、煤炭精准开采主要技术途径

1. 创新具有透视功能的地球物理科学

具有透视功能的地球物理科学是实现煤炭精准开采的基础支撑。该方向将地理空间服务技术、互联网技术、CT（computed tomography,计算机断层扫描）技术、VR（virtual reality,虚拟现

智能精准　　智能精准
开采目标　　开采愿景

实）技术等积极推向矿山可视化建设,打造具有透视功能的地球物理科学支撑下的"互联网＋矿山",对煤层赋存进行真实反演,实现断层、陷落柱、矿井水、瓦斯等致灾因素的精确定位。该方向主要包括以下研究内容:

① 创新地下、地面、空中一体化多方位综合探测新手段。

② 研制磁、核、声、光、电等物理参数综合成像探测新仪器。

③ 构建探测数据三维可视化及重构的数据融合处理方法。

④ 研发海量地质信息全方位透明显示技术,构建透明矿山,实现瓦斯、水、陷落柱、资源禀赋等1∶1高清显示,地质构造、瓦斯层、矿井水等矿井致灾因素高清透视,最终实现煤炭资源及煤矿隐蔽致灾因素动态智能探测。

2. 智能新型感知和多网融合传输方法与技术装备

智能新型感知和多网融合传输方法与技术装备是实现煤炭精准开采的技术支撑。该方向将研发新型安全、灵敏、可靠的采场、采动扰动区及灾害前兆信息等信息采集传感技术装备,形成人机环参数全面采集、共网传输新方法。

该方向主要包括以下研究内容:

① 采场及采动扰动区信息的高灵敏度传输传感技术。

② 采场及采动扰动区监测数据的组网布控关键技术与装备。

③ 非接触供电及多制式数据抗干扰高保真稳定传输技术。

④ 灾害前兆信息采集、解析及协同控制技术与装备。

3. 动态复杂多场多参量信息挖掘分析与融合处理技术

动态复杂多场多参量信息挖掘分析与融合处理技术可为煤炭精准开采系统提供智能决策、规划,提高系统反应的快速性和准确性。该方向将突破多源异构数据融合与知识挖掘难题,创建面向煤矿开采及灾害预警监测数据的共用快速分析模型与算法,创新煤矿安全开采及灾害预警模式。

该方向主要包括以下研究内容:

① 多源海量动态信息聚合理论与方法。

② 数据挖掘模型的构建、更新理论与方法,面向需求驱动的灾害预警服务知识体系及其关键技术。

③ 基于漂移特征的潜在煤矿灾害预测方法与多粒度知识发现方法。

④ 煤岩动力灾害危险区域快速辨识及智能评价技术。

4. 基于大数据云技术的精准开采理论模型

基于大数据云技术的精准开采理论模型可以为煤炭精准开采提供理论支撑。该方向基于大数据的煤炭开发多场耦合及灾变理论模型,采用"三位一体"科学研究手段,基于大数据

技术自动分析、生成监测数据异常特征提取模型,研究煤矿灾害致灾机理及灾变理论模型,实现对煤矿灾害的自适应、超前、准确预警。

该方向主要包括以下研究内容:

① 基于试验大数据的多场耦合基础研究,利用"深部巷道围岩控制""煤与瓦斯突出""煤与瓦斯共采"等大型科学试验仪器在不同开采条件下的海量试验测试数据,开展多场耦合基础试验研究。

② 基于生产现场监测大数据的多场耦合研究。基于生产现场监测的海量数据,进行大数据的云计算整合,探索总结多场耦合致灾机理及诱发条件。

③ 基于精准透视下的多场耦合理论模型。现场实时扫描监测数据,研究数据瞬态导入机制、数值模拟仿真试验模型,进行真三维数值仿真智能判识与监控预警。

5. 多场耦合复合灾害预警

多场耦合复合灾害预警为煤炭精准开采提供了安全保障。该方向将探索具有推理能力及语义一致性的多场耦合复合灾害知识库构建方法,建立适用于区域性煤矿开采条件下灾害预警特征的云平台。

该方向主要包括以下研究内容:

① 不同类型灾害的多源、海量、动态信息管理技术。

② 基于描述逻辑的灾害语义一致性知识库构建理论与方法。

③ 基于深度机器学习的煤矿灾害风险判识理论及方法。

④ 煤矿区域性监控预警特征的云平台架构。

⑤ 基于服务模式的煤矿灾害的远程监控预警系统平台。

6. 远程可控的少人(无人)精准开采技术与装备

远程可控的少人(无人)精准开采技术与装备是实现煤炭精准开采的必需技术手段。该方向以采煤机记忆截割、液压支架自动跟机及可视化远程监控等技术与装备为基础,以生产系统智能化控制软件为核心,研发远程可控的少人(无人)精准开采技术与装备。

该方向主要包括以下研究内容:

① 采煤机自动调高、巡航及自动切割自主定位。

② 煤岩界面与地质构造自动识别。

③ 井上-井下双向通信。

④ 采煤工艺智能化。

⑤ 工作面组件式软件和数据库,大数据模糊决策系统。

7. 救灾通信、人员定位及灾情侦测技术与装备

救灾通信、人员定位及灾情侦测技术与装备是实现煤炭精准开采的坚实后盾。该方向将进行灾区信息侦测技术及装备、灾区多网融合综合通信技术及装备、灾区遇险人员探测定位技术及装备、生命保障关键技术及装备、快速逃生避险保障技术及装备、应急救援综合管理信息平台的研发。

该方向主要包括以下研究内容:

① 地面救援方面,开发全液压动力头车载钻机、救援提升系统及其下放提吊技术、煤矿区应急救援生命通道快速成井钻探技术。

② 井下救援方面,推进大功率坑道救援钻机、大直径救援钻孔施工配套钻具、基于顶管

掘进技术的煤矿应急救援巷道快速掘进装置研制,以及井下大直径救援钻孔成孔工艺设计。

8. 基于云技术的智能矿山建设

基于云技术的智能矿山建设是煤炭精准开采需要实现的目标。该方向结合采矿、安全、机电、信息、计算机、互联网等学科,融计算机技术、网络技术、现代控制技术、图形显示技术、通信技术、云计算技术于一体,将互联网+技术应用于云矿山建设,把煤炭资源开发变成智能车间,实现未来采矿智能化少人(无人)安全开采。

第二节　透明矿山基本理论与技术

一、矿产资源勘查

矿产资源勘查,是指发现矿产资源,查明其空间分布、形态、产状、数量、质量、开采利用条件,评价其工业利用价值的活动。矿产资源勘查通常依靠地球科学知识,运用地质填图、遥感、地球物理、地球化学等方法,采用槽探、钻探、坑探等取样工程,结合采样测试、试验研究和技术经济评价等予以实现。按照工作程度由低到高,矿产资源勘查划分为普查、详查和勘探三个阶段。

(1)普查

普查是矿产资源勘查的初级阶段,通过有效勘查手段和稀疏取样工程,发现并初步查明矿体或矿床地质特征以及矿石加工选冶性能,初步了解开采技术条件;开展概略研究,估算推断资源量,提出可供详查的范围;对项目进行初步评价,作出是否具有经济开发远景的评价。

(2)详查

详查是矿产资源勘查的中级阶段,通过有效勘查手段、系统取样工程和试验研究,基本查明矿床地质特征、矿石加工选冶性能以及开采技术条件;开展概略研究,估算推断资源量和控制资源量,提出可供勘探的范围;也可开展预可行性研究或可行性研究,估算储量,作出是否具有经济价值的评价。

(3)勘探

勘探是矿产资源勘查的高级阶段,通过有效勘查手段、加密取样工程和深入试验研究,详细查明矿床地质特征、矿石加工选冶性能以及开采技术条件;开展概略研究,估算资源量,为矿山建设设计提供依据;也可开展预可行性研究或可行性研究,估算储量,详细评价项目的经济意义,作出矿产资源开发是否可行的评价。

二、煤炭勘探相关技术

在煤炭地质勘查的各个工作阶段,均需要采用相应的勘查手段和技术方法。常用的技术方法有以下几种。

(1)遥感技术

遥感,即"遥远的感知",是20世纪60年代发展起来的一门对地观测综合技术,80年代以来得到了长足发展。它是一门新兴的现代化技术,主要从高空或外层空间平台,利用可见光、红外光、微波等探测仪器,通过摄影或扫描方式获取地面目标物的图像或数据信息,并对其进行传输和处理,从而识别地面目标的特征、性质和状态。遥感技术应用十分广泛,在资源勘查中常用的遥感技术有地质遥感、资源遥感、环境遥感、测绘遥感、水文遥感等。

（2）地震勘探技术

地震勘探,是指通过观测和分析人工地震产生的地震波在地下的传播规律,推断地下岩层的性质和形态的地球物理勘探方法。实践证明,地震勘探是查明地下煤层地质情况(尤其是构造和埋深)的一种最有效的方法。该方法在控制断层、陷落柱、褶曲、煤层冲刷和分叉合并等方面的能力强、精度高。因此,地震勘探技术在地质勘查各阶段乃至煤矿建设和生产中应用十分广泛。

（3）电法勘探技术

电法勘探技术,是寻找金属、非金属、煤炭、油气等矿产资源和地下水资源的重要有效的地球物理方法,广泛应用于地质工程、工程勘查、环境监测等领域。电法勘探,是指根据岩石和矿石的电学性质(如导电性、电化学活动性、电磁感应特性和介电性)来研究地质构造、寻找有用矿产、探测水文地质工程地质环境地质问题的一种地球物理勘探方法。电法勘探分为直流电法(含电阻率法、充电法、自然电场法、直流激发极化法等)和交流电法(包括交流激发极化法、可控源电磁法、瞬变电磁法、大地电磁场法等)两种。

（4）测井技术

测井技术,是指利用钻井井孔和各类先进的测井仪器设备,测量地层的各种电性、声性、核性等参数信息,通过测井资料的处理,定性定量地解释各种地质数据所反映的地层性质的一门技术。测井技术种类繁多,可分为核测井(包括自然伽马测井、密度测井、选择伽马-伽马测井、中子测井、中子-伽马测井)、电测井(包括自然电位测井、视电阻率测井和激发电位测井等)、声测井(包括声速测井、声幅测井、声波成像测井等)等类别,此外还有井斜测量、井温测量、井径测量、地层倾角测井、流量测井等。

（5）钻探技术

钻探工程是一种最主要、最常用的煤炭地质勘查手段,亦是在厚覆盖层地区直接获得深部岩层、煤层、矿体的实物信息的唯一重要手段。钻探工程不仅在煤炭地质勘查各阶段均大量使用,而且在矿井建设和生产时期也经常用。

三、透明矿山基础理论与技术

在智能化煤矿建设中,需要综合多种可利用的地质信息元素,将其集约整合成为构建透明地质系统的单元,着眼煤矿建设全空间全过程全链条框架,逐步实现透明煤矿信息化、数字化、智能化。地质信息的聚集需要赓续和接力,进而形成体系与系统。其整体的框架需求如图3-4所示。

通过地震波频率与速度、电阻率、应力、温度、浓度等多参数传感器监测设备,采集随钻、随掘、随采、随落等智能化煤矿建设各个阶段环节数据,采用数据级、特征级、决策级等多级数据融合策略及联合反演方法对"四随"数据进行融合处理,构建地质透明化数据信息库,动态修正煤矿地质空间信息,并通过云平台进行云端综合诊断与预警。

对标煤矿智能化的目标,透明地质模型重构环节建设需要受到重视。从现有的文献及相关资料分析看,其整体上推进速度和建设质量有待进一步提升,且在以下几个方面值得探讨。

（1）"四随"探测技术

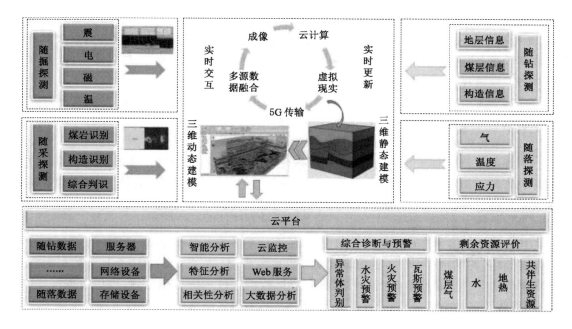

图 3-4　透明化地质系统框架

为适应煤矿智慧化建设对高精度探测数据的要求,"四随"单一探测技术需要得到进一步发展。

① 随钻探测数据实时传输及地层反演需要进一步深入研究。随钻探测技术对复杂地质特征的响应速度慢,所获取的数据质量难以保证,且受到施工场地和传输距离的影响,导致获取数据单一,数据量有限。针对此问题,应开发适用于煤矿井下的近钻头随钻测量技术,缩短钻头到测量点的距离,提高数据的精度;同时为提高信号抗干扰能力,应研发矿用的智能钻杆,以减少数据传输过程中的损耗。与此同时,将深度学习等人工智能反演算法引入地层反演,实现对地层岩性识别与反演,进而优化钻井参数,保障随钻工程的高效率和高精度。

② 复杂地质条件下,随掘数据的采集与处理算法需要进一步发展。首先,采用线性观测系统采集掘进机掘进时的地震信号,其地震信号含有较强的背景噪声,有效信号能量较弱。为获取高精度数据,研发适合矿用随掘地震采集的观测系统,提高数据采集过程中的抗干扰能力,同时加大对随掘地震信号复合干涉脉冲化处理方法的研究,提高信号分辨率。其次,开展以综掘机、TBM(tunnel boring machine,全断面掘进机)钻机等为震源的主被动源随掘地震数据的波场分离精细成像技术研究,研发满足巷道三维条件下的快速波场分离算法;同时,对随掘巷道进行高精度逆时偏移成像,实现随掘巷道实时探测、高精度成像。

③ 随采地震 CT 技术和煤岩识别技术相对孤立,缺少互联互通,海量数据未能得到充分的利用、挖掘和融合。为实现煤炭智能开采,提高煤岩识别及构造探测的分辨率,应进一步优化插值算法,充分挖掘随采地震数据和煤岩识别数据之间的相关性,着力近距离煤岩、远距离构造条件分辨,实现不同数据之间的实时联动。此外,开展随采地震数据快速处理算法与高精度成像技术研究是未来发展趋势。

④ 采空区探测传感器及数据采集观测系统亟须研发。受垮落岩石堆积压实等作用影响,采空区中的水、气、煤、温度等条件特殊,因此,基于采空区域特征进行综合监测技术研究还有待加强,特别是研发多信息源的感知单元,以及其工程布设、施工、数据传输、传感单元保护等系列过程任务的落实。

通过实时、动态的"四随"探测数据整合与交叉处理,获取高精度"四随"原位探测数据以及地学信息资源,为多源数据的深度融合奠定基础。

(2) 多源数据信息融合

多源数据信息融合包括"四随"数据库构建与透明地质综合利用,是智能化煤矿建设的先导与基础。构建"四随"数据库存储"四随"数据,进而进行数据融合处理,从而为构建透明地质平台提供本底参考。通过对"四随"过程中获取的实时、海量数据融合处理,实现对煤矿地质条件的动态修正与完善。

针对"四随"各过程中获取的多属性、多维度地质数据与物探数据,采用对象存储的云存储服务,将各探测过程中产生的海量数据汇集在一起,为钻、掘、采、落四个环节数据融合利用提供先决条件。在此基础上,利用数据、特征分析等技术进行预处理,采用数据级、特征级、决策级等多级融合策略,进行多尺度、不同属性数据之间的融合,并通过联合反演或交叉验证提高数据精度,提升对异常体判识能力。最终实现钻孔、巷道、采煤工作面、采空区及废弃矿井等各环节地质条件透明化,逐步形成透明工作面、透明采区、透明煤矿。

其中,针对不同属性数据,选择合适的约束条件是多源数据联合反演的首要问题。针对缺乏岩石物理关系的不同物性数据之间的联合反演,采用交叉梯度约束可以很好地解决约束条件选取难题。基于交叉梯度约束条件只要求参与反演的模型具有结构相似性即可,更容易编程实现。以巷道随掘地震与瞬变电磁超前探测数据为例,构建联合反演目标函数如下:

$$\min\{Q(m_1,m_2)=\alpha_1\parallel d_1-f(m_1)\parallel^2+\beta_1 s_1\parallel m_1-m_1^0\parallel^2+$$
$$\beta_2 s_2\parallel m_2-m_2^0\parallel^2+\lambda t(m_1,m_2)\} \tag{3-1}$$

式中　m_1,m_2——两种不同的物性参数(如速度、电阻率);

　　　　d_1——参数 m_1 的实测数据;

　　　　$f(m_1)$——参数 m_1 的正演响应;

　　　　α_1——参数 m_1 的数据拟合差项的权重因子;

　　　　s_1,s_2——参数 m_1 和 m_2 的模型约束项;

　　　　β_1,β_2——参数 m_1 和 m_2 的模型约束项的权重因子;

　　　　t——交叉梯度约束项;

　　　　λ——交叉梯度约束项的权重因子。

图 3-5 为地震全波形反演应用示例,联合反演结果要比单一反演更优。

通过对"四随"过程中获取的多源数据融合处理,可有效提取煤岩层厚度、深度和构造等地质信息,从而为构建一体化透明地质平台提供基础数据。

(3) 物探一体化装备研发

加强对"四随"装备软硬件的投入和研发力度。一是提高设备硬件一体化水平,研发适合不同探测任务、不同探测环境下与物探技术联合的"四随"一体化装备,与此同时,提升装备的环境自适应性能,满足防尘、防爆、便携性、轻量化等可操作性能指标要求。例如,随掘探测中研发适合 TBM 钻机的地震、电法一体化探测技术,与 TBM 装备有机搭载,实现掘进

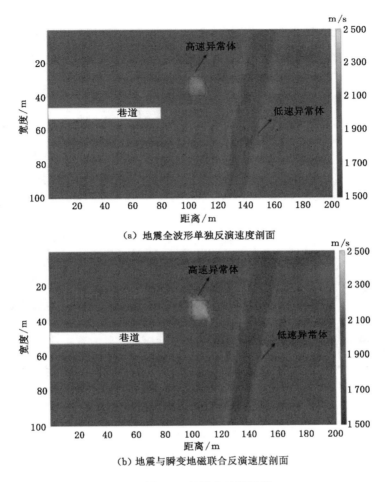

（a）地震全波形单独反演速度剖面

（b）地震与瞬变地磁联合反演速度剖面

图 3-5　地震全波形反演

前方地质异常信息数据的短距离、高频次、高精度采集。二是提高设备软件的智能化、信息化水平,实现近距离地质条件高精度分辨,远距离地质条件高效预报,动态交互更替。例如,随钻探测主要由钻机、数据采集系统、导向系统组成,研发具有智能感知、岩性识别、异常判识功能的智能化钻机,配合 5G 数据传输、人工智能数据反演,实现钻孔轨迹智能修正,以及地质条件的分距离、分精度信息预报。此外,为满足实时、动态数据采集需求,"四随"设备还需要不断向操作便捷、无人值守、轻便化、耐粉尘方向发展。

（4）透明地质软件平台建设

"四随"技术需要实现对众多透明地质条件信息的综合利用。目前,"四随"技术获取的地质信息,其透明化利用统一性不足,钻探、掘进、回采、采空区管理等涉及多部门,技术涉及多学科,其在统一利用和归一化管理上未能实现,难以统一,对构建透明地质信息平台而言作用未能有效发挥。透明化地质信息平台的构建主要是整合、协同利用煤矿生产周期全过程中收集的钻探、GIS(geographic information system,地理信息系统)、三维地震、沉积、构造、测绘、矿建、水文地质与井下揭露以及生产过程中的随钻、随掘、随采、随落等巨量信息源,建立研究区到煤矿的三维地质模型,并进行集中管理与分析。重点利用随钻地震、钻孔瞬变电磁、随掘地震、随采地震以及采掘过程中实际揭露情况形成煤矿环境云网络体,进而对煤矿内部的煤层及顶底板、断层、陷落柱等地质体进行精细探测,通过大数据、5G 数据传输、虚拟现实等技术实现煤矿地质信息透明化。图 3-6 为一体化透明地质软件平台示意图。

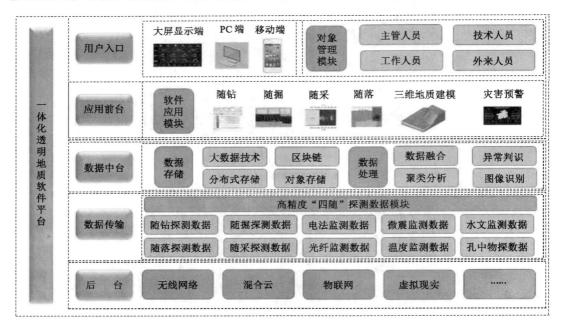

图 3-6 一体化透明地质软件平台

综合利用"四随"过程中的钻探、物探、巷探和采掘揭露等数据,结合三维动态建模及云平台构建一体化透明地质软件平台,可以实时、有效掌握各个阶段的情况,实现地面操作人员对采掘活动的远程操作,达到智能无人开采。目前,地质信息透明化构建仍以单个服务对象为主,集中在巷道和工作面三维建模方面。针对常规三维建模存在建模数据量少且延时的问题,基于"四随"技术建模,则具有建模数据海量、实时更新的特点,可满足智能化煤矿地质透明化三维建模对数据实时、动态更新需求;且通过 RBF(radial basis function,径向基函数)三维空间插值算法或模拟技术,将巷道或工作面插值出对象空间几何结构,并根据约束条件自动提取三维几何模型,每次只需要输入巷道或工作面的空间数据和物探数据,就能够完成模型的实时更新。通过巷道、工作面和三维模型一体化分割技术,形成巷道、工作面与三维地质模型的一体化三维模型,从而使得矿山透明地质模型可视化、图形化,能够实时进行多环境信息的动态切换展示。

(5)三维地质模型动态重构路径

三维地质模型动态重构的核心是利用现有的煤矿生产地质资料,结合勘探钻孔资料、地面三维地震探测资料等构建整体三维静态地质模型,然后通过收集煤矿生产全周期内产生的随钻探测、随掘探测、巷道掘进揭露、随采探测、工作面回采揭露、随落探测等实时动态数据信息,构建透明化地质信息数据库,经过多维数据融合处理,动态修正三维地质模型局部特征,实现对三维地质模型中巷道、工作面、采区等整体及局部信息精准化、透明化重构(图 3-7)。

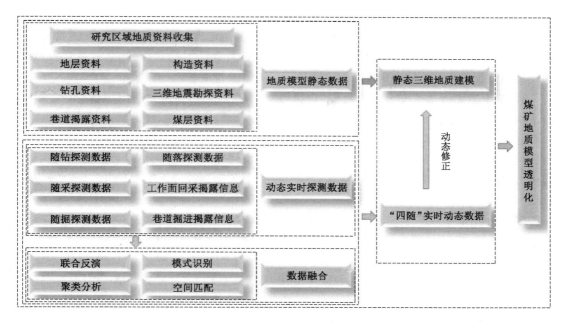

图 3-7　三维地质模型动态重构路径

四、GIS"一张图"地质保障系统

1. GIS"一张图"地质保障系统概述

根据国家对智能矿井建设要求,煤矿应结合矿井智能化建设现状,对照 2020 年 10 月中国煤炭学会发布的《智能化煤矿(井工)分类、分级技术条件与评价》标准,结合《煤矿防治水细则》《煤矿安全生产标准化管理体系基本要求及评分方法(试行)》对煤矿地测防治水信息化的相关规定,建设 GIS"一张图"服务系统、透明化矿山系统及地测防治水管理系统,满足煤矿智能化对地质专业的要求。

借助协同 GIS、虚拟现实、移动互联网、建筑信息模型(building information model,BIM)等先进技术,基于"一张图"管理理念,建立图形和业务数据库,研发"一张图"协同管理与服务平台、地测业务信息管理平台,开发地质、测量、水文、储量等专业应用系统及建设矿井透明化矿山、高精度透明化工作面三维地质模型,实现地测数据与模型联动、信息共享与业务协同,为煤矿安全生产和智能化开采提供业务支撑和有效的决策支持。

基于"一张图"的智能地质保障系统,可实现地测业务的信息化管理、GIS 绘图平台统一及专业协同、矿山透明化。系统具备地测资料的采集、存储、计算、分析和三维展示功能,在地测数据三维可视化管理、地测数据分析和地测专题图绘制等方面更加便捷和智能化。系统建成后能规范各专业的绘图,可通过 GIS 协同实现不同专业图形的交互、叠加、共享,矿井由二维模拟发展为基于 GIS-T+BIM 技术的透明化矿山展示,构建高精度工作面地质模型为采煤机割煤提供参考。应用该系统可提高技术人员工作效率,减少人为错误,使技术人员从繁杂的内业工作中解放出来,将更多的时间用于对比和分析资料,为矿井安全生产提供更可靠的地质保障,为建设智能化矿井打下基础。

2. 综合地质保障 GIS"一张图"系统

该系统内容有:

① 采用客户-服务器(Client/Server,C/S)、浏览器-服务器(Browser/Server,B/S)混合模式的分布式体系架构,基于"一张图"协同平台的支持,地测、机电、安全、生产、通防等各专业工作人员可以在线协同完成本职工作,融合现有监测监控类感知数据、全业务流程数据,实现图属数据的对应,为以图管理、以图指挥、以图救援打下基础。

② 基于地测防治水专业业务流程,构建地质、测量、水文、储量专业应用系统,实现地测防治水专业横向信息流通与共享,保证数据传输的及时性、准确性、稳定性及可追溯性。

③ 采用 GIS-T、BIM 技术构建透明化矿山及透明工作面,根据地形、地质勘探、地质、测量、水文、井巷工程等的空间数据,基于统一的地理空间数据库设计,从二维图形自动生成三维模型,在数据处理、数据更新、可视化、空间分析、业务定制等方面实现矿井二、三维一体化管理。

综合地质保障 GIS"一张图"系统采用的关键技术如下:

① 采、掘、机、运、通协同图形处理技术:采用组件式开发技术和统一的 GIS 平台,实现采煤、掘进、机械、运输、通风等专业功能的组件化管理和协同。

② 分布式 GIS 服务平台技术:在煤矿专用 GIS 的基础上,针对煤矿各个专业部门对图形系统的业务要求,构建结构先进的专业煤矿 GIS 网络服务平台,达到各系统之间的方便、快捷的信息共享目的,实现矿井图形数据的在线浏览、编辑、修改及多方协同等。

③ 透明化矿山和矿区的构建技术:基于三维地质模型的数据处理架构、内存和数据处理机制,实现海量三维信息的存储、传输、检索,高精度地质模型中二、三维系统图形联动,煤层、巷道、钻孔、采空区、积水区等的数据动态更新。

3. GIS"一张图"系统总体设计与技术路线

GIS"一张图"系统的整体架构如图 3-8 所示。"一张图"管理体系包括基于 GIS"一张图"图形协同管理系统、基于 GIS"一张图"地图服务管理系统、基于 3D GIS 透明化矿山系统。

GIS"一张图"系统技术路线如下:

(1) 采用 B/S+C/S 运行模式

B/S 模式是一种以 Web 技术为基础的信息系统运行模式,它把传统的 C/S 模式中的服务器部分分解为一个数据库服务器与一个或多个应用服务器(Web 服务器),从而构成一个三层结构的客户服务器体系。C/S 架构的全称是 Client/Server 架构,即客户-服务器架构,其客户端包含一个或多个在客户机上运行的程序,而服务器端是数据库服务器端或 Socket 服务器端,客户端通过程序访问服务器数据库接口或 Socket 接口。

B/S 模式的优势为客户端只需通用的浏览器软件、简化了系统开发和维护、用户操作简单、适用于网上信息发布;缺点为安全性差、网络流量大、速度较慢等。C/S 模式的优势为可以实现丰富的客户需求,能满足安全和性能等要求。

自主可控是国家信息化建设的关键环节,是保护信息安全的重要目标之一,是智能矿山建设的必由之路。国产核心技术和软件必须具备替代进口的能力,国产自主可控替代不是"落后的替代先进的",而是"先进的替代落后的"。该"一张图"系统平台方案建设充分考虑了全平台自主可控,解决了企业依赖国外核心技术的痛点。

(2) 采用统一的 GIS 平台

GIS"一张图"系统平台建设基于统一的 GIS 服务,以分布式、协同化的网络服务技术为

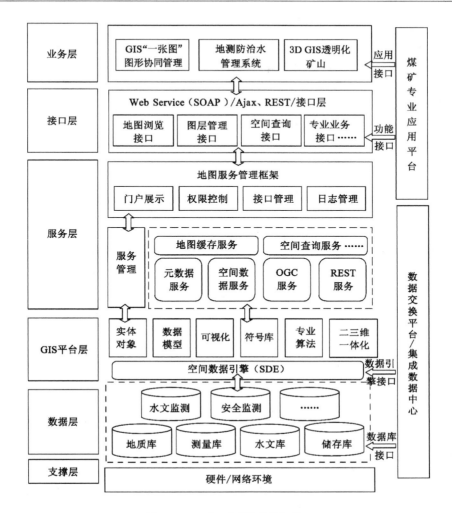

图 3-8 GIS"一张图"系统架构

纽带,为矿井现有智慧矿山平台提供图形数据和服务,真正做到"以图管矿、以图管量、以图防灾"的"一张图"集成服务,实现矿井的实时可视化监管和安全生产。

(3)采用统一的标准规范体系

结合智慧矿山标准规范体系构建 GIS"一张图"系统,实现各业务应用系统的统一界面集成、统一用户管理等,同时保证与现有各系统中组织机构的一致性。

(4)软件系统的更新维护

GIS"一张图"系统具有统一平台集中部署的软件系统,服务器端、各业务子系统都有自动升级和更新功能,可减少人工干预,使系统具备可维护性。

4.基于 GIS"一张图"图形协同管理系统

(1)基础功能介绍

基于 GIS"一张图"图形协同管理系统,一方面提供基础的"一张图"图形协同数据获取、数据提交、版本查询及回溯、数据管理等功能;另一方面,该系统也是各个应用系统的支撑平台,提供所有图形、属性数据的统一存储功能,以及专业应用的图形交互及操作环境。

基于 GIS"一张图"图形协同管理系统,其数据操作主要通过"图层分组管理器"来完成,如图层的分组管理和配置,图层最新版本的获取,图层特定版本的获取,签入、签出、锁定、取消锁定、撤销、历史记录查看等操作。

通过 GIS"一张图"图形协同管理平台,用户可以浏览查询"一张图"相关的任何内容,并为地测、通防、机电、生产设计等专业应用提供平台和交互环境支持。

（2）地测图形协同管理子系统

地测图形协同管理子系统可实现生产矿井地测专业图形的绘制,为其他专业制图提供真实的基础数据,通过应用图形系统最新版本实现地测图形的网络服务功能。地测图形协同管理子系统基于 GIS、计算几何、矿山信息化等领域各专题研究的理论和技术进行设计与开发,以完善的协同基础绘图平台为支撑,解决煤层地质模型的建立、空间拓扑关系处理、图库动态交互等方面的难题,把业务流程充分分解处理,采用自动成图与人工交互制图的方式把用户所需的数据准确、真实、图文并茂地表达出来,完成地质、测量等专业图件的绘制、处理和输出,以提高绘图质量与效率,减少制图人员的工作量,实现矿区高效生产与管理。

地测图形协同管理子系统主要包括地测数据库管理信息系统、等值线图、测量图、储量图、柱状图、剖面图、素描图、防治水图、瓦斯地质图九大模块,可实现各种等值线图、采掘工程平面图、钻孔柱状图、综合柱状图、煤岩层对比图、勘探线剖面图、预想剖面图、底板等高线及储量计算图、巷道素描图、地形地质图、水文地质图以及井上下对照图等各种地测图件的绘制与管理。

（3）通防图形协同管理子系统

通防图形协同管理子系统可实现通风专业图形生成处理、网络解算及通风设施查询功能。

通防图形协同管理子系统主要包括通风制图和通风系统仿真两大模块。通风制图包括绘制通风系统图、避灾路线图、瓦斯抽采系统图、瓦斯抽采曲线图、防尘系统图、监测监控系统图,自动生成通风系统立体图、通风网络图、通风系统压能图;通风系统仿真主要包括通风阻力测定数据的录入和处理、通风网络模拟解算、通风系统风量调节、通风机优化选型等功能。

（4）采掘辅助设计协同管理子系统

该子系统是依据《采矿工程设计手册》,参照煤矿实际生产情况,遵循《煤矿安全规程》建立的一套快速设计制图系统。该子系统依据煤矿日常生产的流程,遵循当前煤矿工作的业务流程,可极大地提高设计、制图等工作的精度和准确度。

采掘辅助设计协同管理子系统可实现断面图设计、交岔点及车场设计、采区设计、辅助图设计及设计参数管理等功能。

（5）供电设计图形协同管理子系统

供电设计图形协同管理子系统分为三个模块:机电图形协同管理模块、供电设备选型计算模块和固定设备选型计算模块。机电图形协同管理模块基于"一张图"管理模式,以在线协同的办公方式管理设备布置图、运输系统图、供排水系统图、通信联络系统图、人员定位系统图、供电系统图等所有机电图形。供电设备选型计算模块基于标准的供电设备图例库绘制供电系统图,对电动机、变压器、电缆、各类开关进行相应的供电计算与校验,从设备参数数据库中选出合适的供电设备,并自动生成供电设计报告。固定设备选型计算模块对辅助运输巷绞车、带式输送机、排水设备进行选型计算,选出合适的绞车、带式输送机和水泵,生成相应的设备选型和设计报告。

5. 基于 GIS"一张图"地图服务管理系统

GIS"一张图"地图服务管理系统是 C/S、B/S 混合模式的分布式体系架构系统,可以基于网络通过 PC、移动设备等终端随时访问"一张图"的资源。地测、通防、生产设计、供电设计图形协同管理系统是面向煤矿采、掘、机、运、通等各类日常具体业务的专业 GIS,具有类似传统图形软件的大量图形编辑功能,以及地质、测量、防治水、通防、机电、生产设计等各类专业辅助功能,最终完成"一张图"协同的目的。

① 建立"一张图"数据管理标准规范。针对矿井相关图形标准规范,系统将与现有业务有关的图层梳理为按专题组织的数据,并针对每一类专题数据建立属性字典规范、地理要素分类规范、地理要素编码规范等。针对图形,系统按照地测、通防、机电、生产设计等类型,建立图层的专题图分组。同时,对于没有真实平面空间坐标的图形,如剖面图、设计图等,以及各类文档报告、图像、视频等,系统均通过与"一张图"中对象关联的附件方式将其统一纳入管理。

② 将现有地测图形按照"一张图"要求分别归类导入"一张图"数据库。

③ 按照业务管理需要,为各专业人员分配"一张图"协同账户和权限。根据日常业务管理需要,针对"一张图"中各类专题图内容的对口岗位负责人员,在"一张图"协同管理系统中分别建立对应权限的账户。

④ 各业务人员共同完成"一张图"更新工作。在"一张图"协同环境下,利用地测、通防、机电、生产设计等专业图形协同管理系统提供的各类图形编辑功能,各科室业务人员完成相应的工作内容,并提交到"一张图"协同管理 GIS 服务端,完成图形更新工作。

⑤ 协同管理 GIS 服务端自动完成"一张图"数据的冲突检查、数据一致性更新及历史版本化管理等。用户完成"一张图"中各自负责内容的更新后,协同管理 GIS 服务端会自动完成"一张图"数据冲突检查、数据一致性更新工作,同时会将每一次更新作为一个版本数据保存,便于任意历史时刻数据修改的查询和对比。

总之,基于"一张图"协同平台的支持,地测、通风、机电、生产设计等各业务人员可以在线协同完成本职工作,完成"一张图"的更新工作,大大提高工作效率并为整个矿井的安全生产提供有力支撑。

6. 协同管理 Web 在线应用系统

协同管理 Web 在线应用系统是一个无界面的分布式服务端系统,是"一张图"系统的核心。该系统通过"统一平台""统一数据库""一张图"的方式实现对整个"一张图"业务的后台管理。协同管理服务端是"一张图"系统的"总管家",承担识别服务请求类型、处理基本请求,以及将复杂请求分发给目录服务器或应用服务器的任务。在数据源比较多时,数据引擎服务器的压力较大。协同管理服务器负责将数据操作请求分发给相应数据源的引擎服务器,起到均衡数据层负载的作用。

协同管理 Web 在线应用系统的主要功能是实现基于"一张图"的多用户在线编辑、数据获取和数据保存,主要包括数据的请求(最新版本或特定版本)、数据的获取(最新数据或特定版本数据)、数据的提交、数据的签出、数据的锁定与取消锁定、图层管理、用户数据冲突处理、用户管理、用户与图层关联管理、权限管理、用户与权限关联管理、资源状态管理、历史版本管理、数据审核等。概括起来,可以分为三大模块:数据管理模块、权限管理模块和用户管理模块。

"一张图"地图服务管理系统,是整个协同管理系统的 Web 应用端。该系统基于矿井智慧管控平台提供地图服务,不但可以查询属性信息,还可以直接调取并在线打开各业务系统中相关目录下的图件、文档、报表。

第三节　煤炭精准开采多场耦合基础

煤矿典型动力灾害风险精准判识及监控预警是在煤炭精准开采的理念指导下,基于多相多场耦合灾变孕育演化机理,利用灾害前兆信息采集传感与多网融合传输技术、多源海量前兆信息提取挖掘方法,能够实现煤矿典型动力灾害前兆信息深度感知、风险精准判识及监控预警的新模式新方法。该模式能够实现煤矿监控预警由传统的经验型、定性型向精准型、定量型转变,全面提升我国煤矿典型动力灾害风险判识及监控预警能力。这一新模式凝练了煤矿典型动力灾害风险精准判识及监控预警的四个关键科学问题和八个主要研究方向,为实现冲击地压、煤与瓦斯突出和煤岩瓦斯复合动力灾害隐患在线监测、智能判识、实时精准预警提供了技术路径。

一、煤矿典型动力灾害风险精准判识及监控预警关键科学问题

煤矿典型动力灾害风险精准判识及监控预警以冲击地压、煤与瓦斯突出等煤矿典型动力灾害为对象,针对煤矿典型动力灾害孕育、前兆信息识别与多网融合传输及精准预警中的重大难题,需要解决四个关键科学问题:

① 煤矿典型动力灾害多相多场耦合灾变孕育规律及演化机理。煤矿典型动力灾害是一种非线性复杂问题,是煤岩体中应力场、裂隙场、渗流场和温度场四者之间形成的一个相互影响、不断耦合的作用过程。煤矿典型动力灾害风险精准判识及监控预警在该方面涉及的关键科学问题包括多尺度多物理场耦合条件下高应力煤岩在加卸载过程中力学效应与损伤演化关系、外部应力场和内部渗流场叠加作用下煤岩局部变形和裂隙扩展规律、气固两相多物理场动态耦合诱突机制等。

② 煤矿典型动力灾害多参量前兆信息智能判识预警理论与技术。煤炭井下开采涉及地应力、残余构造应力、瓦斯压力、煤岩力学参数及渗流场、裂隙场等多源多参量信息。煤矿典型动力灾害风险精准判识及监控预警在该方面涉及的关键科学问题包括面向煤矿微震、地应力、瓦斯等监测数据的快速分析算法,面向数据特征的去噪、滤波、分解和频谱信息的快速提取方法,煤矿动力灾害特征数据的快速抽取方法,多源多指标的煤矿典型动力灾害危险区域模态评价方法等。

③ 煤矿典型动力灾害前兆信息新型感知与多网融合传输方法及技术装备。开发安全、灵敏、可靠的新型采集传感装备,研究人机环参数全面采集及共网传输新方法,实现煤矿动力灾害前兆信息深度感知、高可靠传输,已成为灾害前兆信息采集传输发展的趋势。煤矿典型动力灾害风险精准判识及监控预警在该方面涉及的关键科学问题包括开发高可靠性的灾害前兆信息采集传感技术与装备,建立人机环参数全面采集、共网传输新方法。

④ 基于大数据与云技术的煤矿典型动力灾害预警方法与技术。优化集成一大批灾害

前兆信息采集传感、挖掘辨识、远程传输、云计算、数据融合等先进技术,对于构建多源海量动态信息远程在线传输、存储和挖掘的系统平台至关重要。煤矿典型动力灾害风险精准判识及监控预警在该方面涉及的关键科学问题包括创建典型动力灾害监测预警技术装备示范应用的共性关键集成架构体系,形成基于大数据的煤矿典型动力灾害模态化预警方法及主动推送服务体系,研发基于云技术的远程监控预警系统平台。

二、煤矿典型动力灾害风险精准判识及监控预警主要研究方向

围绕四个关键科学问题,考虑煤矿典型动力灾害风险精准判识及监控预警的特殊性,凝练了八个主要研究方向,从不同层面对冲击地压、煤与瓦斯突出等煤矿典型动力灾害诱发机理、风险判识、监控预警展开研究,形成灾害风险判识评价体系,构建煤矿典型动力灾害监控预警平台,有效提高煤矿典型动力灾害监测预警的准确性。主要研究方向的逻辑关系如图 3-9 所示。

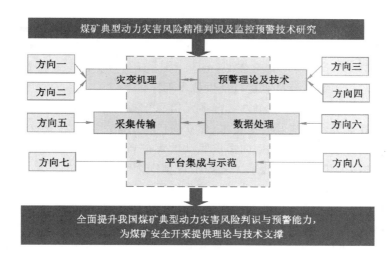

图 3-9　主要研究方向的逻辑关系

① 煤矿冲击地压失稳灾变动力学机理与多场耦合致灾机制。该研究方向揭示冲击地压多场耦合致灾机理,建立煤矿冲击地压发生发展的新理论,是实现冲击地压风险精准判识及监控预警的基础。其关键在于探索复杂地质构造条件与煤岩冲击失稳的互馈机制,揭示开采扰动和多场耦合效应下冲击地压孕育过程中能量的非稳态释放特征。

② 煤与瓦斯突出灾变机理及复合动力灾害孕育机制。该研究方向揭示煤与瓦斯突出灾变机理及复合动力灾害孕育机制,是实现煤与瓦斯突出及复合灾害风险精准判识及监控预警的基础。其关键在于充分考虑煤与瓦斯突出的多物理场边界条件,系统研究应力场、裂隙场及渗流场等多物理场对煤与瓦斯突出影响的动力学特征与规律,构建煤与瓦斯突出动力灾害孕育及演化的多物理场力学模型,揭示煤与瓦斯突出多物理场耦合灾变机理及演化机制。

③ 冲击地压风险智能判识与监控预警理论及技术体系。该研究方向建立冲击地压的综合判识预警理论与模型,形成冲击地压敏感参数选择及预警判据确定的智能判识技术与体系,实现冲击地压隐患的智能判识及预警。其关键在于基于冲击地压类型及前兆模式的

研究,构建监测预警指标体系,建立冲击地压主控因素、灾害风险与前兆信息的智能判识方法与技术;基于时空互补性,建立冲击地压多尺度多参量监测预警理论,研发冲击地压力-电-震多源信息综合监测预警技术及装备,为冲击地压的监测预警奠定理论基础。

④ 煤与瓦斯突出风险判识与监控预警理论及技术体系。该研究方向建立煤与瓦斯突出灾害风险判识方法,构建突出事故风险多参量预警指标体系及预警模型,开发多元数据融合的智能突出预警系统。其关键在于从矿井生产系统突出风险评价、采掘工作面突出危险性实时监测、防突措施有效性、基于大数据技术的预警方法等角度系统研究煤与瓦斯突出风险判识方法与预警理论及技术体系。

⑤ 煤矿动力灾害前兆信息采集传感与多网融合传输技术及方法。该研究方向可实现煤矿动力灾害前兆信息采集传感与多网融合传输,需要解决当前传感信息不全面、灵敏度低、可靠性较差、关键区域密集监测传输手段缺乏、异构数据无法融合等问题。其关键在于研究光纤光栅微震传感、三轴应力传感、分布式多点激光甲烷传感、井下非接触供电与数据交互、非在线式检测关键信息快速采集等关键技术,开发具有故障自诊断、高灵敏度、标校周期长的前兆信息采集传感技术与装备,研究异构数据融合、自组网、抗干扰等多网融合传输关键技术,开发矿井关键区域人机环参数全面采集、多元信息共网传输新方法、新装备,为煤矿典型动力灾害监控预警系统可靠运行提供技术保障。

⑥ 基于数据融合的煤矿典型动力灾害多元信息挖掘分析技术。该研究方向研发井下传感器多源异构数据聚合方法及关键技术,建立煤矿典型动力灾害灾变敏感特征提取、多粒度知识发现理论及关键技术,构建面向需求驱动的煤矿典型动力灾害预警服务体系。其关键在于基于地质构造、开采条件、开采工艺等不可预知因素所引起的环境、事件、感知、关联等漂移特征,构建动态潜在煤矿典型动力灾害分析反走样模型,提出煤矿典型动力灾害多粒度预测方法和面向灾变区域预测模型的全息全局学习方法;针对煤矿动力灾害预警所涉及的时空数据、感知数据、生产数据、灾变数据等数据的大范围、多类型、多维度、多尺度、多时段等特征,建立面向煤矿典型动力灾害预测前兆信息模态构建的数据挖掘方法与模型,实现灾害预测前兆信息模态的自动更新,实现对煤矿典型动力灾害可能涉及的危险区域进行快速辨识和动态圈定。

⑦ 基于云技术的煤矿典型动力灾害区域监控预警系统平台。该研究方向研发煤矿典型动力灾害的综合、分项动态辨识技术及有效的远程监控预警系统平台。其关键在于开发基于云计算及深度机器学习的区域性煤矿典型动力灾害风险智能判识技术,研究满足煤矿典型动力灾害数据多源、海量、动态及实时特点且适用于区域煤矿典型动力灾害实时远程监控预警的云平台架构技术,研发冲击地压"灾源"自动定位与识别技术、震动波场前兆信息自动识别技术、应力场实时反演及专家诊断高效运行与处理系统。

⑧ 煤矿典型动力灾害监测预警技术集成及示范。该研究方向建立煤矿典型动力灾害集成监测预警平台以及灾害远程监控预警系统综合平台,实现对冲击地压、煤与瓦斯突出、冲击-突出复合型动力灾害时空演化规律的多场多参量综合预警。其关键在于系统开展煤矿典型动力灾害监测预警技术体系优化集成,构建冲击地压、煤与瓦斯突出、冲击-突出复合型动力灾害监测预警技术装备示范应用的共性关键集成架构体系,分别建立冲击地压、煤与瓦斯突出、冲击-突出复合型动力灾害多源监测和人机环监控集成系统,建立可实现煤矿典型动力灾害多源海量动态信息远程在线传输、存储和多源信息挖掘的系统平台。

第四节 煤矿智能化建设

煤矿智能化
发展主要目标

一、煤矿智能化建设技术架构

智能化煤矿将人工智能、工业互联网、云计算、大数据、机器人、智能装备等与现代煤炭开发技术进行深入融合,形成全面感知、实时互联、分析决策、自主学习、动态预测、协同控制的智能系统,实现煤矿开拓、采掘(剥)、运输、通风、分选、安全保障、经营管理等全过程的智能化运行。新建煤矿及生产煤矿应根据矿井建设基础,制定科学合理的煤矿智能化建设与升级改造方案,明确智能化煤矿建设的总体架构、技术路径、主要任务与目标。

智能化煤矿应基于工业互联网平台的建设思路,采用一套标准体系、构建一张全面感知网络、建设一条高速数据传输通道、形成一个大数据应用中心,面向不同业务部门实现按需服务。井工煤矿、露天煤矿开展智能化建设可参考图 3-10 所示的技术架构。

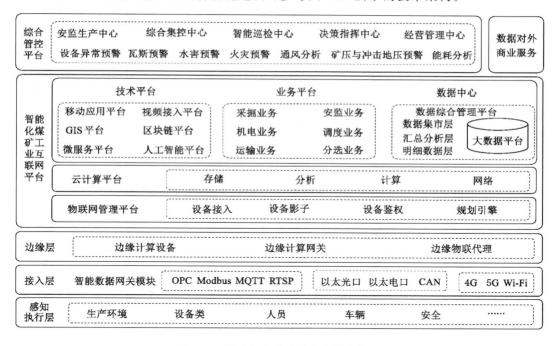

图 3-10 煤矿智能化建设参考技术架构

二、煤矿智能化建设内容

(1)信息基础设施

统筹建设网络系统和数据中心,打通数据传输和利用通道,统一规划网络和数据安全系统,保障信息内外传输利用的安全冗余,同时强化网络和数据安全意识。

网络基础设施建设包括但不限于办公区网络、生活福利区网络、工业控制网络、视频监控网络、安全监控网络、无线网络和融合调度通信系统,鼓励逐步开展 5G+矿山物联网系统建设,建设多系统融合的无线接入网关,提升矿山无线基础设施兼容水平,提升煤矿各系统的综合感知能力、融合交互能力,满足煤矿智能化全面感知、自主决策和敏捷响应的需求。

智能化煤矿应建设大数据服务中心,统一数据采集、传输、存储和访问接口标准。大型煤业集团可分级建设多个数据服务中心,构建煤矿数据治理体系,并在平台沉淀矿山行业模型和知识,包括设备、工艺、安全等信息模型和行业专家知识,形成模型库和知识库。上级中心可偏向计算能力及多业务数据融合分析,底层中心偏向存储、小规模计算和快速响应。

智能化煤矿应建设智能综合管控平台,进行多部门、多专业、多管理层面的数据集中应用、交互共享和决策支持,实现煤矿地质勘探、巷道掘进、煤炭开采、主辅运输、通风排水、供液供电、安全防控等业务系统的数据融合、分析决策与智能联动控制,井上下各系统实现"监测、控制、管理"的一体化及智能联动控制。

(2)智能地质保障系统

基于"数据驱动""数字采矿"的理念,将地质数据与工程数据进行深度融合,采用地质数据推演、地质数据多元复用、地质数据智能更新等方法,研究建立实时更新的地质与工程数据高精度融合模型,实现矿井地质信息的透明化。推广智能采掘工作面的随采智能探测、随掘智能探测与监测的技术装备,鼓励积极研发应用智能钻探、智能物探、智能探测机器人等新技术与新装备,形成以静态为基础,融入自动更新的高精度动态地质模型。

(3)智能掘进系统

根据矿井掘进地质条件与工艺要求,因地制宜确定合理的掘进技术与装备,配套高效的辅助作业系统,逐步实现掘支平行作业;鼓励应用智能探测、自动定向及导航、巷道断面自动截割成形、自动锚护、高效除尘等先进技术与装备,使掘进工作面生产系统具有智能感知、自主决策和自动控制的功能,实现掘进工作面少人或无人、系统高效协同运行。

(4)智能采煤系统

根据煤层赋存条件、工作面设计参数、产能指标等要求,建设不同模式的智能化采煤工作面:薄煤层和中厚煤层智能化无人开采模式、大采高工作面人-机-环智能耦合高效综采模式、放顶煤工作面智能化操控割煤+人工干预辅助放煤模式、复杂条件智能化+机械化开采模式。其中,条件适宜的薄及中厚煤层实现智能化少人开采,逐步推广应用采煤机自适应截割、液压支架自适应支护、智能放顶煤、刮板输送机智能运输、智能供液、综采设备群智能协同控制等技术。鼓励条件适宜的工作面开展基于地质模型的智能化开采实践。

(5)智能主煤流运输系统

采用带式输送机进行主煤流运输的矿井,主煤流系统中带式输送机应具备单机自动控制、多机协同联动、远程集中控制、煤量自动平衡、粉尘浓度检测和自动喷雾降尘、运行工况检测及故障智能预警等功能。鼓励应用基于 AI(artificial intelligence,人工智能)煤量智能识别、人员违规作业智能监测、大块煤/堆煤/异物识别与预警等功能,实现带式输送机的智能运输。

采用立井箕斗进行煤炭提升的矿井,提升系统具备提升速度、提升质量等智能监测功能,具备智能装载与卸载功能,且能够与煤仓放煤系统实现智能联动控制;应具备完善的智能综合保护功能,实现立井箕斗提升的自动化远程控制。

(6)智能辅助运输系统

针对井工煤矿轨道运输、无轨胶轮车运输等运输方式,建设具有智能规划、任务分配功能的辅助车辆智能调度管理系统,逐步实现物料运输、人员运输等辅助运输车辆的智能管控、智能规划路径与智能调度。

煤矿智能辅助运输系统建设应以车辆精确定位信息为基础,以车载智能终端为核心,辅助井下信号灯控制系统、智能调度系统、语音调度系统和地理信息系统,实现车辆监控、指令下达、运输任务调配、失速保护、报警管理、应急响应等功能,优化作业流程,实现辅助运输业务信息化全覆盖。鼓励斜井轨道运输利用精确定位、智能视频等技术,实现行人不行车、行车不行人,自动道岔变换等功能。

鼓励具备条件的矿井探索应用无人驾驶相关技术,研发应用地面远程遥控驾驶和智能化自动驾驶技术,采用环境感知、定位导航、路径规划等技术,实现车辆自动启停、自主避让、自动跟车等功能。

（7）智能通风系统

采用通风系统智能精准感知技术与装备,实现对风阻、风量、风压等参数的智能感知,对通风网络阻力进行实时监测与解算。风速、温度、湿度、气压、瓦斯、一氧化碳、二氧化碳、粉尘等传感器的数量和位置应满足精确测风、瓦斯涌出量计算和环境状态识别的需要,并提供远程监测接口。鼓励井下主要进回风巷间、采区进回风巷间采用自动风门,正常通风时期可靠闭锁,灾变时期可远程解除闭锁。矿井主要通风机、局部通风机具备远程集中控制功能,局部通风机可具有远程启停功能,实现无人值守。通风系统应具备故障自诊断与预警功能,并与其他系统实现智能联动控制,实现灾害的智能预警与避灾路线智能规划。

（8）智能供电与供排水系统

建设基于供电系统数据、电缆监测数据、继电保护数据、故障监测数据和电能计量数据的煤矿供电系统安全高效运行保障体系,对供电系统进行全面监测与分析,实现煤矿供电系统的全面智能化无人值守、智能监控管理;建设基于大数据分析的智能供电决策系统,实现故障的预判和预处理、快速隔离;建设煤矿能耗监测和智能化能耗优化调度系统,动态调节煤矿大型用电耗能设备的供电方案和作业计划,降低煤矿整体能耗水平,优化能耗成本。

建设基于压力、液位、流量、温度等监测传感器和电动阀的智能排水系统,实现主排水系统设备的智能运行。智能排水系统可按照水量实现排水用电自动削峰填谷,智能优化排水方式,实现能耗自评估和故障自诊断,具备智能报警、智能统计分析排水量等功能。

建设主供水智能控制系统,实现主供水系统设备的智能运行,供水用电自动削峰填谷及管网调配,自动选择最优电量;通过水泵运行等参数的监测,实现水泵控制及监测的智能化,实现对系统异常低压现象的预警;通过多传感器和各系统数据融合实现按需供水,并能实现对用水量的预分析功能。

建设污水智能处理系统,通过监测水泵及管路的运行参数、设备状态、运行时间等信息,实现能耗及产能分析和故障诊断;通过监测污水处理系统的各流程环节,及时调节污水处理的各项参数,降低系统运行成本,保证污水排放质量达标。

（9）智能安全监控系统

根据矿井地质条件和生产条件,建设井下融合通信系统及配套装备,实现煤矿安全监控系统、人员定位管理系统、通信联络系统、智能视频分析系统、智能通风系统、供电监控系统、冲击地压监测系统、水文监测系统等系统的统一承载、共网传输,进行人、机、环的安全监测与防护,提高安全监控、人员定位、通风、供电、应急广播等系统的抗电磁干扰水平;建设具备水、火、粉尘等灾害监测与防治的综合防控系统,具备重大安全事件的应急处置管理能力,可依据灾变发展趋势,自动触发排水、灭火与除尘等系统;建设基于综合监测的灾害防治平台,具备灾害风险监测预警、智能分析模拟、应急救援辅助指挥、事故原因分析、矿井灾变状态下避灾路线智能规划等功能。

（10）智能综合管控平台

基于模块化、组件化的技术架构设计思路建设智能综合管控平台,集成各业务系统数据及感知层数据,运用新一代信息技术建设业务中台和数据中台,形成具有自感知、自决策、自执行的智能化平台,为上层业务应用提供统一的数据汇聚与技术支撑。建设智能生产服务和调度平台、业务综合管理系统、煤矿智能化综合协同控制平台,实现矿井各业务系统的数据共享服务与智能协同管控。

（11）智能化园区

整合园区的消防、安防、停车、访客、会议管理、考勤、购物、餐厅等业务系统,形成全面感知、实时互联、分析决策、自主学习、动态预测、协同控制的智能化园区管控系统。

（12）经营管理系统

建立统一的智能化经营管理平台,支持煤矿各业务应用的全面一体化集成,打通管理孤岛、数据孤岛;构建"人财物一体、产运销一体、业务全面互联互通"的智能化经营管理平台,覆盖煤矿的管理决策、财务、生产、人力、物资、机电、计划预算、安环、调度、项目管理等领域;建设数字化决策体系,实现经营数据、生产数据、绩效数据、管理分析数据等实时展现,为经营决策提供参考,为经营管理提供依据,为生产提供数据,为绩效考核提供指导;建设煤矿设备全生命周期管理系统,整合设备管理台账、设备运行数据、设备维护记录等,针对特定设备提供专家运维建议和超前预测,实现设备的全生命周期管理;强化运销体系智能化管理,构建完整运销体系,实现一体化集中运销;利用移动应用、条码技术,提高业务效率,降低人工成本,实现矿山管理的智能化。

思 考 题

1. 简述煤炭精准开采科学内涵。

2. 煤炭精准开采需要解决哪些关键科学问题?

3. 简述煤炭精准开采主要技术途径。

4. 按照勘查程度由低到高,矿产资源勘查划分为哪三个阶段?

5. 煤炭地质勘查常用的技术方法有哪几种?

6. 简述 GIS "一张图" 系统总体设计与技术路线。

7. 煤矿典型动力灾害风险精准判识及监控预警的四个关键科学问题是什么?

8. 煤矿典型动力灾害风险精准判识及监控预警的八个主要研究方向是什么?

9. 简述煤矿智能化建设技术架构。

10. 简述煤矿智能化建设内容。

参 考 文 献

[1] 袁亮.煤炭精准开采科学构想[J].煤炭学报,2017,42(1):1-7.

[2] 袁亮,姜耀东,何学秋,等.煤矿典型动力灾害风险精准判识及监控预警关键技术研究进展[J].煤炭学报,2018,43(2):306-318.

[3] 袁亮,张平松.煤炭精准开采地质保障技术的发展现状及展望[J].煤炭学报,2019,44(8):2277-2284.

[4] 袁亮,张平松.煤炭精准开采透明地质条件的重构与思考[J].煤炭学报,2020,45(7):2346-2356.

[5] 袁亮,张平松.煤矿透明地质模型动态重构的关键技术与路径思考[J].煤炭学报,2023,48(1):1-14.

第四章 煤矿智能掘进系统

　　矿井设计与施工是矿山建设三大工程(矿山土建工程、机电安装工程和井巷工程)的主体工程,是控制矿山建设项目工期和投资效益的关键。井巷设计是指按照矿井生产需要、服务年限和围岩性质,经济合理地确定井巷的断面形状、尺寸和支护结构等。井巷施工是指按照设计要求和施工条件,考虑安全规程要求,采用不同的方法、手段和材料开凿井筒、巷道或硐室等空间。

　　矿山井巷类型,按照巷道长轴线与水平面之间的夹角来分,有水平巷道、倾斜巷道和垂直巷道;按用途分,有开拓巷道、准备巷道和回采巷道。巷道种类繁多,设计与施工复杂。井巷施工是在安全、高效、低耗的条件下,进行破岩、装岩、运岩和支护等工序。煤矿智能掘进系统包括工作面基本要求、智能化掘进技术及智能化掘进装备等内容。

第一节 巷道设计与施工概述

一、巷道破岩方法

　　巷道掘进起始阶段主要以人工、炮采为主,后来逐渐形成了以掘进机为主的机械化掘进工艺,其中,悬臂式掘进机是使用最广泛的掘进破岩装备。

　　悬臂式掘进机要同时实现剥离煤岩、装载运出、机器本身的行走调动以及喷雾除尘等功能,即集切割、装载、运输、行走功能于一身。如图 4-1 所示,悬臂式掘进机主要由切割机构、装载机构、运输机构、行走机构、机架及回转台、液压系统、电气系统、冷却灭尘供水系统以及操作控制系统等组成。悬臂式掘进机仅能截割巷道部分断面,要破碎全断面岩石,需要多次上下左右连续移动截割头来完成工作,可用于任何断面形状的巷道掘进。

图 4-1　悬臂式掘进机

　　全断面掘进机,即 TBM,是一种靠旋转并推进刀盘,通过布置在刀盘上的盘形滚刀破碎岩石而使隧洞全断面一次成形的设备,如图 4-2 所示。全断面掘进机破岩能力强,且集开挖掘进、支护和排渣运输功能于一体,可有效提升煤矿掘进安全性与效率,降低煤矿工人的劳动强度、改善工作条件,从而大幅缩短巷道施工周期,提高煤矿采掘接替效率。自 20 世纪 80 年代以来,以德国的 Minister.Stein 和 Franz Haniel,澳大利亚的 West Cliff,美国的 Westmoreland,加拿大的 Donkin-Morien 等为代表的煤矿采用全断面掘进机掘进斜井或平硐,取得了较为理想的效果。我国煤矿全断面掘进工程应用始于 2003 年的塔山煤矿主平硐掘进。2015 年,神东矿区补连塔煤矿使用全断面掘进机掘进主斜井。全断面掘进机在煤矿斜井和平硐掘进中已有较多成功案例。

图 4-2 全断面掘进机

二、巷道断面设计

(1)巷道断面形状的选择

我国煤矿井下使用的巷道断面形状,按其构成的轮廓线可归纳为折线形和曲线形两类。折线形如矩形、梯形、多边形,曲线形如拱形、马蹄形、椭圆形以及圆形等,如图 4-3 所示。

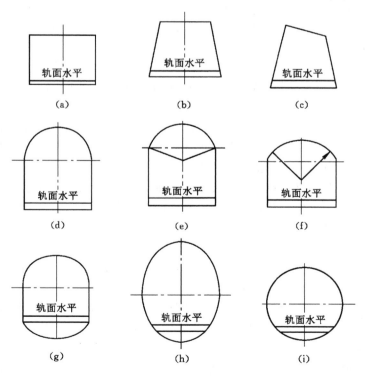

图 4-3 巷道断面形状

矩形断面巷道主要承受顶压力,而承受侧压力的性能较差。梯形断面巷道能承受一定的侧压力。它们的共同特点是支架结构简单、施工方便,这两种断面形状在采准巷道中应用较多。拱形、马蹄形以及圆形断面巷道能承受较大的顶压和侧压,也是我国目前矿山主要开拓巷道的基本形式。当侧压很大,尤其是有底压时,可采用封闭圆形、马蹄形或椭圆形断面。它们的结构稳定,能承受多向压力。但断面利用率低,施工复杂,掘进速度慢。

巷道断面形状的选择主要应考虑下列因素:① 巷道的围岩性质及地压。当顶压和侧压较小时,可采用梯形或矩形断面;当顶压较大、侧压较小时,则应选择拱形断面;当侧压很大并有底压时,宜采用封闭的曲线形断面。② 支架的材料。工字钢棚适用梯形、矩形等折线形断面;U 型钢、砖、石及混凝土砌筑的支架适用于曲线形断面;锚杆支架适用于任何形状的断面。③ 巷道的用途及服务期限。服务期长的主要巷道,宜用料石或锚杆与混凝土砌筑的拱形断面;金属支架(包括梯形和弧形支架)适用于支护受采动压力影响的采准巷道,因其服务年限短,便于回收复用。

(2)巷道断面尺寸的确定

巷道净断面必须满足行人、运输、通风和安全设施及设备安装、检修、施工的需要。因此,巷道断面尺寸主要取决于巷道的用途,存放或通过它的机械、器材或运输设备的数量与规格,人行道宽度与各种安全间隙以及通过巷道的风量等。因此,不同类型的巷道,断面尺寸差距较大,应针对巷道的具体用途合理计算巷道断面尺寸。

三、巷道支护设计

为了保证井下安全生产,巷道破岩后,在距离工作面一定的距离内必须对巷道围岩进行及时支护。支护方式主要包括锚杆支护、锚索支护、金属支架支护、喷射混凝土支护等。

(1)锚杆支护

传统的锚杆支护理论有悬吊理论、组合梁理论、组合拱(挤压拱)理论,之后又发展了最大水平应力理论。它们都是以一定的假说为基础的,各自从不同的角度、不同的条件阐述了锚杆支护的作用原理,而且力学模型简单,计算方法简明易懂,适用于不同的围岩条件,在国内外得到了承认和应用。随着对锚杆支护理论的研究不断深入,各种新的锚杆支护理论不断被提出,并在工程实践中得到完善和发展,极大地推动了锚杆支护技术在巷道支护中的应用,特别是为煤巷和软岩巷道的锚杆支护提供了新的理论指导。

理论与实践表明,锚杆支护是巷道支护的发展方向,使用范围广,适应性强。但是锚杆不能预防围岩风化,不能完全防止锚杆与锚杆之间裂隙岩石的剥落。因此,锚杆一般配合其他支护方法,如与金属网、喷浆或喷射混凝土等联合使用。

(2)锚索支护

随着我国采煤机械化程度的提高,巷道断面尺寸不断增加,单一的锚杆支护很难适应,按常规设计的锚杆支护形式及参数往往不能有效支护。近年来,锚索支护技术快速发展。锚索支护技术比较灵活,经常与其他支护方式结合使用,尤其对深部巷道、维修巷道的加固具有明显的优势。锚杆支护配以少量的锚索,就可以将锚固体悬吊于稳定坚硬的围岩深部,避免巷道顶板离层、整体下沉及垮落。

锚索长度一般是锚杆长度的 3～5 倍,甚至更长。它除具有普通锚杆的悬吊作用、组合梁作用、组合拱作用、挤压加固作用外,与普通锚杆不同之处是对巷道顶板进行深部锚固而产生强力悬吊作用,并沿巷道纵轴线形成连续强支撑点,以大预应力减缓顶板岩石变形。锚索锚固进岩层深部并施加预应力,可将部分围岩压力传递至深部稳定岩层,进行主动支护。矿井巷道支护一般采用锚杆、锚索配合使用方式。锚杆、锚索及时支护后,形成锚杆、预应力锚索的加固群体。这样相邻的锚杆、锚索的作用力相互叠加,组合成一个"承载层"(承载拱),这个新的承载层厚度比单用锚杆时成倍增加,能使围岩发挥出更大的承载作用(图4-4)。

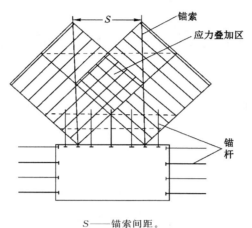

S——锚索间距。

图 4-4　锚索、锚杆联合加固原理

（3）金属支架支护

金属支架支撑强度大、体积小、坚固、耐久、防火,可以制成各种形状的构件。虽然初期投资大,但是金属支架可以回收复用。

拱形金属支架是较常用的支架类型。对于压力大、围岩变形量大的巷道,用矿用特殊型钢做成拱形可缩金属支架,如图2-19所示,可有效避免使用刚性金属支架出现的问题。这种支架由3节曲线形构件组成,接头处搭接长度为300～400 mm,并用螺栓箍紧(箍紧力靠螺栓调节)。当沿搭接处作用的轴向力大于螺栓箍紧力所产生的摩擦力时,构件之间便会相对滑动,棚子即产生可缩性。此时,巷道围岩压力暂时得到卸载,直到围岩压力继续增加至一定值时,再次产生可缩现象,如此周而复始。这种支架的可缩量可达200～400 mm以上。

（4）喷射混凝土支护

目前,普遍使用的干式法或半湿式法喷射混凝土的工艺流程如图4-5所示。先将砂子、石子过筛,按配合比和水泥一同送入搅拌机内搅拌,然后用矿车或其他运输工具将混合料运送到工作地点。混合料经上料机进入以压缩空气为动力的喷射机,再经输料管、异颈葫芦管到喷头处与水混合,喷向围岩表面。

与普通混凝土相比,喷射混凝土在物理力学性能和对围岩支护特性方面具有以下主要特点:① 喷射混凝土以较高的速度从喷头处喷向岩面,使水泥颗粒受到重复碰撞冲击,混凝土喷层得到连续冲实和压密。同时,喷射工艺又允许采用较小的水灰比(0.45左右),因此喷射混凝土层具有良好的物理力学性能,黏结力大,能够同岩石紧密地黏结在一起,形成独特的支护作用。② 喷射混凝土能随着巷道掘进及时施工,且加入速凝剂后早期强度成倍增长,能够控制围岩的过度变形与松弛。③ 喷射混凝土层较薄,具有一定的柔性,可以同围岩一起共同变形,产生一定量的径向位移。

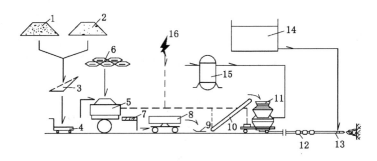

1—石子;2—砂子;3,7—筛子;4—磅秤;5—搅拌机;6—水泥;8—运料小车;9—料盘;
10—上料机;11—喷射机;12—异颈葫芦管;13—喷头;14—水箱;15—风包;16—电源。

图 4-5　喷射混凝土的工艺流程图

　　喷射混凝土配合锚杆(索)支护已经获得越来越广泛的应用。这种组合支护方式可充分发挥锚杆(索)与喷射混凝土的支护特点,在技术与经济上有较大的优势。其主要特点为:一是锚杆(索)支护能提高井巷围岩的自身稳定性和承载能力,并与岩层构成共同承载的整体;二是喷射混凝土支护可以防止围岩风化,提高锚杆的作用效果。

第二节　智能化掘进工作面基本要求

一、综掘机遥控、定位截割

1. 智能截割技术

　　煤矿巷道成形是通过掘进机截割多个单一截面逐渐形成的,断面自动成形受掘进机结构、断面形状、断面地质构造影响。掘进机按照截割形式主要分为纵轴式掘进机、横轴式掘进机和复合型盾构掘进机,纵轴式和横轴式掘进机主要通过截割头的旋转、截割臂的摆动来实现成形,而复合型盾构掘进机主要通过多个刀盘复合运动成形。为了实现智能截割,智能定形截割方法和自适应截割方法是关键。

　　(1) 智能定形截割

　　纵轴式掘进机智能定形截割难度较大,解决了该掘进机的智能定形截割问题,其他掘进机的智能定形截割问题则迎刃而解。基于视觉伺服的掘进机智能定形截割控制方法是目前先进的智能定形截割控制方法,其系统构成及工作原理如图 4-6 所示。系统由截割头位置测量模块、控制器和掘进机截割执行机构等部分组成,以控制器作为控制系统的主控平台,通过截割臂位姿视觉测量和机身位姿检测实现截割头在巷道断面的精确位置检测,将检测的截割头位置与截割规划位置对比获得截割控制偏差,将偏差实时反馈给掘进机控制器,掘进机控制器利用基于模糊 PID 控制(proportional integral differential control,比例积分微分控制)等智能控制方法控制液压伺服系统,从而实现对掘进机的智能定形截割控制。

　　(2) 自适应截割

　　煤矿巷道掘进常常存在夹矸、半煤岩等截割载荷交变的工况,必须掌握自适应截割方法,优化截割参数,才能实现截割的安全性、高效性。基于遗传算法优化的BP(GA-BP)神经

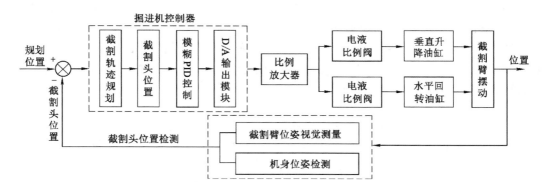

图 4-6　基于视觉伺服的智能定形截割控制原理

网络的掘进机自适应截割控制原理如图 4-7 所示,将截割臂摆速作为控制量,通过遗传算法优化的 BP 神经网络来保证截割电机恒功率输出。在控制过程中,实时检测截割电机的电压 U 和电流 I,以及截割臂驱动油缸压力 P 和截割臂振动加速度 a,并将其输入 GA-BP 神经网络,将 GA-BP 神经网络的输出作为控制信号,通过控制电液比例方向阀来控制截割臂驱动油缸伸缩速度,进而对截割臂摆速进行控制,从而保证截割电机恒功率输出。

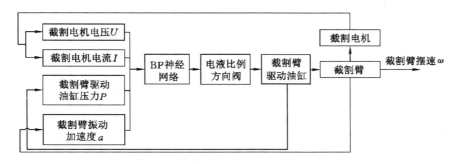

图 4-7　基于 GA-BP 神经网络的掘进机自适应截割控制原理

2. 智能导航技术

掘进系统按照行走形式主要分为履带式掘进系统和液压推移式掘进系统。掘进系统智能导航技术主要包括掘进系统精确定位定向技术和掘进系统智能导航控制技术。煤矿巷道掘进系统的定位定向精度,直接影响煤矿巷道的掘进质量。由于煤矿井下无 GPS(global positioning system,全球定位系统)、无北斗导航卫星系统,如何实现掘进系统的精确定位定向成为巷道掘进的难题。一般情况下,掘进巷道宽度偏差为 0～100 mm,因此,要求掘进装备的导航控制精度≤±50 mm,导航控制精度要求高。惯导与视觉融合方法和惯导、数字全站仪与油缸行程传感器融合方法是目前掘进系统先进的精确定位定向方法。惯导与视觉融合方法的定向精度可达±0.01°、定位精度可达±40 mm,主要适用于悬臂式掘进机、掘锚一体机等视野开阔的履带式掘进系统。惯导、数字全站仪与油缸行程传感器融合方法的定向精度可达±0.01°、定位精度可达±20 mm,主要适用于液压缸作为行走驱动机构的液压推移式掘进系统。

(1)履带式掘进系统智能导航控制方法

用惯导与视觉融合方法检测履带式掘进系统的机身位姿,机身位姿测量原理如图 4-8 所示,系统包括单目工业相机、两平行激光指向仪、捷联惯导、雷达测距传感器和防爆计算机。图 4-8 中,α_1,β_1,γ_1 和 α_2,β_2,γ_2 含义一致,分别为偏航角、俯仰角和横滚角。系统通过建立基于无迹粒子滤波与非线性紧组合机制的组合定位系统数学模型,对惯导与视觉信息进行融合,从而获得机身的精确位姿。

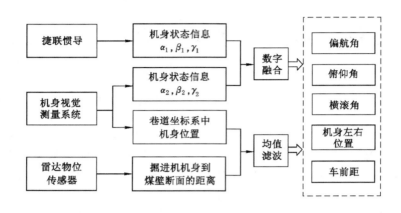

图 4-8　履带式掘进系统的机身位姿测量原理

履带式掘进系统智能导航控制原理如图 4-9 所示,系统由掘进系统控制器、机身位姿检测系统、行走驱动系统组成。通过视觉、雷达测距、捷联惯导等多传感器信息融合,实现掘进系统精确定位定向。以掘进系统精确位姿检测为基础,通过神经网络 PID 或模糊 PID 控制等智能控制算法驱动掘进系统履带行走部,从而实现掘进系统的智能导航。

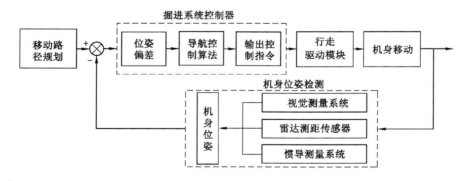

图 4-9　履带式掘进系统智能导航控制原理

(2) 液压推移式掘进系统智能导航控制方法

液压推移式掘进系统采用惯导、数字全站仪与油缸行程传感器融合进行精确定位定向检测,其定位定向原理如图 4-10 所示。通过高精度的捷联惯导测量速度和角速度增量,利用油缸行程传感器测量系统推移行程,经过数学解算平台得出煤矿智能掘进系统的实时位姿。油缸行程传感器和惯导组合会产生位置累积误差,而数字全站仪可以测量出煤矿智能掘进系统的精确位置信息,因此运用数字全站仪修正惯导与油缸行程传感器组合的位置误差,从而实现煤矿智能掘进系统的精准位姿检测。

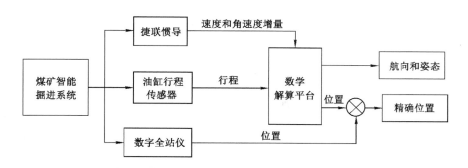

图 4-10 惯导、数字全站仪与油缸行程传感器融合定位定向原理

液压推移式掘进系统智能导航控制原理如图 4-11 所示,系统主要由机身位姿检测系统、掘进系统控制器、液压驱动系统等组成。运用卡尔曼滤波算法对"惯导+数字全站仪+油缸行程传感器"的多传感器信息进行融合,实现煤矿智能掘进系统精确定位定向。将智能掘进系统精确位姿检测信息实时传递到神经网络 PID 控制算法,驱动行走部液压油缸进行自动纠偏控制,最终实现液压推移式掘进系统智能导航控制。

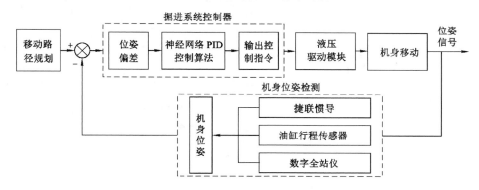

图 4-11 液压推移式掘进系统智能导航控制原理

二、综掘设备集中控制

以智能化、网络化、数字化为核心,运用物联网、5G、大数据管理技术、人工智能等现代信息技术,研发具有智能定形截割、智能导航、人员安全预警、环境安全预警、设备故障预警、关键部位视频监控和数字孪生驱动的远程智能测控系统,在地面监控中心可以实现远程一键启停、关键部位远程视频监控、异常状态远程人工干预和数字孪生驱动的远程智能测控。智能掘进测控系统总体架构包含三层,分别为本地控制层、近程集控层和远程监控层,如图 4-12 所示。

① 本地控制层。在掘进系统中,集成传感检测系统、本地控制系统、通信系统等,实现掘进系统各个部分的单机智能控制,并通过工业以太网将整个掘进系统的各个部分与近程集控层的集中控制器实时通信,将本地掘进系统的人员、环境、设备、视频等信息传输到掘进工作面近程集控层。

② 近程集控层。通过与本地控制层的控制主机通信,实现本地掘进工作面的人员安全预警、环境安全预警、设备故障预警、关键部位视频监控和数字孪生驱动的掘进工作面远程智能测控,以及近程一键启停,并且通过矿井工业环网可以将信息实时传输至地面远程监控层。

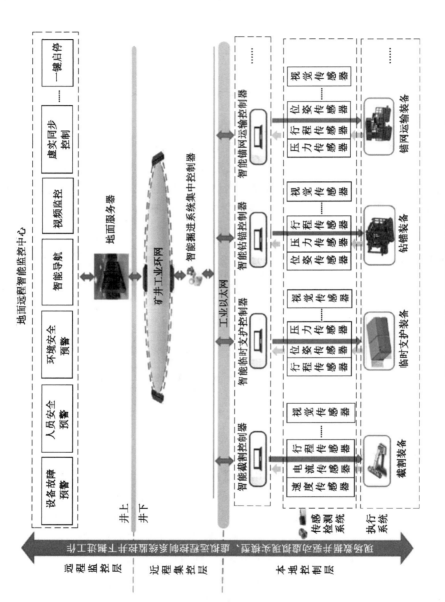

图 4-12　智能掘进测控系统架构

③ 远程监控层。通过矿井工业环网和地面环网,在地面监控中心可以实现人员安全预警、环境安全预警、设备故障预警、关键部位视频监控和数字孪生驱动的远程智能测控,以及远程一键启停等,还具备对关键信息进行实时存储和历史数据查询等功能。

第三节　煤矿巷道智能化掘进技术

一、智能支护技术

智能支护技术用于解决锚杆支护少人化、无人化的问题,主要技术难点有全流程自动化钻架机械系统、钻机轨迹跟踪与定位找孔、树脂锚固剂自动装填、自动铺网、自适应钻孔等。国外小松久益(JOY)公司研制的智能钻机采用电液控技术,具有自适应钻孔、自动钻孔循环、防失速等功能;山特维克(Sandvik)公司研制的钻机具有构建顶板岩层硬度地图功能;JH Fletcher,Atlas 等公司推出了全自动锚杆钻车产品。国内景隆重工推出了全自动两臂顶锚杆钻车,基于激光测距传感器和激光雷达的组合传感器定位方法,实现锚杆-钻锚机器人-工作面三者的定位,采用直接标定法获得钻臂末端运动学参数。中煤科工集团开发了钻机电液控制、锚索支护自动连续钻孔和全自动锚杆支护等成套智能支护技术,研制了全自动锚杆钻车,如图 4-13 所示。

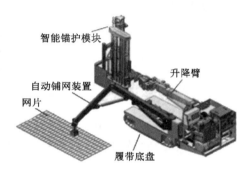

图 4-13　全自动锚杆钻车

全自动锚杆钻车可自主完成锚杆支护全部工序。它采用钻/锚箱切换+链式锚杆仓的智能锚护模块实现钻孔、安装锚杆的全自动化,基于转矩传感器测量可以实现钻箱旋转速度、钻进速度和推进力参数自适应功能,使钻机工作参数达到最优匹配,在钻头磨损量最小的前提下取得最佳的钻孔速度;采用分段线性回归法和不确定区间算法解决钻臂定位误差补偿问题;采用气动装填技术实现锚固剂的自动装填;设计了自动铺网装置将锚网自动安装至顶板和两帮。

二、智能协同控制技术

煤矿巷道掘进包括掘进、支护、钻锚、运输等多任务。面向多任务、多系统,如何确保高效、有序、智能地完成任务,必须解决多任务并行控制和多系统智能协同控制等问题。

1. 多任务并行控制方法

煤巷掘进主要采用掘、锚分开的交替作业方式,据统计,在一个掘进循环中,支护时间大约占到掘进作业总时间的 67%,因此,支护速度成为影响掘进效率的关键因素。分析煤矿智能掘进系统的并行作业特征,智能掘进系统属于多任务、多工序、多主体的并行控制系统。通过揭示多系统作业任务数目和完成时间等关键参数之间的关系,实现煤矿智能掘进系统有效、可靠地并行作业。假设煤矿智能掘进系统由 m 个子系统组成,分别完成掘、支、钻、锚、运等 n 个掘进作业工艺,结合子系统环境与自身状态感知信息,建立基于并行作业特征的智能截割系统、智能临时支护系统、智能钻锚系统、智能锚网运输系统、智能运输系统等多系统并行控制架构,控制架构如图 4-14 所示。其中,$X(m,n)$ 为第 m 个子系统的第 n 个掘进作业工艺;$X(m,t)$ 为第 m 个子系统在 t 时刻的状态;$N(n,t)$ 为第 n 个掘进作业工艺在 t 时刻的动作;$a(m,n,t)$ 为第 m 个子系统的第 n 个掘进作业工艺在 t 时刻的工序。

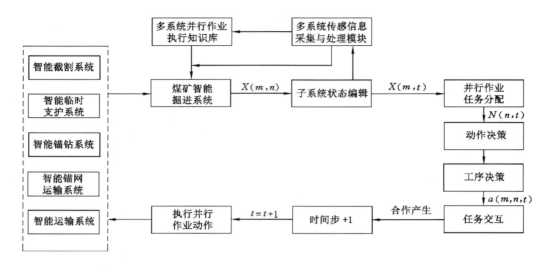

图 4-14　基于多任务并行作业的控制架构

基于掘进作业最优任务分配的多系统并行作业流程为:

① 建立感知系统,结合数据采集与处理模块,构建煤矿智能掘进系统并行作业执行知识库,获取各子系统的状态。

② 基于掘进作业工艺,构建并行作业任务分配模型,确定智能掘进子系统对应作业任务。

③ 根据各子系统并行作业任务,构建动作决策模型,依据智能掘进工艺制定工序决策。

④ 根据多系统并行作业任务分配、动作决策与工序决策模型问题的适应度,评价智能掘进子系统的适应度。

⑤ 依据多系统并行作业的任务交互问题描述,建立合作机制,产生下一时间并行作业执行动作,从而确定多系统最优并行作业方案。

2. 多系统智能协同控制方法

智能掘进各子系统的工作存在相互约束和协调,根据智能掘进系统的工艺要求,建立如图 4-15 所示的煤矿智能掘进多系统协同控制架构。典型的多系统智能协同控制方法主要有 leader-follower 法和基于行为法。

(1) leader-follower 法的智能协同控制

如图 4-16 所示,将煤矿智能掘进系统的多个子系统中智能截割子系统设置为领航者,其余子系统为跟随者。工作过程中领航者接收全局信息或接收具体任务执行方式,按照规划好的路线运动,而跟随者参考编队中与领航者的相对位置运动。该方法可有效降低煤矿智能掘进系统的控制复杂性,使跟随者容易定位且使编队易于在掘进作业工艺中实施。

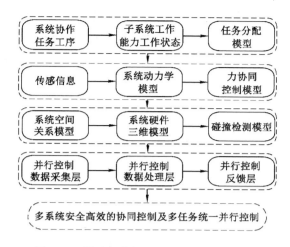

图 4-15　煤矿智能掘进多系统协同控制架构

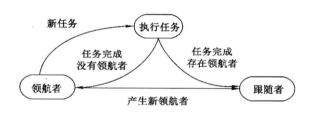

图 4-16　leader-follower 法工作原理

（2）基于行为法的智能协同控制

基于行为法通过研究一个子系统在场景中的运动规律制定相对应的运动规则，进一步扩展到多系统控制上。因此，针对煤矿智能掘进系统中掘、支、钻、锚、运作业的多目标跟踪、障碍物实时规避和队形重建等任务，通过对预先定义的智能掘进工艺行为进行比例加权，调节加权系数，以得到理想编队的控制方法。智能截割系统、智能临时支护系统、智能钻锚系统、智能锚网运输系统、智能运输系统都应具备一定的自主决策能力，包括系统间防碰撞与协同作业的决策能力。当各子系统感知相邻子系统距离过近或前方有障碍物存在时，每个子系统输入都会发生相应的变化，控制器关于速度、方向的输出会随之改变，进而使整个系统达到预期控制效果。通过设置各子系统优先级的方式，各子系统根据不同掘进作业环境作出不同工艺选择，从而合理完成协同作业任务。基于行为法可以实现实时反馈，是一个完全分布式的控制结构，系统柔性较好，可以适应动态加入新子系统的情况。

三、智能掘进保障技术

煤矿智能掘进不仅需要自动截割、智能锚护等智能掘进技术支撑，更需要地质探测、围岩控制、设备可靠性等技术保障。目前，智能掘进保障技术主要包括掘进设备可靠性、巷道围岩状态在线感知、巷道围岩时效控制、掘进工作面除尘等。

1. 掘进设备可靠性技术

巷道掘进的智能化和快速化决定掘进设备应具有较高的可靠性指标。掘进设备应从设计论证阶段开始,进行质量可靠性设计管理。可靠性设计及分析的关键技术主要包括可靠性建模技术、可靠性预计技术、可靠性分配技术、薄弱环节分析技术、特性分析与适应性分析技术、耐久性分析技术等。从掘进设备的特点出发,提出掘进设备可靠性分析方法,建立数字化溯源制造体系和全生命周期性能监控体系,主要包括耐久性仿真试验与加速寿命试验(图 4-17)、工艺可靠性分析及过程质量监控、虚拟维修与维修策略、安全性分析与风险评价、可靠性系统工程设计分析评估。

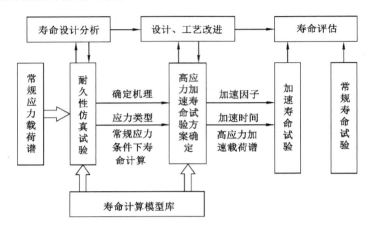

图 4-17　耐久性仿真试验与加速寿命试验

提升掘进设备的可靠性不仅需要按照科学的可靠性设计方法进行可靠性攻关,还需要不断利用新技术、新材料等工艺技术的创新来突破。煤炭科学研究总院针对岩巷掘进机可靠性低的瓶颈,开发了岩石截割频率与整机固态频率识别消振系统、低频大振幅减振吸振装置、元部件无键精密配合设计制造工艺,实现振动主动抑制;研发了油膜轴承行星传动等元部件原位强化技术,同体积元部件强度提高 50% 以上;基于传动、液压和控制系统的加速寿命试验方法和平台,模拟井下工况试验持续改进优化;研制的掘进设备广泛采用在线铁谱、在线油液质量监测、集中润滑等技术来实时监测和优化掘进设备的运行状态,提升设备的可靠性。

2. 巷道围岩状态在线感知技术

巷道围岩状态的实时感知和掘支过程中的稳定性控制是智能掘进的共性基础问题,智能掘进需要即时感知围岩的动态信息,从而进行围岩稳定性智能判断。

① 巷道围岩地质勘探技术。围岩地质力学参数是巷道围岩时效控制的基础。为快速获得地应力、围岩强度等参数,可采用煤矿井下单孔、多参数、耦合地质力学原位快速测试方法。另外,三维地震可视化解释与反演技术、纵横波联合解释技术等为基础的煤矿高分辨率三维地质勘探技术,也为巷道围岩地质勘探提供了技术支撑。

② 巷道围岩随掘探测技术。巷道围岩随掘探测,一方面是为了获得工作面前方隐蔽致灾地质异常体的空间赋存状况及特性,解决掘进中小断层、煤厚变化、陷落柱、老空区、下组煤以及含水构造等地质问题;另一方面是为了在掘进过程中实时感知和判断围岩的稳定性,为支护机器人提供在线、连续、实时的围岩状态信息,以保证后者能根据围岩状态信息实时调整支护参数。在巷道围岩稳定性辨识方面,通过激光扫描、红外相机等实时监测围岩的变

形和破坏情况;研究围岩稳定性实时预警判据,通过预警判据来调整支护方式与参数。在巷道超前物探技术方面,主要的探测手段有瑞雷波、二维地震、瞬变电磁仪、直流电法等。

3. 巷道围岩时效控制技术

围岩控制需要体现时效性,需要快感知、快决策、快响应,从而实现快速的掘支循环,保障智能掘进的顺利进行。

① 掘进工作面低密度锚杆智能支护技术。掘进工作面空间受限,难以布置多组钻机实现快速支护,有两个技术途径解决。一方面,提升锚杆支护效率的技术,如(含或不含锚固剂、自钻或非自钻)空心锚杆、煤帮螺旋自锚、多相液体混合膨胀剂、柔性聚氨酯网、注浆锚索等装备与技术;另一方面,基于空间多维度同步支护技术实现巷道围岩时效控制,即将一部分锚杆滞后到掘进工作面后方进行同步支护,而这种方式能够实现的前提是掘进工作面的低密度锚杆能够有效控制围岩,形成自稳区,故需要研究掘进工作面在低密度支护应力场、原岩应力场等作用下围岩损伤的时效特征,根据时效特征来调整掘进工作面支护密度。此外,新型柔性锚杆支护、高预应力锚固等新技术可在降低支护密度的同时达到原有的围岩控制效果。

② 空顶区的围岩稳定性控制技术。掘进工作面顶板在已支护区、临时支护和端头煤体的共同约束下形成时效自稳区,为智能掘进提供了时空条件。在自稳期间,按现有锚杆支护工艺水平获得最大的锚杆支护密度(最大的锚杆支护密度≤设计支护密度)、形成连续性控顶是空顶区围岩控制的主要目标。当自稳期较短时,如软弱破碎、高应力软岩、冲击地压巷道,应用超前预注浆、支-卸组合支护等技术需要结合掘进设备实际,将技术尽可能与掘进装备一体化设计,保证智能掘进的平台基础。

4. 掘进工作面除尘技术

目前,我国掘进工作面采用的除尘方式主要是喷雾除尘,除尘效率低,巷道污染严重。为了克服普通通风除尘系统的缺点,研制出三种高效通风除尘系统:① 新一代机载湿式除尘器;② 湿式除尘器;③ 干式除尘器。

(1)机载湿式除尘器

机载湿式除尘器与掘进机高度集成,且不改变掘进机的整机外形尺寸,降尘效率高,是掘进机的理想配套设备,如图 4-18 所示。

1—湿式除尘器;2—水滴分离器;3—风机;4—出风口(连接排风筒)。

图 4-18　机载湿式除尘器

(2)湿式除尘器

HCN 型湿式除尘器结构如图 4-19 所示,其处理风量为 $100\sim1\,500$ m³/min,对于 $10\,\mu m$ 以下粉尘的除尘效率达 99.4%。它安装在桥式带式转载机的行走小车上,并跨骑在可伸缩带式输送机机尾上,随掘进机移动。

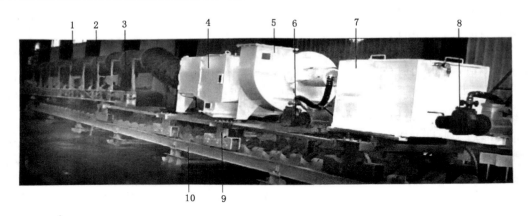

1—负压风筒;2—风筒支架;3—桥式带式转载机;4—HCN 型湿式除尘器;5—风机;6—排污泵;

7—水箱;8—供水泵;9—行走小车;10—可伸缩带式输送机机尾。

图 4-19　HCN 型湿式除尘器结构

HCN 型湿式除尘器具有除尘效率高、体积小、能耗低、维护方便等优点。其主要技术特点:① 采用高频振动金属纤维过滤除尘技术,除尘效率高,滤网压力损失小,防堵能力强,除尘效率大于或等于 99.4%;② 采用独特结构设计的喷水系统,降低了用水量与用水压力,优化了与含尘气流接触效果;③ 采用具有自主技术的水滴分离器,水滴分离效果好,配用污水收集箱,可以实现循环用水。

（3）干式除尘器

HBKO 型干式除尘器如图 4-20 所示。它是目前世界上技术最先进、除尘效率最高的矿用除尘器,经德国有关机构检测除尘效率大于或等于 99.997%,适合粉尘浓度高、粉尘二氧化硅含量高的巷道使用。该除尘器整体尺寸小,在相同处理风量的情况下,体积仅为一般干式除尘器的 2/3。该除尘器采用履带移动小车安装方式。

图 4-20　HBKO 型干式除尘器

该除尘器的主要技术特点:① 使用腹膜滤料高效表面过滤技术,除尘效率接近 100%;

② 无水除尘,节约用水,避免造成巷道水污染;③ 采用脉冲喷吹清灰技术,实现自动清灰,操作简单,后期免维护,减轻操作工劳动强度。

干式除尘相比湿式除尘具有以下优点:① 除尘效率更高,达到 99.997%,粉尘浓度高达 2 000 mg/m³ 以上时,净化程度仍能满足相关法规要求;② 对 5 μm 以下呼吸性粉尘,捕集效率更高,满足煤矿呼吸性粉尘的治理要求;③ 便于回收粉尘,没有废水等二次污染。

第四节　煤矿巷道智能化掘进装备

我国煤矿巷道赋存条件复杂决定了掘进技术及装备的多样性。根据不同掘进装备可以将智能掘进模式分为四类,分别为掘支运一体化智能掘进模式、全断面掘进机智能掘进模式、双锚掘进机智能掘进模式以及 5G＋连续采煤机智能连掘模式。

一、掘支运一体化智能掘进装备

我国已建成年产 120 万 t 以上大型现代化煤矿 1 200 处以上,产量占全国的 80% 左右,这些煤矿对采掘接续要求迫切,同时在资金、人才及智能化建设基础方面均具有一定的优势。因此,针对截宽 5 m 以上、空顶距 0.5 m 以上、空帮距 1.0 m 以上的煤巷掘进,应优先选用掘支运一体化智能掘进模式。该模式是以掘锚一体机为核心,以多维度同步支护等技术为支撑,配套锚杆转载机、跨骑式锚杆钻车、柔性连续运输系统、自移机尾等设备组成的智能掘进系统,共有四种适应不同围岩条件的配套方式,见表 4-1。

表 4-1　掘支运一体化智能掘进配套方式

序号	空顶距/m	空帮距/m	月进尺/km	配套设备
1	20.0	25.0	2.5	掘锚一体机＋破碎转载机＋柔性连续运输系统＋跨骑式锚杆钻车
2	2.5	4.0	1.5	掘锚探一体机＋锚杆转载机＋柔性连续运输系统＋集控中心
3	1.5	2.5	0.7	掘锚探一体机＋锚杆转载机＋柔性连续运输系统(桥式转载机＋自移机尾)＋集控中心
4	0.5	1.0	0.4	适应软弱围岩巷道的掘锚探一体机＋锚杆转载机＋桥式转载机＋自移机尾＋集控中心

① 配套方式 1:主要应用于神东等矿区的稳定围岩条件(半坚硬-坚硬顶底板),如图 4-21 所示,掘锚一体机截割落煤,煤岩经破碎转载机缓冲、破碎后,通过下穿于跨骑式锚杆钻车的柔性连续运输系统出料,柔性搭接系统搭接长度为 100 m,满足月进尺 2 500 m 的搭接要求;跨骑式锚杆钻车机载多臂钻机进行锚杆支护,实现掘支完全独立;跨骑式锚杆钻车集成集控中心功能,实现自动截割、可视化监控、流程启停等功能。

② 配套方式 2:主要应用于榆林大部分、鄂尔多斯北部等地区的中等稳定围岩条件(半坚硬顶底板),采用掘锚探一体机和锚杆转载机进行平行支护,锚杆转载机兼作转载单元,柔性连续运输系统搭接长度 50 m 左右,满足月进尺 1 500 m 的搭接要求;集控中心安装于柔性连续运输系统后部,具有多机协同控制、可视化监控等功能。

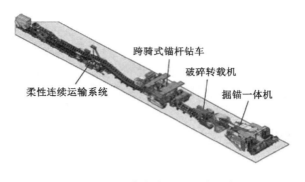

图 4-21　配套方式 1 的系统组成

③ 配套方式 3：主要应用于中等复杂围岩条件(软弱-半坚硬顶底板)。与配套方式 2 相比,该配套方式可采用桥式转载机＋自移机尾＋自延伸托辊系统替换原有的柔性连续运输系统,搭接长度 25 m 左右,满足月进尺 700 m 的搭接要求,自移机尾后部集成缆线存储、材料暂存等装置,并安装集控中心。

④ 配套方式 4：主要应用于复杂围岩条件(软弱顶底板)。与配套方式 3 相比,该配套方式掘锚探一体机需要采用小空顶距、小空帮距设计。

典型应用：2020 年,针对黄陵二号煤矿的中等复杂地质条件,在充分论证水、瓦斯、油型气、油气井等七害俱全的施工条件基础上,研发了快速掘进地面远程控制系统(图 4-22),应用集群设备多信息融合网络控制技术,实现远程割煤、煤岩运输、锚索支护自动连续钻孔的一键启停、设备运行参数的远程实时监测等功能,工作面共 5 人作业(锚杆支护 5 人),掘进工效提高 2 倍。

图 4-22　黄陵二号煤矿快速掘进地面远程控制室

二、全断面掘进机智能掘进装备

针对斜井、平硐、瓦斯抽采巷等岩巷掘进,应优先选用全断面掘进机智能掘进模式。全断面掘进机集截割、支护、出渣、除尘等功能于一体,具有扰动小、成形好、效率(主要指硬岩截割效率)高、安全性高等优势,同时也有进转场时间长(安装、拆除工期 2.5 个月)、地质条件变化适应性差、支护效率低、转弯半径大(不能在联巷转弯掘进)等缺陷,故要求施工巷道长度长(3 km 以上)、缓倾斜(坡度 8°以内)、揭煤少、围岩稳定(软岩易卡机)等,其配套方式主要有 3 种,见表 4-2。

表 4-2　全断面掘进机智能掘进配套方式

序号	空顶距/m	空帮距/m	月进尺/km	配套设备
1	6.5	25	0.6	全断面护盾式矩形掘进机＋锚杆转载机＋柔性连续运输系统＋集控中心
2	6.5	25	0.6	全断面敞开式矩形掘进机＋锚杆转载机＋柔性连续运输系统＋集控中心
3	7.0	7	0.4	矿用全断面掘进机＋集控中心

与工程隧道掘进相比,煤矿巷道全断面掘进一般采用锚网喷支护来替换传统的管片施工,要求掘进机集成支护钻机。针对传统矿用全断面掘进机采用圆形巷道断面利用低、两帮稳定性差和支护难度大等问题,中煤科工集团上海研究院有限公司在顶管技术的基础上,研制了 MJJ3800×5800 型全断面护盾式矩形掘进机(图 4-23),整机质量 320 t,装机功率 2 807 kW,采用镐形和刀形截齿,5 组刀盘实现全断面切割,并通过刀盘运动实现可变异形(拱形、梯形)截割,机载 4 组顶锚钻机实现掘锚平行作业;同时,Sandvik、Prairie、北方重工等公司研制了全断面敞开式矩形掘进机,主要采用 2 组或多组刀盘＋上下顶底板滚筒进行全断面截割。

图 4-23　全断面护盾式矩形掘进机

全断面掘进机智能掘进技术主要有岩体感知、煤岩界面识别、智能截割、智能导向、智能支护、故障诊断等。岩体感知采用激发极化、破岩震源等超前地质探测方法;煤岩界面识别融合岩渣图像视觉识别、电-液传感数据分析等技术,实现对煤岩分界面的预知预判;智能截割以获取最佳粒度值、最佳比能耗以及减少滚刀消耗、换刀时间和减小换刀频率为目标,基于煤岩界面预测结果对推进速度、刀盘转速及贯入度等自适应调整;智能导向采用惯性导航及激光雷达融合技术,对全断面掘进机的行走位置及三维姿态进行实时监测和动态调整,满足精准导向需要;针对管片支护难以适应煤矿巷道支护的问题,创新集成机载锚杆钻机,实现空间大断面实时锚杆支护要求;研制基于大数据信息的 TBM 云平台,实现多源传感器信息感知、传输、融合及智能决策等功能,以及全断面掘进机智能故障诊断,实时显示卡机等故障状态预警信息。

典型应用:2020 年,MJJ3800×5800 型全断面护盾式矩形掘进机在神东矿区哈拉沟煤矿 22524 工作面运输巷投入使用,累计掘进超 900 m,实现 6 h 截割落差 5.1 m、长 30 m 断层的破岩纪录。

三、双锚掘进机智能掘进装备

我国年产 30 万 t 以下的小煤矿有 1 000 处左右,这些煤矿地质条件较差、智能化基础薄弱。此类煤矿的智能快速掘进,应优先选用双锚掘进机智能掘进模式。该模式适应复杂地质条件下煤、半煤岩和岩巷掘进(空顶距、空帮距 0.3 m),采用双锚掘进机＋锚杆转载机＋桥式转载机＋自移机尾＋集控中心的配套方式。锚杆支护选用双锚掘进机＋锚杆转载机平行支护方式,双锚掘进机机载两组钻机和临时支护,实现部分顶帮支护;锚杆转载机对剩余锚杆进行补支护(图 4-24)。

图 4-24　双锚掘进机

双锚掘进机智能掘进技术主要包括断面自动成形、自适应截割、远程集控等。断面自动成形技术通过实时在线采集、监测掘进机位姿信息,解算截割头运动状态参数,规划截割头运动轨迹,控制截割机构动作,自动完成一个截割循环,实现断面自动成形;自适应截割技术通过对振动、电机电流等参数的提取和处理,控制截割电机转速,实现电机输出转速与岩石硬度的自适应匹配;远程集控技术通过在工作面后方建立远程操作站,实现掘进机超视距远程监控。

典型应用:中煤新集能源股份有限公司刘庄煤矿煤层平均厚度 3.54 m,平均倾角 14°,煤层直接顶为砂质泥岩,直接底为泥岩,较致密,性脆。双锚掘进机智能掘进系统在该矿应用累计进尺 925 m,临时支护效率提高 25％,锚索支护效率提高 30％,单日最高进尺 23 m,月最高进尺 506 m,掘进效率提高 1 倍以上(原月进尺 240 m),刷新该矿单日单面掘进进尺纪录。

四、5G＋连续采煤机智能连掘装备

我国陕北矿区因巷道围岩条件稳定或中等稳定(空顶距大于 6 m),多采用双(多)巷施工工艺,该工艺的特点是存在两个逃生出口,安全性好,同时采用连续采煤机双巷掘进工艺,掘进效率高。笔者及团队基于 5G,对连续采煤机、梭车等装备进行自动化、智能化升级,攻克了连续采煤机远控割煤、梭车自主驾驶、破碎机自动启停等关键技术,形成了 5G＋连续采煤机智能连掘模式。

① 连续采煤机远控割煤。如图 4-25 所示,连续采煤机成巷分切槽和采垛工序,为保证连续采煤机正确调动入位,连续采煤机两侧各安装两组激光测距传感器,实时采集并计算连

续采煤机与两帮的夹角和距离;通过惯性导航系统实现掘进定向;截割臂和输送机机尾回转中心均安装角度传感器,实时监测采高和输送机摆动角度;通过角度传感并安装360°云台摄像仪实时监测截割和运煤过程。

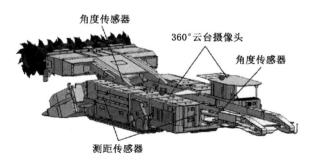

图 4-25　连续采煤机传感器布置

② 梭车自主驾驶。该技术包括梭车自主行走、自主卸料泊位和自主装料泊位三部分。梭车自主行走通过激光扫描和 UWB(ultra-wideband,超宽带)定位融合测距技术实施巷道路径跟踪,保证梭车外廓点与巷道侧壁及巷道内障碍物的距离保持相对稳定,从而实现梭车按巷道中心直线行走,当梭车进行联巷转弯时,在转弯点安装转向定位标签,实现按目标转弯;梭车自主卸料泊位通过在破碎机上安装自主泊位标签,基于毫米波雷达判断是否进入卸料泊车位;梭车自主装料泊位需要已知连续采煤机的位置,并在连续采煤机上安装定位标识卡,一般设计梭车泊位处于巷道中心,连续采煤机摆动机尾卸料,当梭车与连续采煤机距离小于 10 m 时,梭车控制进入装料泊位程序,通过降低车速、超声雷达精确微调进入泊位。

③ 破碎机自动启停。当梭车进入自主卸料泊位时,破碎机和可伸缩带式输送机自动启动;当梭车远离泊位时,破碎机结合负载电流情况适时停机。

典型应用:2020 年,5G＋连续采煤机智能连掘模式在陕西红柳林煤矿应用,利用低时延、低功耗、高速率、大带宽的 5G 网络,实现红柳林煤矿地面集控中心、井下工作面连续采煤机及太原远程控制中心的三方实时、高清视频通话互动交流,可实现在地面集控中心控制连续采煤机远程割煤、破碎机自动启停等功能。

思　考　题

1. 悬臂式掘进机和全断面掘进机的区别与优缺点是什么?

2. 巷道断面形状的选择要考虑哪些因素?

3. 简述巷道支护方式及支护原理。

4. 简述综掘机遥控、定位截割的实现方法与原理。

5. 智能测控系统总体架构包括哪些部分? 并阐述各部分的工作原理及功能。

6. 煤矿智能化掘进技术有哪些? 并阐述各技术的工作原理。

7. 按照掘进装备的不同,煤矿智能掘进模式分为哪几类?

8. 阐述各智能掘进装备的适用条件。

9. 掘锚一体化掘进装备系统由哪些设备组成?

10. 5G＋连续采煤机智能连掘模式包含哪些关键技术?

参 考 文 献

［1］程桦,唐彬,唐永志,等.深井巷道全断面硬岩掘进机及其快速施工关键技术［J］.煤炭学报,2020,45(9):3314-3324.

［2］康健,郭忠平.采煤概论［M］.2 版.徐州:中国矿业大学出版社,2011.

［3］马宏伟,王世斌,毛清华,等.煤矿巷道智能掘进关键共性技术［J］.煤炭学报,2021,46(1):310-320.

［4］彭苏萍.我国煤矿安全高效开采地质保障系统研究现状及展望［J］.煤炭学报,2020,45(7):2331-2345.

［5］王虹.我国综合机械化掘进技术发展 40 a［J］.煤炭学报,2010,35(11):1815-1820.

［6］王虹,王建利,张小峰.掘锚一体化高效掘进理论与技术［J］.煤炭学报,2020,45(6):2021-2030.

［7］王虹,王步康,张小峰,等.煤矿智能快掘关键技术与工程实践［J］.煤炭学报,2021,46(7):2068-2083.

［8］王国法,刘峰,孟祥军,等.煤矿智能化(初级阶段)研究与实践［J］.煤炭科学技术,2019,47(8):1-36.

［9］王国法,王虹,任怀伟,等.智慧煤矿 2025 情景目标和发展路径［J］.煤炭学报,2018,43(2):295-305.

［10］赵文才,付国军.煤矿智能化技术［M］.北京:应急管理出版社,2020.

［11］KANG H P. Support technologies for deep and complex roadways in underground coal mines:a review［J］.International journal of coal science and technology,2014,1(3):261-277.

第五章　煤矿智能开采系统

智能开采系统是煤矿实现安全无人（少人）开采的重要保障。本章主要介绍了智能化采煤系统架构、智能化工作面生产系统组成、智能化工作面辅助生产系统组成及智能化工作面集控系统，并进一步介绍了大采高、综放和充填工作面智能精准开采新模式。

第一节　智能开采基本概念

5G 技术助推　智能无人化
智能煤矿建设　开采技术

一、智能化采煤系统架构

智能化开采是指采用配备了具有感知能力、记忆能力、学习能力和决策能力的液压支架、采煤机、刮板输送机等开采装备，以自动化控制系统为枢纽，以可视化远程监控为手段，实现工作面采煤全过程"无人跟机作业，有人安全巡视"的安全高效开采，如图 5-1 所示。这是信息化与工业化深度融合基础上煤炭开采技术的深刻变革，构建了煤矿创新发展、安全发展、可持续发展的全新技术体系。

二、智能化采煤工作面

智能化采煤工作面是指应用物联网、云计算、大数据、人工智能等先进技术，使工作面采煤机、液压支架、输送机（含刮板输送机、转载机、破碎机、可伸缩带式输送机）及电液动力设备等形成具有智能感知、智能决策和自动控制运行功能，实现工作面落煤（截割或放顶煤）、装煤、运煤、支护等作业工况自适应和工序协同控制开采的采煤工作面。

三、智能化采煤工作面生产系统

智能化采煤工作面生产系统由落煤、运输、支护、控制、通信、喷雾、供液、供电等直接进行工作面智能化采煤作业的子系统集成，包括智能割煤子系统、智能支护子系统、智能运输子系统、智能控制子系统、网络通信子系统、智能视频子系统、智能喷雾降尘子系统、智能供液子系统、智能巡检子系统、智能供电子系统。

四、智能化采煤工作面辅助生产系统

智能化采煤工作面辅助生产系统由为工作面采煤作业提供照明、语音和安全保证的子系统集成，包括工作面照明子系统、工作面语音子系统、工作面通风和防灭火监控子系统、工作面智能安全监测子系统。

五、采煤工作面智能集控中心

采煤工作面智能集控中心，是指以智能化采煤工作面生产系统和智能化采煤工作面辅助生产系统智能感知数据信息为基础，融合大数据分析，进行工作面设备远程监测和控制，实现采煤工作面生产系统和辅助生产系统协同控制和协调联动的智能控制平台。

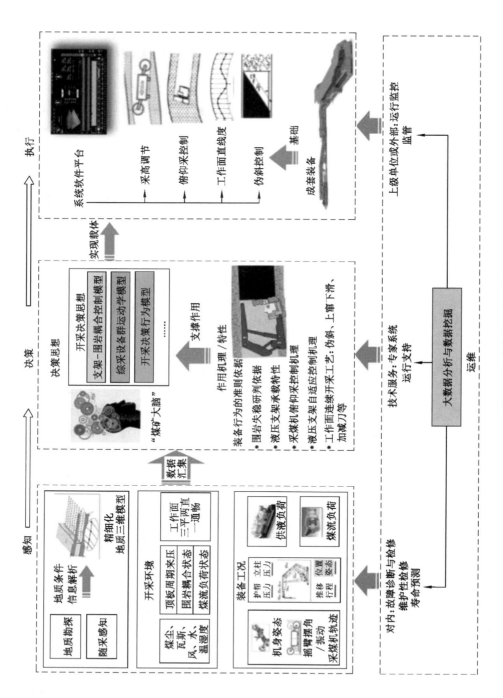

图 5-1　智能化采煤系统架构

六、智能化开采模式

智能化开采模式是指以煤层厚度和采高为主要决定因素,结合煤层赋存条件而形成的具有相同或相近开采方法、采煤工艺、配套模式、控制方式和智能决策逻辑的开采方式。

七、智能控制系统

智能控制系统是指根据开采环境和生产条件变化,自主调整运行参数,对综采设备相关动作进行自动控制的系统。

八、自动超前跟机支护

自动超前跟机支护,是指在采煤机割煤过程中,位于采煤机前方的4架左右液压支架自动开始不同程度地进行收缩伸缩梁(护帮板)等相关动作,距离采煤机最近的液压支架收缩动作幅度最大,距离采煤机最远的液压支架收缩动作幅度最小。

第二节　智能化工作面生产系统

一、工作面生产工艺

1. 巷道布置

智能化工作面布置需要根据矿井生产能力、煤层条件、矿山压力、通风能力、瓦斯浓度、设备配套及维护情况等因素综合确定。

考虑以下各方面因素并结合工程实践经验,一般将进风巷作为辅助运输巷,将回风巷作为带式输送机巷。

顶板管理上:由于安装带式输送机、转载破碎机和超前支架需要增大巷道断面,进风巷受相邻工作面采动影响大,增大巷道断面会加大顶板管理难度;而调整回风巷断面尺寸,顶板管理受影响相对较小。

机电管理上:若带式输送机放置于进风巷,考虑巷道断面及行人通道尺寸的要求,设备列车则必须放置于回风巷,这就造成机电设备长期处于回风流中,会增加机电设备安全管理的难度,因此需要将带式输送机放置于回风巷。

带式输送机管理上:回风巷远离相邻工作面采空区,受采动影响小,巷道收敛变形小,对带式输送机运输的影响相对较小。

辅助运输上:受相邻工作面采动影响,进风巷断面尺寸不满足同时布置带式输送机和行驶无轨运输车辆的要求。《煤矿安全规程》规定,无轨运输车辆不得进入专用回风巷,因此带式输送机只能放置于回风巷。

通风防尘管理上:带式输送机放置于进风巷,风流方向与运输方向相反,整个工作面及两巷在生产期间将处于污风区,既影响工作环境质量,造成职业病危害,又加大消尘工作量,增加劳动投入。而带式输送机放置于回风巷,生产期间仅回风巷处于污风区,可有效改善工作面环境,降低粉尘危害,同时回风巷风流方向与带式输送机运行方向相同,扬尘较小,可减少消尘工作量。

进风巷为辅助运输巷,主要承担进风、行人及材料运输任务。在满足进风需要的前提下,依据掘进和回采期间的辅助运输车辆行驶安全距离设计进风巷。进风巷设计如图5-2所示。

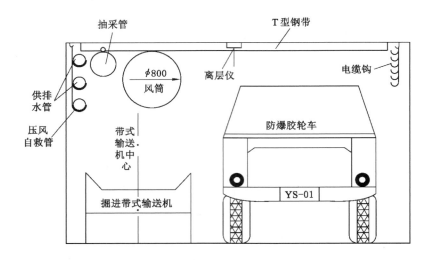

图 5-2　进风巷设计图

回风巷主要承担回采期间带式输送机运输及工作面回风任务。在满足通风需要的前提下,回风巷宽度设计依据为回采期间带式输送机、转载机与超前支架等设备的尺寸。回风巷设计如图 5-3 所示。

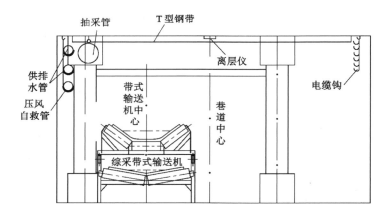

图 5-3　回风巷设计图

2. 开采参数

工作面几何参数主要包括工作面倾向长度、工作面采高、工作面走向长度。工作面倾向长度主要取决于地质、生产技术、经济及管理等因素,工作面采高主要取决于煤层厚度,工作面走向长度主要取决于采(盘)区尺寸。

(1) 工作面倾向长度

地质构造:影响工作面长度的地质构造主要是断层和褶曲。在回采单元划分时,一般以较大型的断层或褶曲轴作为单元界限,这就从客观上限制了工作面长度。在小型断层发育的块段布置工作面时,由于小型断层会影响工作面正规循环,工作面推进速度下降,尤其是会对机组采煤造成较大影响,此时工作面不宜过长。通常,工作面内部发育的断层落差大于3.0 m时,将对综采工作面回采造成较大影响。

煤层厚度:当煤层较薄、工作面采高小于1.3 m时,由于工作面控顶区及两巷空间小,不易操作和行人,受采煤机机面高度的影响,功率受限,设备故障率高,因此工作面长度不宜过长。

煤层倾角:煤层倾角不仅影响工作面长度,而且影响采煤方法的选择。通常情况下,煤层倾角越小,其对工作面长度的影响也越小。当煤层倾角小于10°时,工作面长度可视实际情况适当加大;当煤层倾角介于10°～25°之间时,可按常规工作面布置;当煤层倾角介于25°～55°之间时,工作面上下同时作业困难,工作面长度不宜过大;当煤层倾角大于55°时,工作面长度则不应超过100 m。

围岩性质:围岩性质对工作面长度的影响主要取决于顶底板的性质,另外,煤层自身的软硬程度对工作面长度也有一定的影响。通常伪顶过厚(厚度大于1.0 m)和顶板过于破碎条件下的采煤工作面,由于其支护工作量大、支护难度较大,此时工作面不宜布置过长;"三软"煤层工作面底软、支柱易扎底、顶底板移近量大,加之煤软易片帮,生产管理困难,这样的工作面也不宜过长。

瓦斯含量:瓦斯含量对工作面长度有一定的影响。瓦斯含量小的煤层,其工作面长度一般不受通风条件的制约。瓦斯含量大的煤层,其工作面长度越大则煤壁暴露的面积就越大,随着产量的提高,单位时间内瓦斯涌出量就大,回采时需要的风量则越大。但由于受工作面及两巷的断面限制,风量不可能无限度地加大,因此需要严格执行"以风定产"规定。双突及高瓦斯矿井更要考虑瓦斯含量以及通风能力对工作面长度的影响。

（2）工作面采高

采高是工作面的一个重要参数,不但影响工作面设计产能和资源回采率,还影响主要设备的选型。工作面采高的确定主要依据煤层厚度(包括煤层夹矸厚度),同时要考虑设备能力和矿山压力显现状态。

（3）工作面走向长度

合理的工作面走向长度是实现高产高效的重要条件,工作面走向长度直接影响工作面的产量。然而,工作面走向长度受矿井设备、地质条件及通风系统等因素影响,走向长度越长工作面管理难度越大。因此,合理确定工作面走向长度是工作面安全高效生产的基本要求。

二、工作面"三机"配套

1."三机"选型

（1）采煤机选型

选型原则:技术先进,性能稳定,操作简单,维修方便,运行可靠,生产能力大;各部件相互适应,能力匹配,运输畅通;与煤层赋存条件相适应,与矿井规模和工作面生产能力相适应,能实现经济效益最大化;系统简单、环节少,总装机功率大,机面高度低,过煤空间大,有效截深大;具有实时在线监测、自动记忆截割、远程干预控制等功能。

影响因素:工作面生产能力主要取决于采煤机割煤能力,割煤能力与采煤机最大割煤牵引速度、无故障割煤时间、截深、采高、煤的密度等有关。当采高与截深一定时,工作面生产能力取决于采煤机的牵引速度、装机功率和滚筒大小。

选型标准:根据工作面生产能力确定采高、截深、卧底量等参数,进而确定滚筒尺寸;采煤机滚筒能实现工作面两端斜切进刀自开缺口的要求;采煤机的装机功率应能满足生产能力和破煤能力,正常行走速度应能充分满足生产能力的要求;采煤机与支架之间应有足够的安全距离(不小于 200 mm),确保不相互干涉,过煤空间不小于 300 mm,以保证煤流能顺利通过;采煤机机械和电气部分应具有较高的稳定性能,开机率应符合要求;采煤机应具有自动记忆截割、工况监测和远程控制等功能。

(2)液压支架选型

选型原则:支护强度与工作面矿压相适应;支架的结构、类型与煤层赋存条件、底板的比压和抗拉强度、工作面通风要求相适应;操作简单、方便,动作循环时间短;配套电液控制技术,能够实现快速移架;自动化控制系统技术先进。

影响因素:液压支架高度必须与工作面采高相匹配。

选型标准:根据待采工作面的煤层分布情况,确定工作面采高;支架的最小高度应小于工作面最小采高,最大高度应大于工作面最大采高;对煤层的顶底板压力及邻近工作面压力进行监测,对监测数据进行计算分析,确定支架的支护强度与额定工作阻力;控制方式采用电液自动化控制;配置的 SAC 型电液控制系统可实现成组程序自动控制,包括成组自动移架、成组自动推移刮板输送机等动作,能随工作面条件的不同,通过调整软件参数来调整支架的动作顺序;能通过电液控制系统实现邻架的手动、自动操作;能实现本架电磁阀按钮的手动操作;具备远程控制功能。

液压支架额定工作阻力 F 可按式(5-1)计算:

$$F \geqslant \frac{PB_cL}{\delta} \tag{5-1}$$

式中　P——工作面额定支护强度;

　　　L——支架中心距;

　　　B_c——控顶距;

　　　δ——支撑效率。

(3)刮板输送机选型

选型原则:应满足与采煤机、液压支架的配套要求;输送能力应大于采煤机生产能力;铺设长度应满足工作面回采要求;转载机应具有自移功能,刮板输送机应具有自动张紧功能;应尽量选用与在用设备型号相同的设备,降低矿井生产成本,便于日常维修和配件管理。

选型标准:刮板输送机的功率根据工作面长度、链速、载重量、倾斜程度等确定;结合煤的硬度、块度、运量,刮板输送机选择中双链形式的刮板链条,机身应附设与其结构形式相适应的齿条或销轨,在刮板输送机靠煤壁一侧附设铲煤板,以清理机道的浮煤;转载机的输送能力应大于刮板输送机的输送能力,其溜槽宽度或链速一般应大于刮板输送机;转载机的机型,即机头传动装置、电动机、溜槽类型以及刮板链类型,尽量与在用刮板输送机一致,以便于日常维修和配件管理;转载机机头搭接带式输送机的连接装置,应与带式输送机机尾结构以及搭接重叠长度相匹配,搭接处的最大高度要适应超前压力显现后的支护高度,转载机高架段中部槽的长度满足转载机前移重叠长度的要求;转载机在巷道中的宽度、高度满足要求;破碎机与转载机的能力匹配。刮板输送机的运输能力必须满足采煤机割煤能力要求,考虑刮板输送机运转条件多变,其实际运输能力应略大于采煤机的生产能力,即

$$Q_y \geqslant K_c K_v K_y Q_c \qquad (5-2)$$
$$Q_c = 60 H B v_c \rho \qquad (5-3)$$

式中 Q_y——刮板输送机的最大运输能力，t/h；

K_c——采煤机割煤速度不均匀系数；

K_v——采煤机与刮板输送机同向运行时的修正系数；

K_y——煤层倾角和运输方向系数；

Q_c——采煤机的设计生产能力，t/h；

H——平均采高，m；

B——采煤机截深，m；

v_c——采煤机平均割煤速度，m/min；

ρ——煤的密度，t/m³。

工作面"三机"如图 5-4 所示。

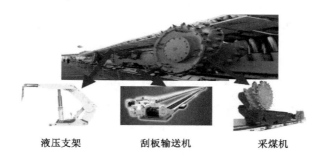

液压支架 　　　刮板输送机 　　　采煤机

图 5-4　工作面"三机"

2．"三机"功能

采煤机应具备运行工况及位姿参数监测、机载无线遥控、滚筒切割路径记忆、远程控制和故障诊断等功能，应能向第三方提供控制接口。液压支架应配备电液控制系统，能跟随采煤机位置自动完成伸收护帮板、移架、推移刮板输送机、喷雾除尘等各种动作，应具备远程控制功能，宜与乳化液供液系统协同控制。刮板输送机应具有软启动控制、运行状态监测、机尾链条自动张紧、故障诊断及与工作面控制系统的通信和自动控制功能，具有煤流负荷检测及其协同控制功能。

（1）采煤机通信

为实现采煤机的 5G 通信，在地面安装一台"CS-Rlink 采煤机用 5G 冗余网络控制装置"和一台 CPE（customer premises equipment，用户驻地设备），井下采煤机侧安装专用冗余控制器、CPE 及天线。"CS-Rlink 采煤机用 5G 冗余网络控制装置"具有双信道热冗余无缝切换功能，即 5G 无线移动通信和有线备用通信（光纤）两个独立通信信道，可以实现同时在线热冗余、自主无缝切换信道功能（优先选择使用 5G 信号，当 5G 信号出现衰减，延时大于 100 ms 时，能够自动切换到专用光纤），通信中断或延时超过阈值后自动停机，有效保证设备安全。

利用 5G 大带宽、广连接、低时延的特点，凭借高速的下行速率和上行速率，保证采煤机高速可靠的网络通信，实现在地面集控中心进行远程割煤。最终形成"以记忆截割为主，地面远程控制为辅"的采煤新模式,将人员从危险复杂的劳动环境中解脱出来,保证作业人员的安全性和舒适性。

(2)采煤机控制

采煤机第二代DSP(数字信号处理器)分布嵌入式控制系统,如图5-5所示,以高性能DSP技术为基础、先进的ARM(random access memory,随机存储器)技术为核心,使用可靠的CAN总线及工业以太网等,具有全面的工况监测与智能化故障诊断和保护功能,具备超强的系统拓展能力。DSP系统将各种功能划分为多个功能模块,各模块具有独立运行的处理器,通过CAN、网络总线、FSK(frequency-shift keying,频移键控)互联,能够实时将运行数据传输至集控中心。通过软件界面可以查询分析采煤机主控系统、记忆割煤系统、变频器等故障数据与记录等。

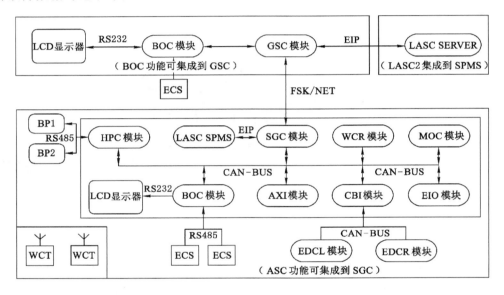

图 5-5　采煤机控制系统

(3)采煤机记忆截割

记忆截割系统由截割控制模块、自动截割软件包、传感检测模块、配套传感器(左、右滚筒截割高度传感器,采煤机牵引速度与工作面位置传感器,机身倾斜传感器和位置同步传感器)等几部分组成,采煤机记忆截割传感器如图5-6所示。采煤机全工作面记忆截割功能采用智能决策记忆割煤技术实现采煤的自动化割煤过程。通过读取采煤机机身传感器的高度、速度、当前位置等数据并在控制程序数据库中进行记忆,实现对"示范刀"和历史割煤数据的学习,最终实现记忆截割。采煤机进入自动截割状态后,司机可以根据需要随时通过遥控器或远程指令人工操作调整机器的运行状态(方向、速度、启停、采高)。同时,显示屏上显示系统处于自动运行中断状态。要恢复完全自动状态,需要按组合键退出人工调整或等待系统检测到满足退出条件时自动退出。

(4)液压支架移架控制

采用液压支架电液控制系统及集中控制系统,实时动态监测液压支架的推移行程、姿态、压力、动作状态等,确保支架动作安全、可靠,移架质量达标。利用红外热成像仪实时监

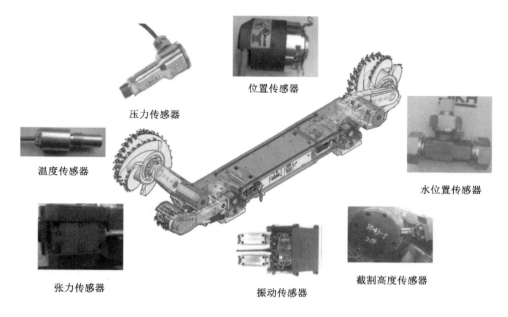

位置传感器

压力传感器

温度传感器

水位置传感器

张力传感器

振动传感器

截割高度传感器

图 5-6 采煤机记忆截割传感器

测采煤机运行位置,实现支架的自动跟机移架,保障数据上传的准确性。通过控制器程序实现自动放煤,能够设置时间参数、支架姿态等限定条件;根据现场具体条件可设置分区移架方式,满足厚度稳定条件下的自动移架需求。

（5）刮板输送机调斜控制

为防止刮板输送机发生飘溜、啃底等状况,传统工艺将刮板输送机与液压支架推移杆的连接耳孔采用斜长孔布置,这种装置有利于进行手动调斜,但难以适用于智能调斜控制。为此,在液压支架的推移杆和刮板输送机电缆槽侧设置调斜装置,如图 5-7 所示。

图 5-7 刮板输送机智能调斜装置

在液压支架和刮板输送机之间增加控制环节,实时调整刮板输送机状态,改变传统刮板输送机无法自动调整的缺陷。通过对刮板输送机状态的精确控制,形成刮板输送机的状态感知、精确控制、状态调整的完整控制系统,为工作面智能化开采奠定基础。

（6）"三机"矫直

在工作面推进过程中,为使刮板输送机与液压支架保持良好的受力状态,必须保证推进过程中工作面成直线。为达到这一目的,需要结合地理信息系统,正确获知采煤机的位置以及运动参数,实现采煤机的自动导航,最终通过截割模型传输采煤机截割数据至液压支架电液控制系统,实现"三机"联动。

目前,较为先进的自动取直系统为 LASC 系统,该系统可与当前的技术装备深度融合。

其基本原理就是利用 LASC 系统中的惯性导航技术对采煤机的位置进行实时监测,描绘出采煤机的行走曲线,利用水平方向的投影调控工作面直线度,利用竖直方向的投影并结合采煤机的滚筒高度信息进行工作面的水平控制,最终通过液压支架对刮板输送机进行水平调整,实现工作面取直,如图 5-8 所示。

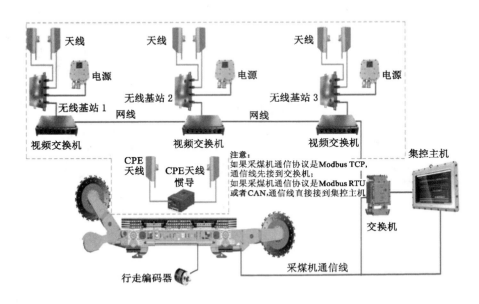

图 5-8　工作面自动矫直系统

另外,也可利用搭载在刮板输送机上的轨道巡检机器人进行工作面直线度监测,如图 5-9所示。巡检机器人运行轨道是布置在刮板输送机电缆槽上方的两根平行钢管,钢管接头用柔性材料连接,具有一定的韧性和变形能力。巡检机器人下方设置可在钢管上自由运行的凹形行走轮,行走轮在动力作用下沿着轨道移动,对工作面进行巡检。记录巡检机器人的运行轨迹,由此得到刮板输送机在工作面的实际弯曲曲线;液压支架根据该曲线修正推移行程,实现工作面矫直。

图 5-9　工作面轨道巡检机器人

第三节　智能化工作面辅助生产系统

一、工作面透明地质

智能开采的前提条件是工作面环境信息的完备性，构建工作面数字模型的目的主要是弥补煤岩识别技术的不足。在常规地质钻探基础上，利用地质雷达、电磁波 CT 等精细物探手段和巷道红外扫描数据构建工作面初始地质模型，将模型数据与井下 GIS 三维实体模型结合形成工作面精细地质模型。利用工作面轨道巡检机器人激光和红外扫描对数据实时修正，通过工作面动态地质模型构建相对"透明"的开采环境。如图 5-10 所示，利用相对完善的动态地质数据修正采煤机记忆截割模板，实时调整设备状态，实现智能开采。

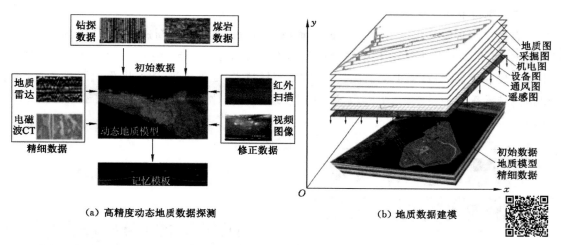

（a）高精度动态地质数据探测　　　　　（b）地质数据建模

图 5-10　工作面透明地质模型构建

利用上述方法建立高精度三维动态地质-巷道模型，通过多源、全方位信息透明的工作面 GIS 云平台，结合工作面全景视频展示，实现工作面地质数据和随掘随采数据的自动采集与处理，实现地质、测量及生产动态信息的"一张图"管理，为工作面智能开采创造条件。

二、装备群智能联动控制

工作面各子系统信息独立、基准缺失是无法实现协调联动的原因之一。以工作面倾角为例，采煤机、刮板输送机、液压支架都设有倾角传感器，特别是每台液压支架的顶梁、底座甚至掩护梁上都设有倾角传感器，一台设备上的倾角传感器只为该台设备服务，而将众多的倾角传感器信息汇集在一起，由于各倾角传感器缺乏统一的基准，难以得出工作面具体倾角状态。针对该问题，采用轨道巡检机器人，搭载视频与红外扫描仪，基于井下视觉图像测量与处理系统，结合双目视觉成像装置，研究多目标识别及语义分割算法，进行视频和图像特征信息提取及设备群位姿测量,实现多源信息融合与多目标信息统一感知,实时获取设备整体运行状态和三维姿态信息。上述方法解决了多源信息融合与多目标信息统一感知难题,通过建立统一控制基准,为工作面综采设备的协调联动创造条件。

为了解决采煤机割煤速度与刮板输送机煤炭运量的协调联动问题,通过实时监测主输送带和刮板输送机的煤流量动态调节采煤机的割煤速度。通过在带式输送机和转载机上方布置隔爆型摄像仪,利用视频 AI 技术实时监测煤流量变化,如图 5-11 所示,根据运量自动调整采煤机的割煤速度,实现采煤机截割速度与刮板输送机运量的协调联动。

图 5-11　基于 AI 的煤量智能监测技术

三、煤岩识别

煤岩识别是智能化开采的关键技术,能够及时对采煤机的滚筒进行调整,从而提高煤炭采出率,减少煤炭含矸率,还能够避免因截割岩石而造成的截齿磨损。目前,煤岩识别技术主要有放射性探测技术、振动监测技术、电磁测量技术、红外探测技术、图像识别技术和电参量检测技术等六种技术,其中应用最为广泛的是图像识别技术和红外探测技术,如图 5-12 所示。

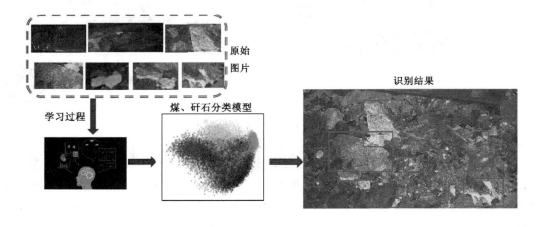

图 5-12　煤岩识别原理

图像识别技术利用工业摄像机进行超清图像的捕捉,进而达到对煤岩界面进行识别的目的,但在煤矿井下开采过程中,井下环境较差,煤岩图像采集过程中易受到光照强度、高浓度粉尘和电磁波干扰,获取的煤岩图像数量少、质量差,图像处理相对较难。无论是红外探测技术还是图像识别技术,都不能完全适用于不同条件的采煤工作面,利用多种技术的优点交叉识别将是未来煤岩识别技术的发展方向,同时改进每一种探测技术的缺陷,从而避免工作面环境对识别系统的影响。

四、超前智能支护

目前,工作面超前支护主要存在两个问题:一是超前支架移动时反复支撑破坏巷道顶板;二是采空区巷道不能及时垮落,造成瓦斯积聚和巷道应力集中。前者主要是解决超前支护装备自动行走难题,避免超前支架反复支撑破坏巷道顶板;后者主要是研发自动退锚装置,实现工作面巷道采后及时卸压。

为了避免超前支架顺序前移对巷道顶板的反复支撑破坏,研发全方位行走式超前液压支架,如图 5-13所示。该支架采用螺旋滚筒作为行走机构,具有前进、后退、旋转、侧向平移等全方位行走功能。

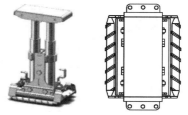

(a) 超前液压支架　　(b) 全方位行走装置

图 5-13　全方位行走式超前液压支架

由于采取换位前移的方式移动,可将最后一台支架直接移到所有支架的前方,支架移动时没有反复升降,因而不存在反复支撑破坏巷道顶板和锚网的问题,超前液压支架位置精准控制与协调推进。要实现超前液压支架智能支护,还需要研发超前液压支架自动行走装置。在全方位行走支架的底座后部设置红外发射器,在底座前部设置红外信号接收器,用以感知超前液压支架行进方向;超前液压支架的底座四周和顶梁的左右两侧都设有测距仪,用以测量超前液压支架在巷道中的位置以及与相邻支架间的距离,用于控制和调整超前液压支架的行走方向与行走位置,对全方位行走式超前液压支架的行走方式进行控制,实现超前液压支架的自动行走,如图 5-14 所示。

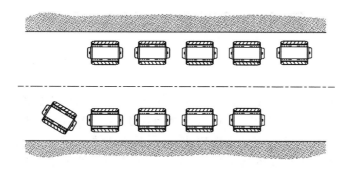

图 5-14　超前液压支架进入工作区调向示意图

五、设备远程诊断

设备远程诊断系统是一套矿山设备运行数据传输、智能预警、远程会诊分析系统,系统拓扑结构如图 5-15 所示。系统包括中心机房设备,中心机房设备通过综合自动化控制模块与中心网络系统服务器、操作员站点模块、工程师站点模块、网络打印机模块、后勤站点模块以及三方会诊模块相连接,中心网络系统服务器与中心网络设备相连接,中心网络设备内设有综合自动化软件,中心网络设备通过综合自动化软件与故障排查设备相连接,故障排查设备安装在井下各子系统和地面各子系统的待检测点位置上。

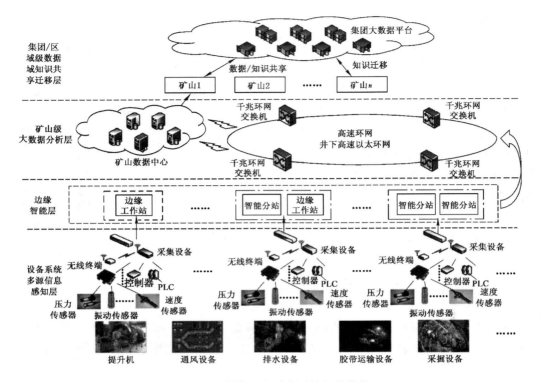

图 5-15　设备远程诊断系统拓扑结构

第四节　智能化工作面集控系统

一、技术平台

工作面综合集控系统是将电液控制系统主控计算机软件、集成供液系统主控计算机软件、顺槽监控中心主控计算机软件、工业以太网网管软件、视频管理软件、数据集成软件、数据通信软件等集成到统一平台下的系统软件(简称系统软件)。它运行在多台隔爆计算机硬件平台上,可实现分布式集成控制系统,完成综采工作面的综采设备(包括液压支架、采煤机、刮板输送机、转载机、破碎机、带式输送机、泵站、超前支架等设备)的集中监测和控制。

1.控制系统架构设计

控制系统架构主要包括驱动层、实时数据层、数据可视化层,如图 5-16 所示。可以通过灵活部署实现多台服务器/主机协同工作,实现分布式集中控制。其中:

① 井下部分主要由驱动层、实时数据层、数据可视化层三大部分组成,每个层次独立,可以进行灵活部署构建分布式控制或者集中式控制。

② 实时数据层是系统的内核,它包括的主要功能有:通过驱动层完成与现场各类综采设备的实时通信与数据上传;加载控制分析组件,完成多源数据的存取、分类与分级;采样处理实时数据并记录历史数据。

③ 数据可视化模块可以部署在综采工作面任意一台计算机上,采用 C/S 模式向操作人

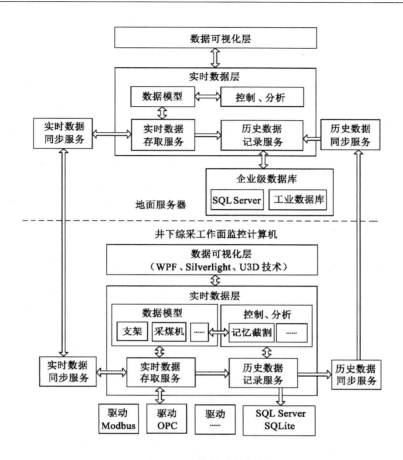

图 5-16 控制系统架构

员提供人机交互操作方式。

2. 数据库设计

采用面向对象的建模技术对工作面的设备进行建模,并利用关系数据库存储对象的历史数据,具体包括:

① 建立统一的面向对象的数据库模型(图 5-17),可以对设备或功能进行建模。

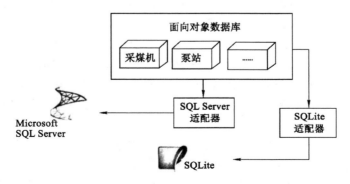

图 5-17 面向对象的数据库模型

② 研发基于 SQL Server 的数据存储系统,将对象的数据库模型转换为关系数据库进行存储。

③ 针对低性能的计算机研发基于 SQLite 轻量级的数据存储系统。

该技术具有如下特点:a. 面向对象的建模技术可以极大地提高模型的复用程度和兼容性,降低研发难度,提高系统可靠性、可扩展性。b. 支持多种数据库类型,在不同性能的计算机上可以灵活选择数据库类型。嵌入式数据库具有体积小、速度快、功能完善、能提供丰富的 API(application programming interface,应用程序接口)的特点,这种数据管理方式满足了应用软件的"实时"需要,适用于顺槽监控中心;商用关系数据库(SQL Server 或 Oracle)具有存储容量大、可靠性高、海量数据存储处理能力等优点,适用于地面服务器存储长期的综采工作面数据。c. 具有高有效性和可靠性的特点,这就确保即使在数据所依附的硬件发生故障的条件下,数据仍然安全。d. 具有与其他系统共享数据的特点。

3. 通信设计

建立统一的数据采集/控制接口(图 5-18)。它提供常见的串口、TCP、UDP 等通信链路通道组件,可以实现第三方设备的灵活接入,可以从各种通信链路上获得通信数据。同时,也提供常见的各类协议规约,如 Modbus RTU/TCP、S7-300、各类自定义协议,从而实现对各类综采设备的远程监控。

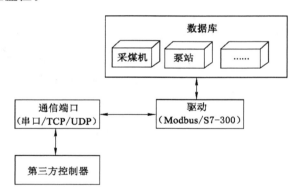

图 5-18　统一的数据采集/控制接口

4. 系统软件部署设计

采用 WCF(windows communication foundation,windows 通信开发平台)技术实现系统软件的分布协同工作,支持灵活的部署,具体包括:

① 客户端-服务器模式(图 5-19)。在客户端-服务器模式下,数据中心负责与所有的控制器进行通信,采集实时数据,并进行安全控制输出。同时,数据中心作为服务端,接收来自其他客户端的连接,并将服务器的实时数据同步到各个客户端,由客户端提供人机界面,与操作员进行交互,监测和控制系统运行。数据中心也承担历史数据的存储和查询任务,向客户端提供历史数据。

② 服务器-工作站模式(图 5-20)。在服务器-工作站模式下,多个工作站独立工作,每个工作站负责特定的子系统的监控,数据中心位于工作站上层,进行子系统之间的协调工作。如支架监控主机负责控制电液控子系统,采煤机监控主机负责控制采煤机子系统,数据中心服务器负责与支架监控主机、采煤机监控主机进行数据同步,并进行逻辑运算,控制子系统

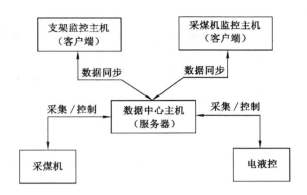

图 5-19　客户端-服务器模式

的信息共享、协同工作。

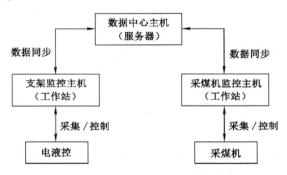

图 5-20　服务器-工作站模式

③ 浏览器-服务器模式。在浏览器-服务器模式下,井下服务器负责现场的实时监控,地面服务器负责与井下服务器进行实时/历史数据同步并提供 Web 服务,用户可以通过 IE 浏览器查看系统的监控画面。在 IE 浏览器端,实时与地面服务器进行数据同步,可以实时在线查看系统的运行数据,具有权限的用户甚至可以进行远程操作、参数设置等。

④ 数据库的多级备份/冗余(图 5-21)。系统软件支持多级备份模式,工作面的服务器受磁盘空间限制,不能存储长期的历史数据。为了实现长期存储历史数据,工作面服务器支持向上一级服务器进行历史数据同步。同时,向公司服务器进行历史数据同步,从而实现历史数据的多级备份/冗余。

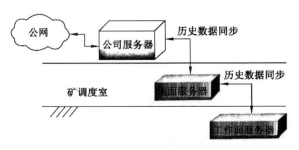

图 5-21　数据库的多级备份/冗余

5. 主要功能设计

系统软件的主要功能为工作面自动化系统的集中管理与控制,在整个工作面生产系统中处于中心位置。功能包括采煤机工况、刮板输送机工况、液压支架工况、泵站系统工况、工作面设备与监控中心各主控计算机的通信状态、工作面组合开关信息、工作面语音系统状态、工作面视频等信息显示和历史故障查询。

二、井下集控

1. 监控中心控制功能

监控中心支持全自动控制模式、分机自动控制模式和分机集中控制模式。具体有:

(1)全自动控制模式

将集成控制系统设置为"全自动化"工作模式,通过"一键启停"按键启动工作面设备。

"一键启动":泵站启动→带式输送机启动→破碎机启动→转载机启动→刮板输送机启动→采煤机启动→采煤机记忆割煤程序启动→液压支架跟随采煤机自动化控制程序启动。

运行过程:实时监控工作面综采设备运行工况,当设备运行状态异常时,可以通过人工干预手段对设备进行远程干预。

"一键停机":液压支架动作停止→采煤机停机→刮板输送机停机→转载机停机→破碎机停机→带式输送机停机→泵站停止→全自动化停止。

急停过程:按下工作面"急停"按钮,工作面所有设备同时停机。

(2)分机自动控制模式

可以单独对综采设备进行自动化控制。

液压支架远程控制:以电液控计算机主画面和工作面视频画面为辅助手段,通过支架远程操作台实现对液压支架的远程控制。

采煤机远程控制:依据采煤机主机系统及工作面视频,通过采煤机远程操作台实现对采煤机的远程控制。

(3)分机集中控制模式

刮板输送机、转载机、破碎机集中自动化控制:具有单设备启停功能,包括刮板输送机、转载机、破碎机(联锁解除);具有顺序开机功能,启动顺序为破碎机→转载机→刮板输送机→采煤机(存在联锁关系);具有顺序停机功能,停机顺序为采煤机→刮板输送机→转载机→破碎机;具有急停闭锁功能。

工作面泵站集中自动化控制:与泵站控制系统的双向通信可以进行泵站的单设备启停控制、多台泵站的联动控制以及对泵站系统的运行状态进行集中显示,并具有急停闭锁功能。

2. 监控中心安全功能

(1)系统安全

系统软件支持密码权限控制,只有经过授权的用户才可以进行自动化集成控制;自动化集成控制系统支持心跳键,具备自动保护功能。

(2)单机安全

实时通信检测:在通信方式上采用应答、重发、序列等机制,防止在通信系统中产生错误的信号而导致误操作。

操作模式互锁:采煤机保护锁定,不允许启动及操作;具备就地操作、远程单机操作、远程自动操作模式,几种模式互锁;采煤机自动记忆截割模式下,各项操作均可人工干预,人工干预具备高优先级。

采煤机和液压支架防碰撞功能：当采煤机运行方向上支架伸缩梁、护帮板没有有效收回时，将相关信息报送到工作面集控操作台进行自动报警，并进行人工干预，防止采煤机和液压支架发生碰撞。

3. 工作面系统集成及数据上传系统

该系统将综采工作面采煤机、液压支架、刮板输送机、转载机、破碎机、乳化液泵站、喷雾泵站及供电系统等有机结合起来，实现在顺槽监控中心和地面指挥控制中心对综采工作面设备的远程监测以及各种数据的实时显示等，为井下工作面现场和地面生产、管理人员提供实时的井下工作面生产及安全信息。

4. 系统软件部署

系统软件部署如图 5-22 所示。

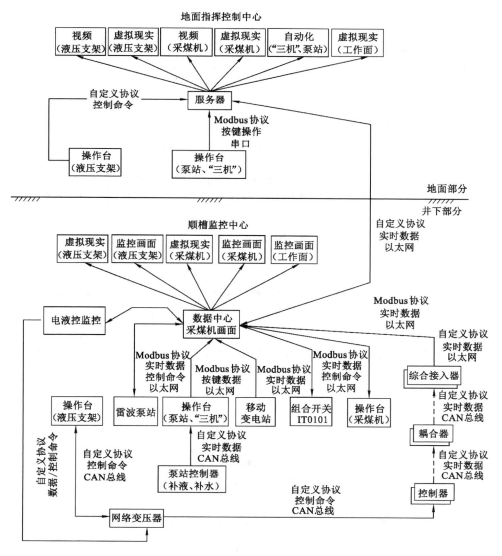

图 5-22 系统软件部署

三、地面集控

在地面指挥控制中心通过井上下 5G/万兆以太网实现对整个工作面的集中监控"一键启停"控制。

（1）地面数据中心

地面数据中心将工作面的"电液控主控计算机""泵站、'三机'主控计算机""采煤机主控计算机"等有机结合起来，实现在地面指挥控制中心对工作面设备的远程监测以及各种数据的实时显示等，包括综采设备数据的集成。如图 5-23 所示。

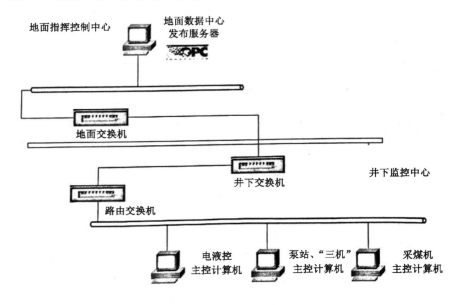

图 5-23　地面数据中心

（2）流媒体服务

采用先进的流媒体服务器技术，将多个客户端对同一个摄像头的流媒体访问进行代理，从而极大地减轻前端网络摄像头的负荷和矿井环网的网络带宽负荷，同时也可实现矿井环网和管理网络之间跨网段的视频发布。管理人员通过办公网络，就可以实现远程访问工作面的摄像头，从而进行视频实时监控。如图 5-24 所示。

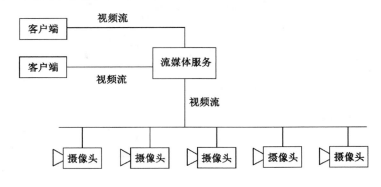

图 5-24　流媒体示意

（3）C/S 架构

采用 C/S 架构，在终端设备上安装相应的客户端软件，实时显示监控数据和工作面的视频。通过建立工作面实景模型，仿真显示采煤机、刮板输送机、液压支架的生产动态，再现割煤、运煤、移架、推移刮板输送机的过程。

第五节　智能精准开采新模式

一、大采高工作面智能耦合人工协同高效开采模式

厚煤层在我国广泛分布，对于厚度较大、赋存条件较优越、适宜采用大采高综采一次采全厚开采方法的厚煤层，则可以采用大采高工作面智能耦合人工协同高效开采模式。

大采高工作面与薄及中厚煤层综采工作面的最大区别为采高增加带来的围岩控制难题。为此，提出了基于支架与围岩耦合关系的超大采高液压支架自适应控制技术，如图 5-25 所示。

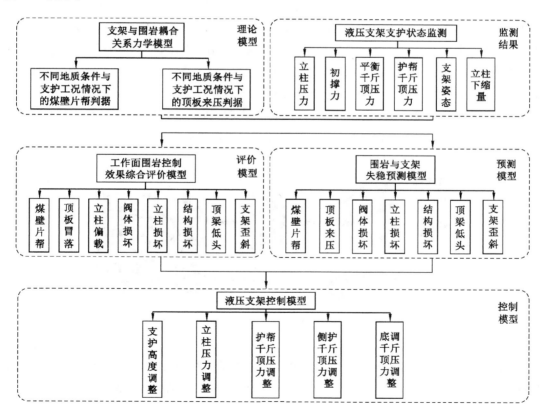

图 5-25　液压支架与围岩自适应控制逻辑

基于大采高工作面支架与围岩耦合关系，提出了大采高工作面煤壁片帮的"两阶段"观点，得出了液压支架控制煤壁滑落失稳的临界护帮力；大采高液压支架不仅需要对工作面顶

板岩层进行有效控制,同时还需要对煤壁片帮进行控制,为此,提出了大采高工作面液压支架合理工作阻力确定的"双因素"方法,如图 5-26 所示。

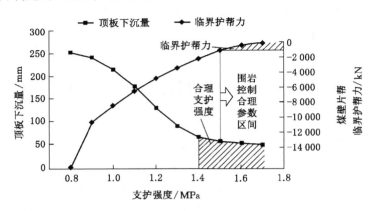

图 5-26　大采高工作面围岩的"双因素"控制方法

同时,研发了液压支架支护状态监测装备,对液压支架的压力、位移、护帮力等进行实时监测;基于支架支护状态监测结果,结合液压支架与围岩适应性评价模型,对围岩的控制效果进行评价,并基于围岩失稳预测模型对围岩的断裂步距、来压强度等进行预测;基于监测与预测结果,得出液压支架的控制决策结果,并通过液压支架的液压系统进行有效控制,实现大采高工作面液压支架与围岩的自适应控制。

另外,基于工作面液压支架的控制效果监测结果,利用工作面增压系统,如图 5-27 所示,对液压支架进行智能补液,提高液压支架对围岩的控制效果。

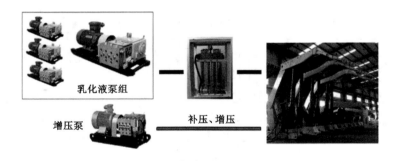

图 5-27　大采高工作面液压支架智能补液

目前,大采高工作面智能耦合人工协同高效开采模式在金鸡滩煤矿、红柳林煤矿等西部煤层赋存条件较优越的矿区进行了应用,大幅降低了工人劳动强度,提高了开采效率与采出率。

二、综放工作面智能操控放煤新模式

1. 智能化综放开采概念

厚煤层智能化综放开采是指将采矿学、人工智能、机械工程等学科有机结合,围绕关键

科学问题,开发千万吨级厚煤层智能化综放开采关键技术及装备,并进行工程示范。其中包括:

① 厚煤层智能化综放开采大尺度顶煤体破碎与冒放机理。研究智能化综放工作面覆岩结构破断规律影响下的大尺度顶煤体运移规律、破碎机理,进而分析煤矸块度分布特征及煤矸界面形态,结合智能群组放煤规律揭示顶煤体冒放机理。② 厚煤层智能化采放协调控制机理。开展厚煤层综放工作面在不同开采环境下的采放高度协调与放煤步距协调研究;研究厚顶煤采放工艺流程与采放工艺各工序受控因素、触发条件、运行过程;研究多放煤口群组放煤过程与煤矸界面形态演变映射关系;研究多变量、多约束条件下,运用人工智能技术实现厚煤层采放协调控制、群组协同放煤的原理。③ 厚煤层智能化综放开采群组放煤过程控制原理。建立综放支架放煤机构开口度与放煤量的控制算法模型,以后部刮板输送机运量为设计依据,建立多放煤口的群组放煤量与后部刮板输送机总体运量的关系模型;以后部刮板输送机总体运量为控制目标,建立智能化放煤自适应控制模型,以激光扫描煤流量信息为检测手段,通过机器学习对模型进行训练,使控制目标最优化。④ 厚煤层群组协同智能放煤工艺决策技术。创建基于放煤环境多变量综合感知与分析的多源信息数据库,运用大数据挖掘技术分析采放协调具体关系,研究多放煤口不同群组配合关系;建立基于深度学习的厚煤层采放协调智能放煤工艺模型,通过放煤工艺模型在线学习与优化,实现厚煤层采放协调控制、群组协同放煤。⑤ 融合煤矸冲击振动和高光谱的煤矸精准识别技术。建立强噪声环境下煤矸冲击振动信号特征参量识别技术,建立基于高光谱的煤矸识别技术,通过融合煤矸冲击振动与高光谱信号,形成"耳听、目测"的煤矸仿生识别技术体系。⑥ 基于激光三维扫描的放煤量实时监测技术。基于激光三维扫描方法精确测量高煤尘含量、低照度环境下放煤口煤流动态信息,建立放煤口煤流运动速度、刮板输送机堆煤几何信息与放煤量间的动态耦合模型,实现放煤量的智能监测。⑦ 基于探地雷达的顶煤厚度在线探测技术。确定探地雷达信号在煤层中传播时的最优中心频率,创建基于探地雷达信号的顶煤厚度精确计算方法,建立顶煤厚度精确计算的数学模型,实现顶煤厚度的准确探测。⑧ 多模式融合的智能化放煤装备及控制技术。智能化放煤装备包括智能放煤控制器、隔爆电源、高效放煤机构、高精度倾角传感装置、行程传感装置、压力传感器、测高传感器、快慢速液压阀、煤矸识别传感器、视频监控装置、隔爆计算机、远程操作台等。将基于采煤工艺的自动化放煤控制模式、基于煤矸识别信息的自动化放煤控制模式和基于采放协调智能放煤工艺模型的自动化放煤控制模式进行系统融合,形成多种控制模式相融合的智能化放煤控制方法与控制技术。

2. 智能综放开采关键技术

(1) 有限透明开采地质建模技术

地质模型分为初始三维地质模型和实时三维地质模型。初始三维地质模型建模的基础是海量零散、孤立的多源异构地质数据,通过矿井级地质保障数据底座,将采区及工作面钻探、物探、现场写实、现场观测、地质图件等各类数据进行整理分类并数字化,经过数据分析、归类分层、模型构建等步骤融合构建初始三维地质模型。考虑矿井的具体地质情况,可以在初始三维地质模型上赋予水文地质、瓦斯地质、火区地质等属性。

初始三维地质模型的动态更新依赖于工作面回采期间对煤层情况的探测,从目前技术手段看主要依赖于透地雷达进行顶煤厚度探测,沿工作面每间隔 10～20 架支架可布置 1 台 UWB 透地雷达组成雷达群,利用综放工作面千兆综合接入器构成的网络将分布于工作面的各个雷达数据实时传给监控中心主机,雷达信号处理系统提取雷达测定的顶煤厚度信息,并实时发送给综放自动化控制系统。其工作原理如图 5-28 所示。

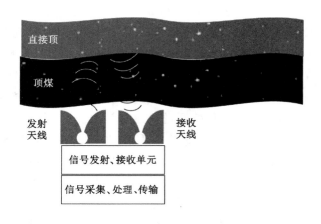

图 5-28　透地雷达测量顶煤厚度原理

割煤高度范围内的实时回采信息通过敷设于电缆槽后方的三维激光扫描巡检机器人获取,三维激光扫描巡检机器人系统由轨道、驱动装置、机载装置、通信系统、供电系统和上位机监控平台等组成,基本构成如图 5-29 所示。

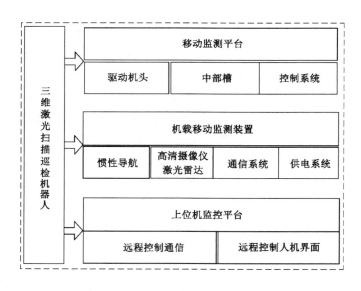

图 5-29　三维激光扫描巡检机器人组成

（2）智能放煤工艺决策技术

基于厚煤层智能化采放协调控制理论，建立采放协调智能放煤工艺模型，具体包括搭建多源信息数据库，运用数据挖掘技术建立基于采放协调与群组协同的逻辑关系，运用人工智能技术及工具搭建采放协调智能放煤工艺模型，如图 5-30 所示。

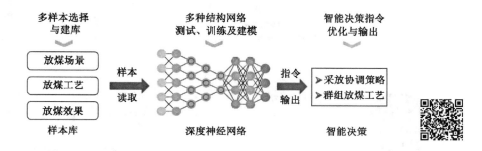

图 5-30 智能放煤工艺模型

（3）煤矸识别技术

煤矸识别技术的研究思路和技术路线如图 5-31 所示，煤矸识别是综放开采的关键核心技术，对煤炭采出率及所回收煤炭质量具有重要影响。通过研究煤矸冲击振动信号分析方法和特征提取算法，构建基于煤矸冲击振动信号的识别方法和装置；通过研究煤矸高光谱数据预处理与光谱特征参量提取算法，构建基于高光谱的煤矸识别方法和装置；通过研究煤矸冲击振动与高光谱信号融合方法，构建融合煤矸冲击振动与高光谱的煤矸精准识别技术和装置，实现放煤过程"耳听、目测"的煤矸精准识别，识别率不低于 90％。

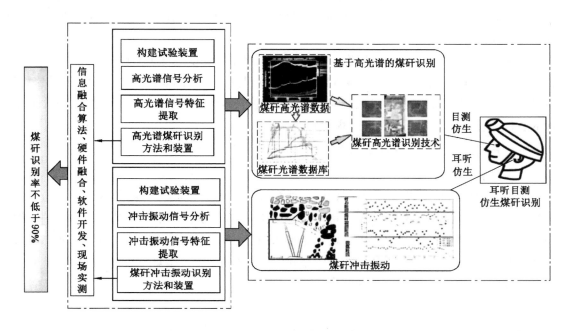

图 5-31 煤矸识别技术的研究思路和技术路线

（4）智能化放煤装备及控制技术

智能化放煤控制方法与技术如图 5-32 所示。

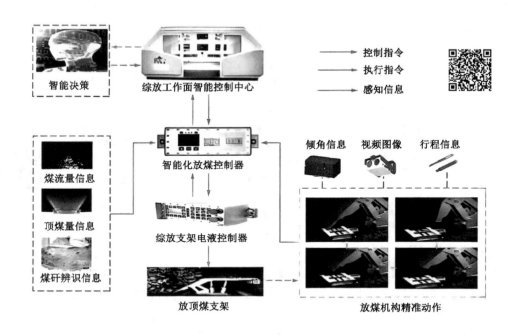

图 5-32　智能化放煤控制方法与技术

智能化综放工作面与智能化综采工作面的主要区别为放煤过程的智能化，目前主要有时序控制自动放煤、自动记忆放煤、煤矸识别智能放煤三种放煤控制工艺，其工艺控制流程如图 5-33 所示。

受制于煤矸识别原理的复杂性，目前煤矸识别智能放煤仅进行了阶段性尝试，未能广泛推广。时序控制自动放煤、自动记忆放煤是目前应用较多的智能放煤工艺，但由于煤层赋存条件复杂多变，智能放煤控制工艺仍需要进行人工干预，因此，提出了针对厚煤层综放工作面的智能化操控与人工干预辅助放煤模式。

三、充填工作面智能开采新模式

（1）智能充填概念

智能充填方法借助设备的智能特性，智能感知工艺参数、自主调整机构状态、自动执行充填工序、自行判断充填效果及实时可视充填场所，即在智能充填液压支架的总体掩护和控制下，多孔底卸式刮板输送机定点运输和定量卸载固体充填材料，夯实机构机械夯实充填材料及感知充填致密程度，单架的运卸夯工序在时间上自主组织，邻架的卸夯移工序在空间上自主衔接，工艺在时空衔接上自主配合。

（2）智能充填关键技术

为了实现智能充填功能，对固体充填液压支架进行智能化改造，具体包括以下七个方面：

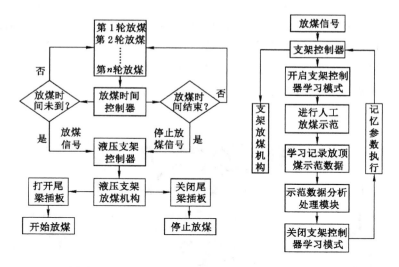

（a）时序控制自动放煤工艺控制流程　　　　（b）自动记忆放煤工艺控制流程

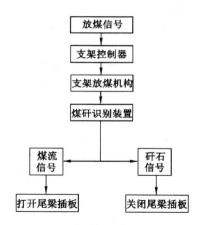

（c）煤矸识别智能放煤工艺控制流程

图 5-33　智能放煤工艺控制流程

　　① 在采煤机、液压支架前部加装红外传感器,用于实时监测采煤机的位置,对采煤机进行定姿定位,精准把握采煤和充填时间。② 在支架后顶梁刮板输送机旁安装堆料高度传感器,用于实时监测充填物料与卸料口的距离,精准控制堆料高度,便于及时关闭卸料口,以免与夯实机构产生位态干涉。③ 在夯实机构和支架后顶梁上分别安装倾角传感器,通过监测计算得出夯实机构的夯实角数据,并实时传送至主控计算机,便于实时调整夯实角度,达到最优的夯实效果。④ 在夯实机构的液压千斤顶中安装推移千斤顶行程传感器,该传感器实时记录夯实机构进行夯实工作时液压油缸运动的距离,便于统计分析、判断物料夯实程度。⑤ 在夯实机构的液压千斤顶中安装压力传感器,对夯实机构的夯实力变化情况进行监测,并将监测数据转化为电信号实时传输至主控计算机,基于夯实力

计算夯实次数,辅助判断充填效果。⑥ 在充填液压支架的前后立柱的千斤顶上分别安装压力传感器,实时监测立柱的受力情况,同时通过压力数据的计算,判断充填过程中顶板是否发生破坏,以便充填液压支架根据不同的地质情况进行自主调整,从而避免对充填液压支架造成损坏。⑦ 电液控制系统控制智能化固体充填液压支架自主完成移架、夯实等系列动作,因此需要在充填液压支架上安装电液控制系统。固体智能充填液压支架结构示意如图 5-34 所示。

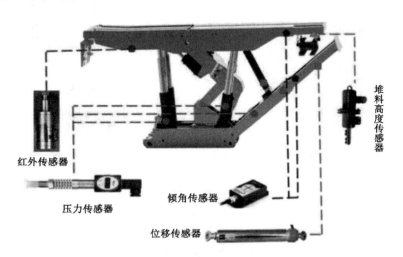

图 5-34　固体智能充填液压支架结构示意

　　工作面与主控计算机进行数据交流和信号传递;传感器获取夯实倾角、夯实力、夯实行程、堆料高度等各种实时数据,并将数据传递给主控计算机;主控计算机经过数据整合分析后,发送电控信号到电磁阀驱动器,从而控制阀组使夯实机构的千斤顶实现伸缩动作,完成夯实工序。

　　充填液压支架的智能功能通过多种类不同型号传感器智能感知识别、自主调控实现。红外传感器分别安装在采煤机和液压支架前端,实时监测在割煤、移架过程中两者的相对位置,保证充填和采煤协同进行。堆料高度传感器实时监测充填物料与多孔底卸式刮板输送机卸料口的距离,实时监测堆料高度,并反馈堆料信息至主控计算机,主控计算机分析判别卸料量是否达到堆料要求,进一步判断是否关闭卸料口停止卸料。卸料口关闭后,夯实机构启动,夯实机构上的行程传感器监测夯实机构的实时行程并通过行程变化计算相应的夯实次数;两个倾角传感器实时监测夯实机构的夯实角度,并根据充填工艺要求,自主调整夯实角度;压力传感器用于监测夯实力,判断夯实效果和地质情况,为充填效果提供判断依据;主控计算机根据各传感器提供的夯实行程、夯实次数、夯实角度、夯实力判断夯实工作是否完成,夯实效果是否达到预期。而后,主控计算机发送控制信号到电液控制系统,通过调节控制阀,控制充填液压支架完成相应的动作,全过程自我感知和调控,不需要人工的参与。固体智能充填液压支架自动化流程如图 5-35 所示。

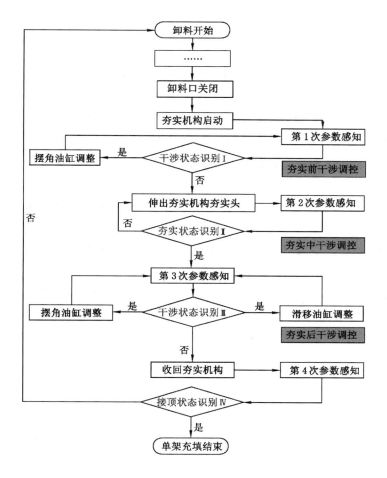

图 5-35　固体智能充填液压支架自动化流程

思　考　题

1. 叙述智能化采煤工作面和智能化开采模式的基本概念。

2. 影响煤炭开采的主要参数包括哪些？试画出各开采参数示意图。

3. 采煤工作面"三机"具体指哪些设备？

4. 智能化采煤工作面辅助生产系统包括哪些方面？

5. 试述智能化工作面"三机"井下控制与地面控制流程。

6. 查找资料试述除本章论述的三种智能精准开采新模式外,我国在哪些开采模式方面也实现了智能精准开采？（不少于三种）

参　考　文　献

[1] 程建圣.煤矿瓦斯重大危险源专业化协同管控模式研究[J].煤炭工程,2016,48(8):141-143.

［2］范京道.智能化无人综采技术［M］.北京:煤炭工业出版社,2017.

［3］黄曾华,王峰,张守祥.智能化采煤系统架构及关键技术研究［J］.煤炭学报,2020,
45(6):1959-1972.

［4］吕延森,张学亮,阮进林,等.保德煤矿智能综放开采关键技术及展望［J］.煤炭科学
技术,2022,50(增刊1):233-243.

［5］司垒,王忠宾,熊祥祥,等.基于改进 U-net 网络模型的综采工作面煤岩识别方法
［J］.煤炭学报,2021,46(增1):578-589.

［6］孙继平.煤矿智能化与矿用 5G 和网络硬切片技术［J］.工矿自动化,2021,47(8):
1-6.

［7］张强,崔鹏飞,张吉雄,等.固体智能充填关键装备工况位态表征及自主识别调控方
法［J］.煤炭学报,2022,47(12):4237-4249.

［8］郐富标.智能化综采工作面采煤机与液压支架协同控制技术应用研究［J］.煤矿机
械,2021,42(2):177-180.

［9］朱良嘉,王文平.采煤机记忆截割自动化控制工作原理［J］.陕西煤炭,2020,39(6):
100-103.

第六章　煤矿智能运输系统

煤矿智能运输系统是煤矿生产的主要环节,它包括智能主运输系统和智能辅助运输系统。本章主要介绍了煤矿主运输系统组成、带式输送机智能化控制技术、矿井提升机智能化控制技术以及辅助运输装备智能化技术、辅助运输智能化管理系统和关键技术,以期为智能精准开采提供重要保障。

第一节　煤矿智能主运输系统

一、煤矿主运输系统概述

煤矿主运输系统是煤矿生产的主要环节,在煤矿安全生产和运营管理中占有极其重要的地位。它的主要功能是通过各种运输设备将工作面开采的原煤安全高效地输送到地面指定煤仓,确保煤矿生产连续运行。煤矿主运输系统一般包括采区运输、主巷运输、提升运输和地面运输等运输环节。煤矿采区运输是指在矿井单水平或多水平采区中,从工作面到运输大巷这一运输环节。煤矿主巷运输是指在矿井已开拓成的主运输水平或倾斜巷道(包括阶段、石门、水平运输大巷)的运输环节。煤矿提升运输是指在立井和斜井开拓的矿井中,从立井(或斜井)井底到地面井口的运输环节。煤矿地面运输是指煤矿主井井口到地面煤仓的运输环节。各运输环节相互衔接、搭载,与中间煤仓共同构成连续运输系统。在整个运输环节中,比较常见的运输设备有刮板输送机、带式输送机、矿井提升机、矿车等。

1. 刮板输送机

刮板输送机是一种利用链传动的连续运输设备,主要用于煤矿的采煤工作面等场所,主要部件包括机头部(包括机头架、驱动装置、链轮组件等)、溜槽(分为中部槽、特殊槽、调节槽等)、刮板链、机尾部(包括机尾架、驱动装置、链轮组件等)、挡煤板、铲煤板、无链牵引装置等,其结构组成如图6-1所示。

2. 带式输送机

带式输送机是一种以输送带作为动力牵引机构及物料承载机构的连续运输机械,具有运量大、运输距离长、可靠性高、可连续输送等优点,其结构组成如图6-2所示。它是煤矿中应用最广泛的煤炭运输设备,在采区上下山、主斜井以及平巷等的倾斜和水平运输中,大部分采用带式输送机。带式输送机有多种类型,其中常用的有两种:一种是固定带式输送机;另一种是可伸缩带式输送机。固定带式输送机主要用于主运大巷、主斜井等位置固定的运输场所。可伸缩带式输送机主要用于采煤工作面运输巷或掘进巷等不断移动的场所。

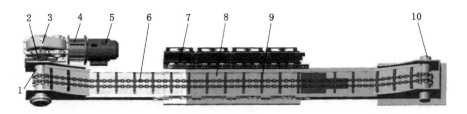

1—机头链轮;2—联轴器;3—减速器;4—液力耦合器;5—驱动电机;6—刮板链;
7—采煤机运行轨道;8—中部槽;9—刮板;10—机尾链轮。

图 6-1　刮板输送机结构组成

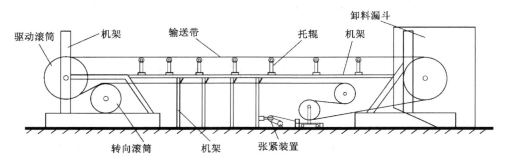

图 6-2　带式输送机结构组成

3. 矿井提升机

煤矿一般采用立井箕斗提升,提升机系统一般包括提升机、提升钢丝绳、提升容器、井架或井塔、天轮、导向轮,以及装、卸载设备。落地式摩擦提升关键旋转体示意如图 6-3 所示。它主要担负井筒中的运输任务,也有部分小型矿井使用斜井箕斗或斜井串车提升,如图 6-4 和图 6-5 所示。

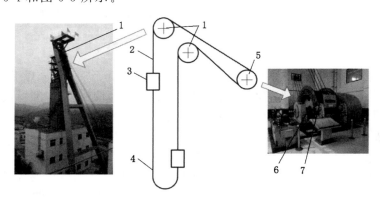

1—天轮;2—提升钢丝绳;3—提升容器;4—尾绳;5—主导轮;6—主轴;7—卷筒。

图 6-3　落地式摩擦提升关键旋转体示意图

4. 矿车

矿车是输送煤、矿石和废石等散状物料的窄轨铁路运输车辆。按结构和卸载方式不同,

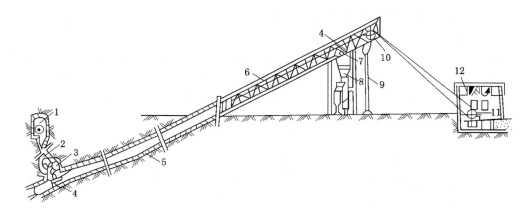

1—翻车机硐室；2—井下煤仓；3—装载闸门；4—箕斗；5—井筒斜巷；6—地面栈桥；7—卸载曲轨；
8—地面煤仓；9—立柱；10—天轮；11—提升机；12—机房。

图 6-4　斜井箕斗提升系统示意图

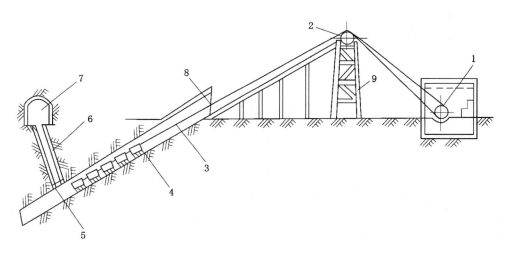

1—提升机；2—天轮；3—提升钢丝绳；4—矿车；5—装载闸门；6—井下煤仓；
7—运煤巷；8—斜井井口；9—井架。

图 6-5　斜井串车提升系统示意图

矿车可分为固定式、翻斗式、侧卸式、梭式等类型。矿车一般需用机车或绞车牵引，采用机车牵引时，机车又分为架线式电机车和蓄电池电机车。

随着矿井生产规模的不断扩大，煤矿主运输设备向长运距、高运速方向发展。这不仅要求装备单机控制实现智能化，同时也要保证各设备之间高效协同，并与采掘系统有效衔接，对主运输系统进行优化管控，保证矿井安全、高效、节能生产。

煤矿主运输系统智能化技术的发展，体现在运输设备的电气化传动技术、自动化控制技术、传感器智能检测保护技术、节能控制技术、基于物联网设备远程诊断与设备维护管理技术等方面。煤矿主运输系统智能化技术的应用对主运输系统安全高效生产、实现无人值守具有重要意义。本节主要介绍带式输送机、矿井提升机两类主运输系统的智能化控制技术。

二、带式输送机智能化控制技术

1. 带式输送机的结构及工作原理

带式输送机主要由输送带、机架、托辊、驱动装置(包括电动机、减速器、制动器、软启动装置、逆止器、联轴器、传动滚筒)、张紧装置、改向装置等组成。对于可伸缩带式输送机,还有贮带装置、收放带装置和机尾拉紧装置。带式输送机结构示意如图6-6所示。

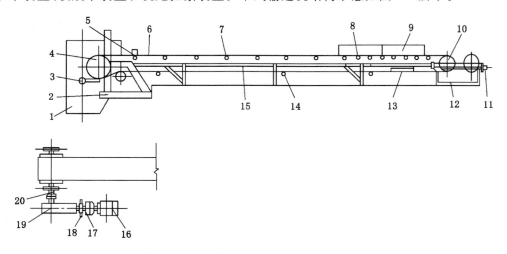

1—头部漏斗;2—机架;3—头部扫清器;4—传动滚筒;5—安全保护装置;6—输送带;7—承载托辊;
8—缓冲托辊;9—导料槽;10—改向滚筒;11—张紧装置;12—尾架;13—空段清扫器;14—回程托辊;
15—中间架;16—电动机;17—液力耦合器;18—制动器;19—减速器;20—联轴器。

图6-6 带式输送机结构示意图

（1）输送带

输送带用来承载被运货物和传递牵引力。带式输送机所用的输送带有多种,如钢丝绳芯橡胶带、帆布芯带、尼龙带,以及聚酯带。其中,钢丝绳芯橡胶带强度高、弹性小,在煤矿大运量、长距离的带式输送机上广泛使用。

（2）托辊

托辊的作用是支撑输送带和物料,减小运行阻力,并使输送带垂度不超限,保证输送带平稳运行,它是带式输送机的重要组成部分。按材质,托辊分为金属托辊、陶瓷托辊、尼龙托辊和绝缘托辊等。按作用类型,托辊主要分为平形托辊、槽形托辊、调心托辊和缓冲托辊等。使用时可根据不同的应用环境和要求进行选择。煤矿带式输送机上所用的承载托辊一般为槽形托辊,其不仅可以增加载货量,而且还能防止输送带跑偏,防止物料向两边洒漏。

（3）驱动装置

带式输送机的驱动装置由电动机、联轴器或液力耦合器、减速器、传动滚筒等组成,有倾斜段的带式输送机还应根据需要设制动器或逆止器。驱动装置的作用是由传动滚筒通过摩擦将牵引力传递给输送带使其运动并输送货物。大多数带式输送机采用单滚筒驱动,但随着运量和运距的不断增大,要求传动滚筒传递的牵引力相应增加,因而出现了双滚筒及多滚筒驱动或多组驱动形式。

电动机用来提供动力,有直流电动机和交流电动机。由于电力拖动技术的发展,交流电动机已替代直流电动机,煤矿带式输送机多采用交流电动机驱动。减速器用来降低转速和增大转矩。在带式输送机系统中传动滚筒是传递动力的主要部件,借助其表面与输送带之间的摩擦传递牵引力。传动滚筒也有电动滚筒,把电动机和减速装置放在传动滚筒内就构成电动滚筒,其结构紧凑、质量轻、便于布置、操作安全,适于环境潮湿、有腐蚀性的工况。

（4）制动器和逆止器

为了带式输送机正常停车,应在驱动装置处设制动器,常用的制动器有电力液压鼓式制动器、盘式制动器、电力液压盘式制动器等。为了防止倾斜向上的带式输送机在带载停机时发生反转,还应设置逆止器,常用的逆止器有 NF 型非接触式逆止器和 NJ 型接触式逆止器。

（5）张紧装置

张紧装置的作用是使输送带保持必要的初张力,以免在传动滚筒上打滑,并保证两托辊间输送带的垂度在规定范围内。

（6）改向装置

带式输送机采用改向滚筒或改向托辊组来改变输送带的运动方向。改向滚筒可使输送带方向发生 180°、90°或小于 45°的变化。一般布置在尾部的改向滚筒或垂直重锤式的张紧滚筒能够使输送带改向 180°,垂直重锤张紧装置上方滚筒改向 90°,而改向 45°以下一般用于增加输送带与传动滚筒间的围包角。

除上述主要部件外,带式输送机根据不同的应用环境还会设置一些辅助设备。

带式输送机的工作原理:输送带经过机头传动滚筒（或多点驱动的传动滚筒）和机尾改向滚筒形成封闭环形,输送带的上、下两部分用托辊支撑,用张紧装置将其拉紧,传递正常运转的拉紧力。工作时,在电动机的驱动下,驱动滚筒通过它和输送带之间的摩擦力带动输送带运行,物料从装载点装到输送带上,到达机头后卸载;利用专门的卸载装置也可以在中间卸载,形成连续运输的物流,达到输送的目的。

2. 带式输送机驱动技术

根据运输距离、运煤量、输送带倾角和线路布置等不同情况,带式输送机传动装置可以分成单滚筒传动、双滚筒传动和多滚筒传动等不同传动形式,同样,其驱动装置分成单驱动、双驱动和多驱动（有时也称为多点驱动）等类型。单驱动带式输送机在启动过程中,主要考虑选择合适的启动加速度和合理的张紧力;双驱动或以上的驱动单元在启动和正常工作中,应考虑电动机的启动顺序、启动时间和功率平衡。目前,煤矿用带式输送机常用的驱动装置有下面几种:

① 电动滚筒（内装式和外装式）。

② 电动机＋液力耦合器（限矩型或调速型,调速型又分为勺管式和阀控式两种）＋减速器。

③ 电动机＋液黏调速离合器（也称液黏软启动装置）＋减速器。

④ 电动机＋CST（controlled start transmission,可控启动传输装置）。

⑤ 电气软启动器＋电动机＋减速器。

⑥ 变频器＋异步电动机＋减速器。

⑦ 变频一体机＋减速器。

⑧ 永磁同步电动机（变频调速驱动）。

上述驱动装置中:①属于直接启动,②、③、④属于机械软启动,⑤、⑥、⑦、⑧为电气软启动。①用于小型带式输送机，②、③、④、⑤、⑥、⑦、⑧用于大、中型带式输送机。

3.带式输送机差异化驱动工作特性

（1）调速型液力耦合器的工作特性

液力耦合器主要部件为两个叶轮，分别称为泵轮和涡轮，两者相向安装，其间形成充满工作液的环形工作腔，输入转矩作用于泵轮及其叶片槽驱动工作液，在泵轮和涡轮叶片槽之间形成螺旋环流，带动涡轮产生一个与驱动力矩相等的输出转矩。

用于带式输送机的液力耦合器主要有限矩型液力耦合器、调速型液力耦合器。限矩型液力耦合器主要用于中小功率带式输送机软启动，由于其充液量不可控，不能实现多电机功率平衡控制。在较大功率带式输送机中可采用调速型液力耦合器。常用的调速型液力耦合器有勺管式和阀控式两种，如图 6-7 和图 6-8 所示。

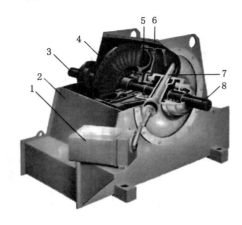

1—电动执行器；2—箱体；3—输入轴；4—泵轮；
5—涡轮；6—转动泵轮壳体；7—勺管；8—输出轴。
图 6-7 勺管式调速型液力耦合器

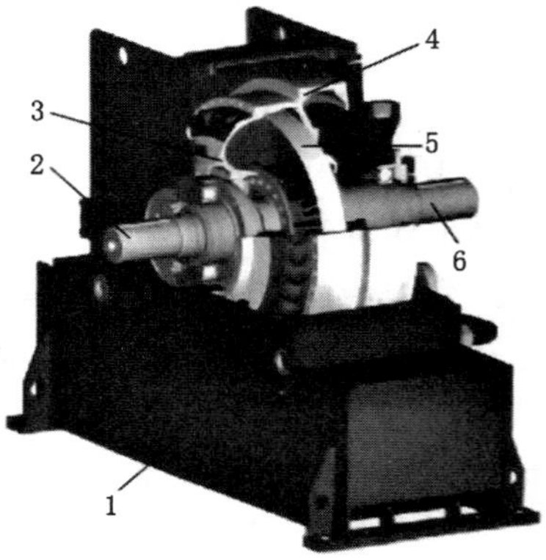

1—箱体；2—输入轴；3—泵轮；4—转动泵轮壳体；
5—涡轮；6—输出轴。
图 6-8 阀控式调速型液力耦合器

勺管式调速型液力耦合器在工作中主要通过监测每台电动机的负荷电流来控制勺杆的位置和充液量，从而改变其输出力矩，使输送机实现软启动和无级调速，并均衡功率。

阀控式调速型液力耦合器在工作中主要通过油管路上设置的比例电磁换向阀控制主油路向工作腔供油和泄油，同时控制充液量，从而改变其输出力矩，实现输送机的软启动和无级调速。

液力耦合器是传统的软启动装置，它具有隔离扭振作用，能减缓冲击与振动，防止动力过载，保护电动机及传动部件。但正常工作时其调速范围小、调速精度低、调节控制反应慢，很难达到多电机驱动时理想的功率平衡。它主要用于不需要精确控制启动工况及功率适中的带式输送机。

（2）可控启动传输装置 CST、液黏调速离合器的工作特性

可控启动传输装置 CST 是由多级齿轮减速器加上湿式离合器及电液控制系统组成的系统，输出扭矩由液压系统控制，随着离合器上所加的液压变化而变化。

可控启动传输装置 CST，设有速度、功率的反馈回路，相比调速型液力耦合器能较好地控制输送机的速度、功率输出，通过其内部的机械传动系统和电液控制系统，可以实现带式输送机的软启动和功率平衡。其空载启动功能，可以减少启动时对电网与设备的冲击，延长

设备使用寿命。其多片湿式线性离合器提供对减速及负载的双向保护,既保护减速器免受带式输送机冲击负载的影响,又因限制了最大传递力矩而保护带式输送机免受过大力矩的损害。但 CST 投资费用较大,维护较复杂。

液黏调速离合器也称为液黏软启动装置,是利用液体的黏性即油膜剪切力来传递扭矩的,属于黏性传动范畴,前述的 CST 也属于黏性传动。它主要由机械传动部分、液压控制和润滑系统、配套电控系统组成。

（3）可控硅软启动器的工作特性

可控硅软启动器主要由 3 对反并联可控硅(每相 1 对)、阻容吸收保护回路、旁路接触器、电压互感器、电流互感器、高压熔断器、微机控制系统等组成。它可以与输送带控制设备〔如 PLC(programmable logical controller,可编程控制器)〕连接,实现运输设备的远程启动和上下级闭锁控制。

电动机在启动过程中,微机控制系统通过对启动电流、电压数据的检测,发出控制指令,控制可控硅的导通状态,实现对输出电压的控制,从而实现启动过程的调压调速和对输出转矩的控制。在启动完成后,软启动自动控制旁路真空接触器吸合,切断可控硅,用旁路接触器实现电动机全压运行,减少晶闸管热损耗,延长软启动使用寿命。在正常停车时首先投入可控硅,切断旁路真空接触器,逐渐关断可控硅实现软停车。可控硅软启动器的启动特性为降压启动模式,启动转矩小,仅用于带式输送机空载启动控制。考虑可控硅软启动器调压调速功率损耗大、效率低、谐波影响大等因素,可控硅软启动器容量一般按超出电动机额定功率 30%～50%选择。

（4）变频调速驱动的工作特性

① 异步电动机变频调速驱动

带式输送机的异步电动机变频调速驱动有 2 种形式:变频器＋异步电动机＋减速器、变频一体机(异步)＋减速器。变频调速具有效率高、调速范围宽、调速平滑、控制精度高、响应速度快等优点,能够实现系统软启动与软停机,能提供理想的启动、制动性能,延长系统使用寿命,实现带式输送机重载启动、低速验带等功能,具有很好的节能特性。变频调速已成为目前带式输送机调速节能的首选方式。变频调速在带式输送机驱动控制中有如下突出功能。

a. 优化的速度与加速度模型。

带式输送机在运行过程中,具有明显的运动学和动力学特征,在启动加速、停车减速及张力变化过程中均呈现出复杂的运动学特征。运动学特征主要表现为横向振动、纵向振动以及动态张力波在输送带中的传播和叠加,造成输送系统的不稳定,从而导致输送带断裂、机械损害、局部谐振跳带、叠带、洒料等。

在传统启动控制过程中(采用串电阻直接启动、液力耦合器启动等),由于启动装置的启动性能差、非线性以及启动加速度大,输送带持续波动、张力特性较差。传统启动控制过程中张力特征示意图如图 6-9 所示。

变频器在整个调速范围内调速精度高、动态响应好,且具有极佳的低速性能,可实现优化的"S"形速度曲线跟随功能,如图 6-10 所示。

在启动前设置一个低速预张紧过程,使长输送带内部的张力分布基本均匀后再按"S"形速度曲线加速启动,要求驱动器具有低速启动性能。停车时也以"S"形速度曲线停车。图 6-10 中 t_0—t_1 时间段为预张紧阶段,t_1—t_2 时间段为启动阶段。曲线①为启动速

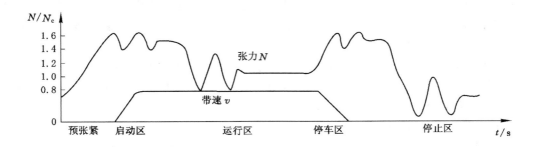

图 6-9　传统启动控制过程中张力特征示意图

度曲线,相应的启动加速度曲线为②,曲线③为正常停车"S"形速度曲线,曲线④为直线停车曲线,曲线⑤为自然停车曲线。该模型适用于长距离带式输送机驱动,能利用变频器良好的低速性能,在多机驱动时采用适当的速度跟随控制策略,可取得理想的速度同步和功率平衡效果。

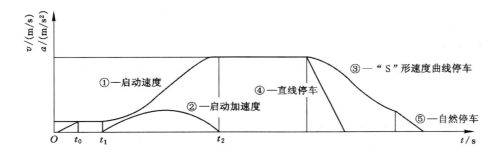

图 6-10　优化的"S"形速度曲线

b. 实现带式输送机的电气制动。

在变频调速系统中,当电动机减速或者拖动位能负载下降时,异步电动机将实现带式输送机再生发电状态,传动系统中所存储的机械能经电动机转化为电能。这种工作状态下,电动机处于再生制动状态,这种制动方式称为再生制动。在电动机处于再生发电状态时,逆变器将产生的电能回馈到直流侧,此时的逆变器处于整流状态,对于较大的惯性负载,这部分能量将导致中间回路的储电电容器的电压上升,变频器内的保护装置就会动作,对变频器进行过压保护,需要采取一定措施来吸收所产生的再生能量。变频器的电气制动就是要解决再生能量问题。变频器电气制动主要有三种方式:能耗制动、直流制动、再生回馈制动。能耗制动主要是在变频器直流回路中加入制动电阻。当变频器直流母线电压升高并超过设定上限值时,制动回路导通,制动电阻流过电流,从而将动能变成热能消耗在电阻中,实现电气制动。直流制动是在异步电动机定子绕组中通入直流电流,在定子中产生静止的恒定磁场,转动着的转子切割磁场而产生制动转矩,将机械能转换成电能消耗在转子回路中,实现电气制动。再生回馈制动,当电动机工作在发电状态时,电动机产生的再生能量通过变频器回馈到电网,实现电气制动。

长距离大运量带式输送机在减速停车过程或下运过程中,由于惯性大而产生较大能量,一般采用能耗制动或再生回馈制动。再生回馈制动主要应用在下运带式输送机上,将下运带式输送机运行过程中持续产生的能量回馈到电网,实现节能运行。对于其他大功率带式输送机,在减速停车过程中产生较大的再生能量,不能被电动机吸收时,可采用能耗制动的方式进行制动。

c. 实现带式输送机的功率平衡控制。

由于带式输送机朝着大功率、长运距、大运量方向发展,单机驱动已不能满足这种要求,大部分带式输送机采用多机驱动,多机驱动的主要问题是电动机的功率平衡控制。由于变频器具有很好的速度和力矩控制功能,能够实现复杂的功率平衡控制。

d. 实现带式输送机的智能调速。

利用变频器平滑的速度调节功能,当带式输送机运量变化时,按照带速与运量的合理匹配关系,根据不同的运量调整相应带速,可以达到节能运行、延长设备使用寿命的目的。

② 永磁同步电动机变频调速驱动

近年来,永磁同步电动机在煤矿井下得到了推广使用,主要用在刮板输送机和带式输送机上。永磁同步电动机变频调速驱动有两种驱动形式:专用变频器＋永磁同步电动机和永磁同步变频调速一体机。与传统驱动装置相比,永磁同步电动机去掉了减速器、液力耦合器等部件,且减少了机械损失,降低了噪声,减少了驱动单元的维护量,故也称为永磁直驱系统。

永磁同步电动机是基于成熟的异步电动机和同步电动机开发出来的,与传统的异步电动机和电励磁同步电动机最大的不同在于使用了先进的转子结构,用高效的永磁材料代替异步电动机的鼠笼转子或同步电动机的励磁绕组,有机地结合了传统异步电动机和同步电动机的主要优点。在结构上,永磁同步电动机由绕组与永磁体两部分组成。定子绕组在通电后,激发一个旋转磁场,安装有永磁体的转子会跟随定子磁场一起旋转。只要转子的负载转矩不超过设计的最大电磁转矩,转子转速会与定子转速始终保持同步,位置也保持相对静止。电动机工作所需的磁通主要由永磁体提供,所以其功率因数和效率明显高于异步电动机。设计永磁同步电动机时所受限制很少,可以定制任意转速、形状的电动机,并保持很好的性能指标。

永磁同步电动机变频调速驱动系统将永磁同步电动机低转速、高转矩的特点与变频技术的优点相结合,简化了传动链,采用直驱、半直驱等多种方式接入系统,应用于采煤机、掘进机、带式输送机、刮板输送机等设备中,充分发挥了永磁同步电动机功率密度大、布局紧凑、体积小等特点。永磁同步电动机变频调速驱动系统在低速(或零速)满转矩输出方面性能优越。它在带式输送机、刮板输送机设备上的应用,可以很好地解决重载启动问题。

永磁同步电动机匹配直接转矩控制方式能恒定输出远大于额定负载转矩的启动转矩;而非变频传统驱动系统使用的异步电动机在同功率条件下的启动转矩小于额定负载转矩,不能满足系统的正常启动条件,为使系统正常启动,需增大电动机容量。

4. 多机驱动功率平衡控制技术

对于多机驱动的带式输送机控制系统来说,如果忽略各种外部和一些不可控因素的影响,各电动机在驱动负载的过程中,负载率应保持一致,即各驱动电动机出力应保持平衡。输送带驱动力由所配置的电动机功率决定。在理想情况下,功率分配比与驱动力分配比相同,但实际上相同规格的驱动电动机其实际机械特性存在差异,各驱动滚筒的实际直径存在偏差,再加上安装时的误差率、输送带伸长率、滚筒围包角、直径等静态因素和输送带张力变化、负载扰动等动态因素以及其他环境因素的影响,各驱动电动机或多或少地会偏离理想的功率分配比,产生功率负载不平衡,严重时会使其中某电动机超载运行甚至损坏。这会造成电动机出力不均,缩短驱动装置使用寿命,降低系统运行的安全性。因此,带式输送机系统电动机的功率平衡是保证其正常运行的必要条件。调节带式输送机功率平衡的常用驱动装置有变频调速驱动装置、CST 驱动装置、调速型液力耦合器驱动装置和液黏软启动装置等。

目前,针对带式输送机多机功率平衡问题的传统及新型智能控制策略较多,各有优势。总体上,按照多机功率平衡策略控制的变量来分,基本可以概括为以下三种:

(1)电流控制功率平衡策略

由公式 $P=\sqrt{3}UI\cos\varphi$ 可知,在电动机选型上,如果选取的电动机参数一致、特性曲线相同,当各电动机均工作在额定负载范围内,并采用相同电压供电时,功率因数 $\cos\varphi$ 基本一致。此时,电动机的功率与负载电流的大小正相关,可通过电流变送器采集不同驱动电动机的负载电流值,经控制器执行算法比较计算之后,调整电动机的功率输出,从而实现多机协调功率平衡。但该方法不适合在需要经常调速的场合使用。

调速型液力耦合器和液体黏性传动装置的多机功率平衡控制一般采用电流控制功率平衡策略。调速型液力耦合器控制器通过检测各驱动电动机的电流值,再结合速度传感器获得的带式输送机运行速度值,然后经计算比较向伺服电动执行机构发出控制指令,控制液力耦合器勺杆位置,从而调节输出扭矩大小,实现对驱动电动机功率的调节,达到多机功率平衡的效果。液体黏性传动装置通过改变所配用的液压伺服控制系统中各个电液比例阀中电流的大小,改变装置中的控制油压,以改变主动、从动摩擦片间的油膜厚度,调节各电动机的负荷大小,从而改变电动机的电流,以使多台电动机功率趋于一致或相差在允许范围内。这种调节方法参数单一,调节简单,控制精度不高。

(2)转速-电流(n-I)平衡策略

该方法同时考虑电动机模型中转速和电流两个变量,作为对电动机进行功率平衡的根据,考虑得更全面,控制精度较高。但由于在电动机模型中转速和电流存在耦合关系,控制较复杂。

(3)转速-转矩(n-T_e)平衡策略

由公式 $P=T_e n/9\,550$ 可知,若要保证电动机转速在一定范围内稳定,电动机的功率与输出转矩的大小应呈正相关关系,可以通过对电动机转矩的控制实现多机功率平衡。因为转矩能够直观地反映电动机的出力情况,故该方法具有一定优势。在变频驱动的多机功率平衡控制中多采用这种方法,该方法根据不同的驱动形式分为不同的平衡控制策略。

① 同轴刚性连接的主动、从动控制模式。对于同轴刚性连接的驱动装置,如两台电动机驱动一个驱动滚筒,两套变频器分别驱动两台电动机,这种驱动方式的功率平衡一般采用主动、从动控制。设定其中一台电动机为主传动,另外一台为从传动。主传动采用闭环速度控制模式,从传动采用闭环力矩控制方式来实现输出转矩一致,速度同步。在这种控制方式下,主机将给定力矩发送给从机,以保证主动、从动电动机之间的力矩平衡。同轴刚性连接主动、从动电动机控制示意如图 6-11 所示。

② 非同轴柔性连接的主动、从动控制模式。对于非同轴柔性连接的驱动装置,如带式

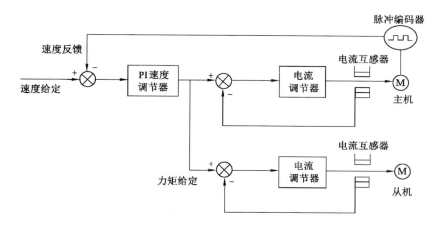

图 6-11　同轴刚性连接主动、从动电动机控制示意图

输送机头、尾驱动,头、尾之间的互连属于输送带的柔性连接,设置其中一台为主机,另外一台为从机。主机为闭环速度控制模式,从机采取速度环饱和加转矩限幅的运行方式,从而保证头、尾驱动功率平衡。柔性连接主动、从动控制示意如图 6-12 所示。

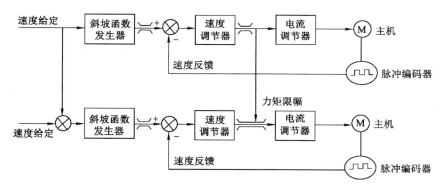

图 6-12　柔性连接主动、从动控制示意图

③ 下垂控制模式。上述两种模式通过变频器相互通信,实现功率平衡控制;而下垂控制模式不需要变频器之间互相通信,而是通过检测各自扭矩的变化,加入速度控制回路,实现闭环负载分配。下垂控制多见于西门子变频器的调节方法,是实现闭环负载分配控制较简单的方法。

对于多点驱动带式输送机,由于输送带弹性形变及煤流分布不均匀,可能在不同驱动点产生一定的速度偏差和转矩偏差,该方法可以通过集中控制中心设定曲线并给定速度。每台变频器接收集中控制中心速度给定曲线,实现速度闭环控制,同时检测自身转矩变化情况,将其加入速度调节回路,当负载扭矩增加时,转速设定值线性减小,从而使速度给定稳定时,转矩不会发生急剧变化,实现电动机之间的功率平衡控制。下垂控制调节示意如图 6-13 所示。该方法应用于不频繁加减速的情况下。对于频繁以高速在加减速之间切换的驱动,最好使用主动、从动驱动模式。

上述方法是常用的采用变频器功率平衡负载分配的方案,根据不同情况可以组合应用。

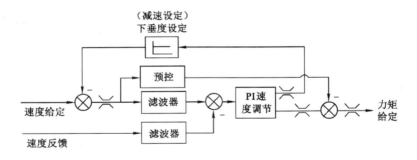

图 6-13　下垂控制调节示意图

目前已有其他功率平衡调节方法,可以根据实际工况进行设计应用。

5. 带式输送机制动控制技术

制动控制技术是下运带式输送机的关键技术之一,包括运行过程制动和停车过程制动。要求制动装置必须具有制动力矩可控、散热性好及停电可靠制动三个关键性能,其中制动力矩可控是指具有软制动功能,使加减速度保持在 0.05～0.3 m/s。

用于下运带式输送机的制动方式主要有机械闸制动、液力制动、电气制动等。采用的机械及液力制动器类型主要包括盘式制动器、液黏制动器、液力制动器和液压制动器,后两者需配置机械闸(盘式制动器或电力液压鼓式制动器)来驻车。小型下运带式输送机常使用电力液压鼓式制动器(原称为电力液压块式制动器)和盘式制动器。电气制动更多地使用变频电气制动。

下面简单介绍自冷盘式可控制动器。

自冷盘式可控制动器主要由机械制动系统、液压控制系统和电气控制系统组成。机械制动系统主要由制动盘和制动器组成。图 6-14 为 KZP 型防爆自冷盘式可控制动器组成。盘式(形)制动器的工作原理是利用液压油压缩碟形弹簧松闸,卸压后碟形弹簧产生压力施闸。

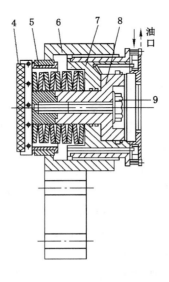

1—盘形制动器;2—护罩;3—制动盘;4—闸瓦;5—碟形弹簧;6—壳体;7—缸体;8—活塞;9—螺栓。

图 6-14　KZP 型防爆自冷盘式可控制动器组成

制动力矩可控的实现:制动力矩的大小与液压控制系统的油压呈线性关系。微机控制器接收速度传感器信号并经运算比较后,自动调节电液比例阀,从而线性地控制进入缸体的油压。

散热的实现:所谓"自冷"是把制动盘设计成具有叶片、叶道的离心式风机叶轮结构形式,制动盘旋转时产生冷却风,对制动盘进行强制对流散热,使其温度不超过150℃,制动时无火花产生,满足防爆要求。

停电可靠制动的实现:突然停电时,油泵电机、比例阀、电磁换向阀断电,系统通过溢流阀使油压降至调定值,制动闸立刻贴近制动盘,此后蓄能器的油液通过调速阀卸压,制动力矩逐渐增大,输送机减速停车,实现驻车。

6.带式输送机自动张紧技术

（1）张紧装置的作用、类型及特点

由于带式输送机的动力传动依靠驱动滚筒与输送带之间的摩擦来实现,因此张紧装置是带式输送机必不可少的重要组成部分。输送带张紧力的大小变化及适时调整决定输送机的正常运行和输送带的使用寿命,因此张紧装置是影响带式输送机使用的关键设施,合理选择、布置和使用张紧装置将直接决定带式输送机的整体工作性能。

张紧装置的作用主要有:① 保证输送带在主动滚筒分离点处具有适当的张力,以保证各种工况下张紧装置有足够的牵引力,防止输送带与滚筒间打滑;② 保证输送带上各点具有必要的张紧力,限制输送带的悬垂度,避免引起输送带运动不平稳或跑偏,减小运行阻力;③ 用于调整张紧滚筒的位置以补偿输送带的塑性伸长量和弹性伸长量;④ 当需要重新做接头时,为输送带提供必要的长度;⑤ 对于可伸缩带式输送机,可用张紧装置来贮存多余的输送带。

张紧装置大致分为重锤式、固定式和自动式三种类型。重锤式有垂直重锤式、重锤车式和重载车式。固定式有手动螺旋式、手动涡轮卷筒式(也称为手动磨盘式、手动绞车式)和固定电动绞车式。自动式有液压自动式(分为油缸式和液压绞车式)、自动电动绞车式和自动变频绞车式。

大型带式输送机在运行中对输送带的张力要求特别高,尤其是巷道输送机的自移机尾,要随时按需要自行移动完成输送机收缩作业,输送带需经常收缩和卷带,要求输送带张力能自动调节。

（2）液压油缸式自动张紧装置

按控制方法,国产液压油缸式自动张紧装置的发展经历了继电器控制、PLC及比例控制两个阶段。

该装置通过压力传感器配合PLC、比例控制系统对压力进行闭环控制,实现各张紧力控制点之间连续、平缓的变化,可对系统压力进行实时、连续的监控,属于智能型无级控制,也称为动态自动张紧装置。其基本工作原理:电磁换向阀的右阀位工作,压力油进入张紧油缸的活塞杆腔进行张紧。电磁球阀接通,通过线性控制比例溢流阀电磁线圈的供电电流就可以调整进入压紧油缸的油压,从而实现输送机启动工况、运行工况和停机工况等张紧力大小的调整,并且是连续、平缓的调整。该装置具有较高的张紧力控制精度。

7.带式输送机安全保护传感器检测技术

带式输送机安全保护系统的可靠性主要取决于传感器检测的可靠性,目前传感器检测也向着高可靠性、智能识别方向发展。

（1）跑偏检测

带式输送机在运行过程中输送带偏离输送机中心一定程度时，就会发生跑偏故障。带式输送机跑偏是一种常见故障，如不加以保护将会引起洒料、输送带断裂，并会增加输送机运行阻力。

跑偏故障的检测是通过安装在输送带两侧的跑偏开关实现的。当带式输送机跑偏到一定程度时，输送带会挤压跑偏开关，跑偏开关触点闭合发出跑偏信号。根据偏移角度不同分为一级跑偏和二级跑偏，一级跑偏为轻跑偏，二级跑偏为重跑偏。一级跑偏时，跑偏开关发出警告信号；二级跑偏时，发出停机报警信号。跑偏开关在带式输送机两侧成对安装，根据实际情况间隔一定距离安装一对，一般间隔距离为 100 m 或 200 m。

（2）打滑检测

当带式输送机传动滚筒的速度与输送带的速度不同步时，两者之间发生相对滑动，就会发生打滑故障。发生打滑故障时，输送带与滚筒之间的滑动摩擦使滚筒表面温度急剧升高，极易发生输送带着火，引起煤尘和瓦斯爆炸。

打滑故障检测是选取两个速度传感器分别测量输送带和驱动滚筒的速度，然后将两者进行比较，当输送机正常工作时，两个检测速度基本一致，保护系统不输出信号；如果发生打滑故障，则两者速度有差值，保护系统输出信号，经延时后进行停机保护。速度检测方式采用霍尔传感器来实现，即通过在输送带和滚筒上等距离设置若干检测点或采用旋转编码器来实现，根据单位时间内检测到的脉冲数量来计算速度，输出一般为频率信号或开关脉冲信号。

（3）温度检测

带式输送机在运转过程中，摩擦或其他原因，可能引起滚筒、托辊等部件温度过高。使用温度传感器检测输送机设备及周围环境的温度，一旦温度超过设定值，温度保护系统发出报警信息，保护停机并驱动洒水装置洒水降温。

输送带的温度故障主要是打滑导致摩擦生热产生的，因此，一般将处于最易打滑位置的驱动滚筒作为温度检测的被测对象。温度传感器有接触式温度传感器和非接触式温度传感器两种。接触式温度传感器采用热敏器件集成的感温探头来检测设备温度。非接触式温度传感器主要是红外线温度传感器，它以物体的热辐射原理为理论依据，测量时不与被测物体接触，安装测量较方便。

（4）烟雾检测

带式输送机的烟雾故障多是因机械摩擦而引起的，特别是滚筒打滑或托辊卡死时与输送带高速摩擦生热所致，一般伴随着温度故障产生。通过检测烟雾可以发现初期火情，保护装置能够及时报警、停止输送机运行并驱动洒水装置洒水，避免事故扩大而造成不可估量的损失。

烟雾检测采用烟雾传感器，一般多设置在输送带两端，其输出信号为触点信号。目前使用较多的烟雾传感器是离子烟雾传感器。

（5）料位检测

料位传感器主要用于煤仓料位检测，当料位太低或太高时进行提醒。料位检测有多种传感器，需要根据具体的使用环境加以选用。在料仓料位检测中，可以采用超声波料位计和雷达料位计,其输出为模拟量或通信数据,要求安装位置合适,避开下料口,以免影响测量精度。有时也利用煤的导电性检测料位,采用电极式开关,分别设置在高、中、低三个料位处,输出触点信号,可以进行固定位置料位检测。

(6)输送带张力检测

输送带需要保持一定的张力来保证被滚筒高效地带动运输物料,输送带太松,容易在滚筒上打滑,太紧则容易被拉断。检测输送带松紧度,可通过检测输送带张紧器的油缸压力或钢丝绳张力来实现,传感器输出的为频率量信号和模拟量信号。

(7)拉线急停开关

拉线急停开关主要为巡检维护人员配置。因带式输送机运输线较长,工作人员在两侧检查,在发生危险或出现故障需要紧急停机时,立即控制系统动作,所以需要在带式输送机沿线布置急停开关,单侧或两侧设置,一般每 60 m 设置一个拉线急停开关,其输出信号为触点信号。

(8)堆煤检测

由于某些原因,输送机的卸载点物料堆积堵塞,不能实现正常运输,发生堆煤故障。一旦发生堆煤故障,如不能及时发现并停车,就会造成输送机机头埋料,甚至超载堵转,严重时损坏设备,危及人员安全。

堆煤故障检测是由堆煤传感器实现的,目前常用的有带防漏环的电极式堆煤传感器、偏摆式堆煤传感器。

三、矿井提升机智能化控制技术

1. 概述

矿井提升机系统是由矿井提升机、提升钢丝绳、提升容器、装卸载设备、井架或井塔、信号系统等电气控制设备及斜井、立井各种安全设备等提升设施组成的系统,是矿山大型固定设备之一,是井下与地面的主要运输工具。矿井提升机系统主要担负井工矿井所有的矿物(煤、矿石)、设备、材料及人员的升降及运输任务,由电动机传动机械设备带动钢丝绳从而带动容器在井筒中升降,完成输送人员、材料、设备及矿物任务。矿井提升机系统是由原始的提水工具逐步发展演变而来的,现代的矿井提升机系统提升量大、速度高、安全性高,已发展成为基于电子计算机控制的、全自动的,集机械、电力电子、液压控制、计算机监控、互联网通信于一体的数字化重型矿山机械。随着科学技术的进步及煤炭工业的发展,提升机设备在机械结构、工艺、设计理论及方法、传动控制及安全监测等方面都有了很大发展,也成为矿山设备自动化技术及智能化技术发展较快的设备之一。

2. 提升机电气传动控制技术

矿井提升机是矿山生产的大型关键设备,对其传动控制、提升工艺及安全保护均有特殊要求,提升机的安全、可靠、有效高速运行,直接关系企业的生产状况和经济效益。矿井提升系统具有环节多、控制复杂、运行速度快、惯性大、运行特性复杂等特点,且工作状况经常交替转换。因此,提升机的电气传动控制技术一直是国内外电气自动控制领域重点关注和研究的内容。

(1)提升机位能性恒转矩负载特点

① 负载转矩恒定。

② 负载转矩方向始终向下。

③ 特性曲线位于第一、第四象限。

④ 重物下放,存在能量回馈情况。

针对这种负载特性,无论什么工况的提升机设备,对于由变频器和电动机构成的电气传动系统而言,最核心的两个问题就是位能的处理和抱闸的控制。

(2) 一般要求

提升机的电动机在四个象限内频繁启动、制动和反向运行,具有典型的重复短期恒转矩负载工作特性。传动设备应能满足提升机运行工艺、速度图、力图的要求,实现平滑启动、运行、减速、爬行和停车,不造成机械冲击。启动加速度及制动减速度必须满足《煤矿安全规程》要求。提升机电动机具有电动传动运行及发电制动运行两种状态,其中减速及停车时负力运行控制是提升机电控中的一个关键技术难点。低速运行必须平稳可控,减速阶段为重点控制过程。

(3) 特殊要求

① 重物下放过程中能量的转换过程

a. 重物下放时,重力势能转化为动能。

b. 重物通过钢丝绳、减速器等机械机构反拖电动机(电动机转子速度超过变频器输出速度),使电动机处于发电状态,重物所具有的动能转化成电能。

c. 电能通过变频器逆变桥中的二极管流向直流回路。

d. 由于直流环节的电容容量所限,电能不可能无限制地被吸收。

② 直流环节电能的处理

a. 如果变频器配备了制动单元和制动电阻,可以通过控制制动单元的开通将制动电阻接入,从而使电能转换成电阻发热的热能。

b. 如果变频器的整流桥具备能量回馈功能,可以通过控制整流单元,将能量回馈到电网。

c. 及时处理电动机回馈能量,确保变频器不发生过电压故障。

d. 直流环节的电能通过发热消耗掉或回馈电网再利用,需要综合考虑设备的工况和变频器的投入预算。

3. 提升机电气传动主要技术指标

(1) 调速范围

对于高压变频、直流传动电控设备,其调速范围应不小于30;对于中压变频传动电控设备,其调速范围应不小于50。

(2) 控制精度

控制精度,在提升机等速段应小于1%,在加速段应小于5%,在爬行段绝对值应小于0.05 m/s。

(3) 能低速重载启动,有较强的过载能力

传动设备应满足提升机力矩的要求,输出电流不小于电动机额定电流的180%,可持续时间不小于30 s。传动设备在110%电动机额定功率下应能连续正常工作。

4. 提升机电气控制技术

(1) 矿井提升机工艺流程

① 矿井提升机工作过程

矿井提升机设备的主要组成部分包括提升容器、提升钢丝绳、提升机(包括机械及传动

控制系统)、井架(或井塔)及装卸载设备等。图 6-15 为主井箕斗提升系统示意。

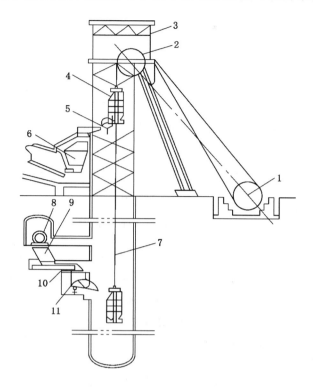

1—提升机;2—天轮;3—井架;4—箕斗;5—卸载曲轨;6,9—煤仓;7—钢丝绳;
8—翻笼;10—给煤机;11—装载设备。

图 6-15　主井箕斗提升系统示意图

井下生产的煤炭通过井下运输系统运到井底翻笼硐室,卸入井底煤仓内,再由装载设备装入位于井底的箕斗。位于井口的另一个箕斗,把煤卸入井口煤仓。上下两箕斗分别通过连接装置与两根钢丝绳相连接,绕过井架天轮后,以相反方向缠于提升机卷筒上。当提升机运转时,钢丝绳往返提升重箕斗和下放空箕斗,完成提升煤炭的任务。

② 典型矿井提升机的传动与控制过程

图 6-16 为交流传动双箕斗提升系统常采用的速度图。它表达了提升容器在一个提升循环内的运动规律及运动学参数,该速度图包括六个阶段,故称为六阶段速度图。

a. 初加速阶段 t_0。提升循环刚刚开始,井口箕斗尚在卸载曲轨内运行,为了减少容器通过卸载曲轨时对井架的冲击,限制容器加速 a_0,同时在卸载曲轨内的运动速度不得太大,一般限制速度 v_0 在 0.5 m/s 以下。

b. 主加速阶段 t_1。箕斗已离开卸载曲轨,容器以较大的等加速度 a_1 运行,直至达到最大提升速度 v_m。对于箕斗提升,加速度不大于 1.2 m/s²。

c. 等速阶段 t_2。容器以最大速度 v_m 运行,v_m 应接近经济速度。

d. 减速阶段 t_3。重箕斗已接近井口,空箕斗接近装载点,容器以减速度 a_3 运行。

e. 爬行阶段 t_4。重箕斗进入卸载曲轨,为减少冲击和便于准确停车,容器以 0.5 m/s 的低速爬行。

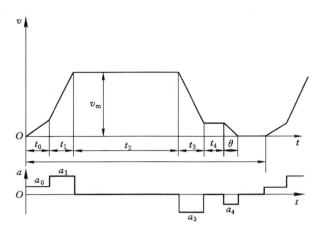

图 6-16　六阶段速度示意图

f. 停车休止阶段 θ。容器到达运行终点，提升机施闸停车，井底箕斗装载。

采用等加速的速度图形，在速度的转折点会产生力的冲击并造成电网尖峰负荷，这种速度图形不适用于采用晶闸管供电直流传动的大型摩擦式提升机。这是因为晶闸管供电的自动调节系统动态响应快，转矩的突变将立即通过晶闸管变流装置传至电网，引起对电网的冲击，这对容量较小的电网是难以承受的。同时，摩擦提升防滑要求减少力的冲击和突变，以避免钢丝绳振动所引起的滑绳。

为了减少电网的尖峰负荷，或使加速度不是由最大值瞬间变为零，可采用抛物线速度图，或在一定范围内给予一个变加速度值，使加速度逐渐变化，速度平稳上升为最大速度 v_m。若在加速阶段加速度呈直线衰减，该段速度图就成为抛物线速度图。此时的冲击力矩和尖峰负荷都相应降低。

（2）矿井提升机对电控系统的要求

根据提升机的运行工艺及工作特点，矿井提升机对电控系统的要求如下：

① 安全可靠性

矿井提升机电控系统的可靠性，不仅关系矿井的生产能力和生产计划管理，而且直接关系井下每个矿工的安全。电控设备的任何故障都可能引起掉闸紧急停车或高速过卷等重大事故，造成人身设备事故和整个矿井停产，因此必须保证矿井提升机电气控制设备有很高的可靠性，在可能出现故障的关键环节施加多道保护。《煤矿安全规程》第四百二十三条也对提升机安全保护作了详细规定，尤其规定了与速度有关的安全保护必须是相互独立的双线保护。

② 技术先进性

电控系统要具有良好的品质即要求控制平稳且满足精度要求。

为了达到平滑运行的要求，提升机调速已从交流串电阻有级调速发展为交流变频无级调速或特性较硬的直流调速，调速范围越来越大，调速精度越来越高。控制系统也由继电器、磁放大器、测速发电机模拟控制系统发展为可编程控制器、旋转编码器、上位机数字控制系统。

由于现在的提升机大部分使用可编程与变频数字控制系统，自动运行非常容易实现，且能实现启动、制动过程及加、减速度的自动控制；同时可实现半自动控制、自动控制、无人值守控制，以减轻工人的劳动强度，避免由于人工操作造成的事故，提高运行的安全性，充分发挥提升设备的能力。

③ 经济性

一般情况下，交流变频传动控制调速性能更好，节能效果明显，比原有电阻调速设备节能 30％左右，既创造了社会价值，又产生了经济效益，还满足了节能减排的要求，因此交流变频成为提升机电控的首选。

④ 集控便捷性

现在的提升机配套电控系统普遍使用高端可编程控制器及上位机监控系统，使提升机便于实现网络通信，实现矿调度采集其运行参数状况及实现远程诊断控制。另外，视频监视系统在提升机中也得到了大量使用。

四、提升机电气控制关键技术

目前，矿井提升机控制系统广泛采用工业级 PLC。PLC 是目前工业控制最理想的设备，它采用计算机技术，按照事先编好并储存在计算机内部的一段程序来完成对设备的操作控制。PLC 控制技术具有硬件简洁以及软件灵活性强、调试方便、维护量小的特点，已经广泛应用于各种提升机控制，配合一些提升机专用电子模块组成的提升机控制设备，能够控制高低压变频传动系统。操作、监控和安全保护系统选用 PLC。提升机监控系统采用工业计算机为上位机，上位机采用组态画面对提升系统进行统一监测，系统具有良好的人机界面。从主机画面上可以直观地了解提升机运行的实时工况，故障时可自动弹出故障界面并有声光报警功能和声光报警解除功能。

1. 提升机控制方式

提升机应具有全自动、半自动、手动、应急、检修及主立井无人值守等控制方式，下面主要介绍前三种控制方式。

（1）全自动控制方式

采用全自动控制方式时，主井提升机控制系统能实现与装卸载系统有联锁关系的整个提升系统的全部自动化运行，设有箕斗到位时驱动与制动信号闭锁、反转保护、防止重复装载保护，同时设视频监视。

（2）半自动控制方式

采用半自动控制方式时，主井或副井提升机在操作人员按下启动按钮后，按照 PLC 程序给出的速度曲线自动加速、等速、减速、爬行运行一个提升循环。

（3）手动控制方式

采用手动控制方式时，主井提升机箕斗在装载站和卸载站之间以司机操纵台上给出的给定速度运行，提升原煤等；副井提升机罐笼在井底轨面和井口轨面之间以司机操纵台给出的给定速度运行，提升人员、物料和设备等。手动控制方式应带有方向闭锁。

2. 手动检修运行方式

采用手动检修运行方式时，在箕斗顶部平台上检查井筒，或在井口验绳平台上检查钢丝绳，主井提升机速度为 0.5 m/s；有罐笼换层运行方式，或在井口验绳平台上检查钢丝绳，副井提升机速度为 0.5 m/s。

3. 应急开车方式

当控制设备出现局部故障时,在安全回路能合上的情况下,应能用手动应急方式实现低速开车(运行速度小于 2 m/s)。

4. 控制技术

(1)位置、速度、转矩三闭环控制技术

① 位置控制:提升控制工艺中的位置决定了速度,位置给定值决定了速度给定值。通过轴编码器反馈回来的实际位置信号,实时调整速度给定值,确保提升机完全按照设计的"S"形速度曲线运行。

② 速度控制:提升系统为全数字控制,闭环无级调速。应对加速度或冲击限制值进行控制,使提升机在速度的拐点处实现"S"形弧线运行,减少对钢丝绳和机械设备的冲击和磨损。速度的精确检测和闭环控制,能实现提升机在速度为零时施闸停车。

③ 转矩控制:采用高性能的传动装置确保转矩的静态精度和动态响应。采用力矩预置功能,保证提升机启动时不会下坠或上蹿,使提升机启动平滑。采用力矩保持功能,保证零速停车施闸时提升机不会倒溜。

采用三闭环的控制方式,可使系统能严格按照设计的"S"形速度曲线运行。全数字的闭环控制方式使停车位置准确,采用同步开关校正行程,不依赖停车开关停车,可减少故障点。

(2)安全控制技术

① 安全回路:故障发生后,提升机立即抱闸实施机械制动,提升机不能再启动,直至故障被复位。

② 电气停车回路:故障发生后,系统将立即实行电气减速并停车。之后,提升机将不能启动,直至故障被复位。

③ 闭锁回路:故障发生后仍允许提升机继续完成本次提升。但在本周期完成之后,提升机将被闭锁,不能启动,直至故障被复位。

(3)冗余控制回路

控制设备至少应配置两套控制器,控制器应采用符合工业现场应用要求的可编程控制器(PLC),一套控制器的主要功能为提升机运行控制,另一套控制器的主要功能为提升机运行监视。两套控制器之间应能相互校验,构成独立的安全回路,并直接作用在硬件安全回路执行机构上。安全回路的执行机构是继电器,且安全回路继电器应按断电施闸原则设置。安全回路继电器间应有动作监控及记录。电控系统采用双 PLC 控制,所有环节均是冗余的,能互为监视,互为备用。该冗余控制回路具有多条安全保护回路,关键环节采用三重或多重保护,满足《煤矿安全规程》规定的控制保护要求。控制、监测及安全系统采用数字式,具有足够的冗余,控制系统能与矿井计算机网络联网,实现远程故障诊断。

双 PLC 控制的主控、监控技术之间既有软件上的联锁,还有硬件上的联锁和看门狗电路,对 PLC 的运行进行监视,防止因为 PLC 死机或其他意外原因造成 PLC 故障时未能及时监测并参与安全保护。主控 PLC、监控 PLC 系统在工艺控制功能上实行双路独立信号采集、状态判断、实时运算、控制指令生成等,再进行互相比较,确保每步控制都安全。主控 PLC 应用软件能满足提升机手动、半自动、检修、换层、慢动、紧急控制开车等运行方式的控制要求,实现对调速系统行程速度给定的控制,采用三重以上自动减速保护,停车时抱闸。

控制系统与信号系统、操车系统之间的信号闭锁,能够完成提升机运行工艺要求的控制功能及各项安全保护,对于全程包络线超速、过卷、减速等安全保护具有多重独立保护。同时,还能完成定点速度监视、过负荷保护、欠电压保护、减速过速保护、等速过速保护、井筒开关监视、电动机温度检测、钢丝绳滑动检测、闸间隙检测、弹簧疲劳检测、信号联锁、尾绳扭结检测、摇台联锁、安全门联锁、衬垫磨损检测、风机风压检测、液压站油压及温度检测等监控与保护功能,并与安全回路或一次开车回路联锁、报警和自动保护。

（4）传感器检测回路

电控设备应配置不少于两套完全独立的编码器分别接于两套控制器中,作为提升速度和容器位置的检测装置。全数字提升控制系统的精确控制必须以采集信号的准确、实时为前提,高性能的 PLC 为信号采集、传输、处理提供了保障。

① 轴编码器。在滚筒轴端、导向轮轴等处设置双路输出的高精度编码器,信号分别进入主控和监控系统。各编码器反馈数据互相比较,确保每一次参与运算数据的准确性。

② 井筒开关。井筒开关信号分别进入主控和监控系统,形成双路保护。

5. 提升机智能闸控技术

矿井提升机具有机械制动与电气制动两种制动方式。电气制动主要有直流制动、能耗制动、回馈制动等方式,电气制动主要用于调速时辅助工作制动,涉及安全制动及驻车停车还需要靠机械制动来实现。

（1）提升机闸控装置基本要求

提升机闸控装置由提升机制动闸、液压站及相应控制部分组成。

提升机机械制动装置的性能,必须符合下列要求:

① 安全制动必须能自动、迅速和可靠地实现,制动器的空动时间(由安全保护回路断电时起到闸瓦接触到闸轮上的时间),盘式制动器不得超过 0.3 s,径向制动装置不得超过 0.5 s。

② 盘式制动闸的闸瓦与制动盘之间的间隙应不大于 2 mm。

制动力矩倍数必须符合下列要求:

① 提升机制动装置产生的制动力矩与实际提升最大载荷旋转力矩的比值不得小于 3。

② 对质量模数较小的提升机,上提重载保险闸的制动减速度超过相关规定时,数值可以适当降低,但不得小于 2。

③ 在调整双滚筒提升机滚筒旋转的相对位置时,制动装置在各滚筒闸轮上所产生的力矩,不得小于该滚筒所悬质量(钢丝绳质量与提升容器质量之和)形成的旋转力矩的 1.2 倍。

④ 计算制动力矩时,闸轮和闸瓦的摩擦系数应当根据实测确定,一般采用 0.30~0.35。制动器的液压控制系统是同提升机的传动类型、自动化程度相配合的。在交流电阻调速传动系统中,机械闸还要参与提升机的速度控制,因此,要求制动力能在较宽的范围内进行调节。在直流传动及交流变频传动自动化程度较高的系统中,由于调速性能好,机械闸一般只在提升结束时起定车作用。

（2）制动液压站的作用

① 按实际提升操作的需要,制动液压站产生不同的工作油压,调节、控制盘闸的制动力矩,从而实现工作制动。

② 安全制动时制动液压站能迅速自动回油,并实现二级制动。

③ 根据多水平提升换水平的需要及钢丝绳伸长后调绳的需要,控制双筒提升机游动卷

筒的调绳离合器,同时闸住游动卷筒。

(3) 提升机闸控系统作用

① 工作制动:提升机在正常运转过程中实现减速停车。

② 安全制动:提升机在运转过程中安全回路跳闸,为避免出现安全事故迅速停车制动。实现安全制动的常见方式有两种,即恒力矩制动和恒减速制动。恒力矩制动是指提升机在安全制动时保持一个恒定不变的制动力矩;恒减速制动就是提升机在安全制动时,通过闭环系统,达到在不同载荷、不同速度、不同工况下同一制动过程中保持制动过程减速度恒定不变的制动方式。

(4) 提升机闸控系统技术现状

闸控系统一直是矿井提升设备中极为重要的设备之一,目前,国内外使用的制动系统主要有恒力矩、恒减速和多通道恒减速制动系统。

恒力矩制动系统在制动过程中,制动力矩是恒定的,在上提重载、空运行和下放重载时,提升系统的紧急制动减速度是变化的。为满足系统的安全要求,一般采用二级制动系统。恒减速制动系统在制动过程中,从理论上来说上提重载、空运行和下放重载时紧急制动减速度是恒定的,为 $1.5 \sim 1.8 \ \mathrm{m/s^2}$,其制动力矩是变化的,可以减小空载和上提重载紧急制动减速度,减小制动过程中钢丝绳的动张力。多通道恒减速制动系统,其制动性能同恒减速制动系统一样,但对制动安全进一步加强。若采用制动系统,在提升机运行过程中任一通道油管爆裂,不会因为制动力过大而造成提升机打滑;若任一通道油管堵塞,也不会因为没有制动力而造成提升机跑车,增加了提升系统的安全性。

① 恒减速制动工作原理

提升机安全制动时,根据牛顿第二定律可知:影响制动减速度的主要因素是载荷和制动力矩。当载荷一定时制动减速度受制动力矩的控制,而制动力矩又受制动油压的控制,即恒值闭环恒减速制动原理,换句话说,通过控制制动油压的变化可以使制动减速度在不同载荷、不同速度、不同工况下保持恒定。

通常实现恒减速制动的一般方式是:确定一个符合《煤矿安全规程》要求的减速度值,在安全制动过程中,通过电液控制系统给定一条对应的速度曲线,再通过对速度反馈、压力反馈的控制调节,使实际速度按照给定的速度曲线变化,即可达到恒减速制动的目的。

② 恒减速制动与恒力矩制动的比较

恒减速制动与恒力矩制动的区别是后者的制动减速度是变化的,而在恒减速制动过程中制动减速度保持不变,反映在提升机运行中,恒力矩制动有冲击、不平稳,恒减速制动连续、平稳、无冲击。

五、提升机无人值守控制技术

1. 实现提升机无人值守控制的目的

① 减少人员编制,降低人工成本,体现"无人则安,机械换人"的先进理念。

② 减少操作人员误操作的可能性,提高提升系统的可靠性。

③ 实现矿井提升机智能控制,提高运行效率。

2. 实现提升机无人值守需要重点解决的问题

随着矿井提升机自动化技术的发展,采用智能化技术代替人员现场操作,避免人为操作的失误,提高提升机的安全性和运行效率。但要实现无人值守需要重点解决以下几个方面的问题：

①　建立先进、可靠的矿井提升机控制系统集中监控终端,实现对矿井提升机运行全过程的动态监控、集中管理和统一控制。

②　建立全数字化检测系统,提高数据检测精度。

③　建立矿井提升机运行数据库系统,为事故分析、查询提供可靠的依据。

④　可靠的数字化硬件设备。

⑤　安全高效的软件环境。

⑥　畅通安全的网络系统。

⑦　清晰稳定的音频、视频监控系统。

3. 提升机无人值守控制系统的构成

提升机无人值守控制系统由智能配电系统、智能变频传动系统、可编程控制系统、工业音视频监控系统、调度中心监控系统、远程诊断系统、钢丝绳在线检测系统、制动闸在线检测系统、恒减速闸控系统、传感器系统、自动装卸载系统、提升信号系统等组成。

①　智能配电系统:满足双回路电源供电,智能断路器、电动机保护、综合保护、仪表等具备 Profinet 或 RS-485 通信功能,以便可编程控制系统采集相关数据。

②　智能变频传动系统:采用全数字速度、电流、位置闭环控制使提升机在设定速度下稳定、可靠运行,高精度的直接力矩控制或矢量控制保证精确的电动机控制;实际速度紧跟预定速度变化,从等速段向减速段、减速段向爬行段过渡的平滑性好;具有很强的抗干扰能力,环境适应性强,谐波分量小,对电网无公害。

③　可编程控制系统:主控系统可编程软件实现软硬件控制的无扰切换,即在现场就地操作和调度中心操作之间切换没有断续和扰动。在运行过程中对人为误操作软件不响应,就地或者在调度中心(除急停功能外)均可实现无人参与的自动提升。数字监控器具有自学习功能,根据实际运行速度、位置曲线自动生成一条全行程的速度、位置包络线,使提升机运行更加安全可靠。

④　工业音视频监控系统:它是实现提升机安全运行必不可少的一部分,它能直观有效地提前发现问题,对系统运行故障有一定的预警能力,能实现人为的"闻、看、摸、听"功能。

⑤　调度中心监控系统:调度中心通过实时数据趋势图和分析图,能实时在线了解整个提升机系统状况,易于提前发现问题,解决问题,采取快速的应急措施,合理决策。

⑥　远程诊断系统:实现设备的工艺参数设置与调整、故障分析预警以及系统维护。

⑦　钢丝绳在线检测系统:从不同角度实时自动检测钢丝绳损坏情况,自动生成检测报告并报警。

⑧　制动闸在线检测系统:由多个位移、压力及温度传感器对制动盘的正压力、偏摆、温度、闸间隙、油压及油温等各参数进行实时监控。

⑨　恒减速闸控系统:实现提升机工作和安全制动,安全制动时能按设定的减速度平稳停车。

⑩　传感器系统:全面有效的传感器布置,对周围环境、主机及辅助设备进行检测。

⑪　自动装卸载与提升信号系统:在煤矿立井罐笼提升中,采用智能化自动装卸载与提升信号系统,实现信号的自动转发与装卸载控制。

第二节　煤矿智能辅助运输系统

一、概述

煤矿辅助运输系统承担着除原煤以外的人员、物料、设备等的运输任务，大致可分为轨道辅助运输系统和无轨辅助运输系统。轨道辅助运输以铺设双轨或悬吊单轨为主要特征，采用架线电力、防爆柴油机、蓄电池和钢丝绳为牵引动力源；而无轨辅助运输则以胶轮或者履带为行走机构，采用防爆柴油机、蓄电池等为牵引动力，完成井下相关运输工作。无轨胶轮运输装备是继轨道运输装备之后在我国高产高效矿井推行的一种新型辅助运输装备。相对传统轨道运输，防爆无轨胶轮装备具有点对点高效运输、适应各种路况、机动灵活的特点。在煤矿开采过程中，可以根据不同的使用要求选择合适的运输方式。

煤矿辅助运输是整个煤矿运输系统中不可缺少的重要环节，它的技术装备水平和智能化管理直接关系到辅助运输的效率和生产安全。近10年，我国辅助运输装备及智能化技术取得了较快的发展，表现在微机控制、嵌入式系统、通信技术等相关智能化技术的广泛应用方面。我国已经开发了防爆电喷柴油发动机、防爆蓄电池动力电驱车辆，实现了车辆智能保护、车辆姿态监测和行车信息存储、自动灭火、智能防撞、车辆定位、车载无线通信、智能调度和管理等功能，推动了煤矿井下辅助运输智能化进程，既提高了运输效率，又提高了人员和设备的安全性，对煤矿安全高效生产起到了至关重要的作用。

二、辅助运输装备智能化技术

煤矿辅助运输装备智能化技术主要针对设备本体采用先进的传感技术、微机处理技术、嵌入式技术等开发车辆保护系统、监控系统、控制系统和管理系统，具体包含防爆柴油机技术、防爆蓄电池技术、防爆变频电动机牵引技术、无轨车辆智能测控技术及其他智能装备技术。该技术为辅助运输系统整体智能化提供了技术基础。

1. 防爆变频电机牵引技术

防爆变频电机牵引技术是煤矿自移动设备的关键技术，是一种电机和变频器相互配合的新型机电系统技术，具备更智能、灵活的控制策略。该技术通过总线控制，调节变频器输出到电机的电压、电流、频率等参数，就能够实现防爆变频电机的调速、调转矩或者调功率控制，以及多重模式间的智能切换。

（1）防爆永磁电机技术

防爆永磁电机依据电机的反电动势波形可分为两种：防爆永磁无刷直流电机（方波永磁同步电机）与防爆永磁同步电机（正弦波永磁同步电机）。其结构大同小异，控制器结构也完全一致，区别主要在于电机位置传感器形式、电机PWM（pulse width modulation，脉宽调制）控制方式。无刷直流电机价格更低、控制算法更简单，通常更换编码器后就可以改成永磁同步电机算法运行模式。此外，还有一种防爆永磁盘形电机，具有更短的轴向尺寸、更轻巧的结构。

① 防爆永磁无刷直流电机

防爆永磁无刷直流电机是一种自控变频的梯形波永磁同步电机，就其基本组成结构而言,可以认为是由电子开关电路、永磁同步电动机和磁极位置检测电路组成的"电动机系统",其中电子换相电路又由功率逆变器电路和脉冲生成电路构成。

电动机转子由输出轴、永磁体、固定架等组成,定子由定子铁芯、定子绕组、温度传感器等组成。电动机上安装有霍尔位置传感器,用于检测电动机内部磁极和绕组的位置关系,通过 IGBT(insulated gate bipolar transistor,绝缘栅双极型晶体管)控制转向。

② 防爆永磁同步电机

防爆永磁同步电机是由永磁体励磁产生同步旋转磁场的同步电机,永磁体作为转子产生旋转磁场,三相定子绕组在旋转磁场作用下通过电枢反应,感应三相对称电流。与防爆永磁无刷直流电机相比,其理论三相电波形为正弦曲线,没有永磁无刷直流电机的大量不规则杂波,同步运行更加平稳。

防爆永磁同步电机启动过程通常采用无刷直流电机的启动算法,通过变频器与电机转子位置传感器配合,输出方波启动电流,待电机进入同步转速后改为变频调速方式运行。

(2) 防爆交流异步变频电机技术

防爆交流异步变频电机,由于其结构简单、运行可靠,被广泛应用于煤矿井下提升、运输、采掘设备。煤矿辅助运输系统重型车辆通常采取电池快速更换的方式,对整车质量、续航里程和电机效率要求不高,也常采用交流异步电机。

防爆电动车辆牵引驱动系统主要由牵引电机和变速装置组成。其中,变速装置的选择相对灵活,根据动力匹配情况选择合适的变频装置,使其能够与牵引电机完美融合,将电机的最优性能充分发挥,满足车辆行驶要求。而牵引电机的选择却要考虑多种因素,因为防爆电动车辆经常处于车辆启动、加减速挡以及刹车这三种工况下。牵引电机是电驱动车的动力来源,电机的启动转矩、过载倍数、温度与效率、变频情况下的机械工作特性、四象限运行时的电流与转矩的微观状态等因素直接影响车辆的传动性能。

通用交流异步感应电机配合防爆低压 DC/AC 变频技术,用于防爆蓄电池车辆的变频牵引系统,通过转矩矢量变频牵引控制、大电流功率器件驱动和隔爆外壳散热等相关技术的试验和研究,将各种工作条件下车载变频的运行温度都控制在工作范围内,消除发热对变频的影响,保证变频器可靠运行。其优点是成本低、可靠性高,但自身质量大、输出转矩过载能力低,适合用于防爆重型蓄电池车辆。

综上所述,这几种电机均有应用于防爆电动车辆的可行性,从续航里程和效率方面来说,永磁电机更适用于轻型矿用蓄电池车辆,变频异步电机更适用于重型矿用蓄电池车辆。由锂电池供电的防爆电动车辆最常使用的是永磁无刷直流电机,由于电流波形为方波,控制相对简单,效率最高可达 95% 以上,而且体积小、质量轻、供电电压范围宽、免维护。而特别强调可靠性的重型车辆,若对体积、质量要求不高,更适合采用变频调速异步电机,相较永磁电机能够大幅度降低成本和缩短研发周期。

2. 无轨车辆智能测控技术

无轨车辆智能测控技术是集规划决策、环境感知、辅助驾驶等功能于一体的系统化技术,其中运用了很多现代新技术,如计算机技术、现代传感技术、人工智能控制技术、现代信息通信技术等。智能化运输车辆是一个高科技的综合体,对智能辅助运输系统的构建具有十分重要的意义。

(1) 车载调度通信技术

地面交通、运输领域的车辆位置和身份识别的成熟应用,带动了井下车辆调度通信技术的发展。井下防爆车辆通过车载调度终端与调度中心进行通信。

系统主要由智能车载终端、配套电源、车辆位置读卡器、人员身份识别设备(虹膜识别仪)、无线天线、视频摄像仪、语音对讲手咪等设备组成。其中,智能车载终端是核心部件,选用了 Android 系统,采用低能耗、高性能的快速处理器。该系统具有语音、视频、虹膜识别通信接口,具有 CAN、RS-485、RS-232 扩展通信接口,并支持全网通、4G 专网通信、Wi-Fi 通信。其主要功能是实现车辆参数实时采集、驾驶员身份认证、视频通话对讲、行车视频监控、车辆位置实时显示、井下地图定位导航等。通过无线通信网络,调度人员可与司机视频语音通话,实现远程调度。

(2)防撞智能保护技术

煤矿井下特殊的工作环境,容易导致防爆车辆在运输过程中出现撞车、撞人等交通事故,严重时会出现人员伤亡。因此,应用先进的探测感知技术实现车辆防撞预警,对井下车辆运输安全有着重要作用。目前,井下车辆配备的防撞智能保护装置主要有倒车可视报警装置、前防撞毫米波雷达系统。

① 倒车可视报警装置

倒车可视报警装置具有前后测距报警和倒车影像功能,可有效减小倒车盲区。倒车测距影像系统由矿用控制器、矿用测距传感器、矿用摄像仪、矿用显示器及相关电缆组成,具有可靠性高、质量小、安装方便等优点。矿用摄像仪主要由防水外壳、摄像头组成,图像通过防水外壳玻璃面投影进摄像头,由摄像头内 CMOS 传感器转换为标准的模拟视频信号。选用星光级摄像仪在低照度环境下能够清晰摄像。倒车矿用测距传感器的有效测量范围为 50～1 500 mm,可以采用超声波或者红外测距方式;前测距传感器使用红外测距方式,有效测量范围为 1～5 m;目前,前后测距精度可达 0.1 m。

该装置已应用于运人车及材料运输车,支持车厢视频实时显示,便于司机实时观察车厢内情况,以提高乘车安全性;具有行车记录功能,辅助监管人员查看行车轨迹及便于事故发生后的责任认定;支持倒车影像功能,辅助司机看清车厢后方人员活动及障碍物情况,避免碰撞,提高倒车安全性;具有红外补光功能,补光灯数量可以根据车型增减,满足红外光照强度;能同时录制倒车、车厢、行车三路视频信息,支持本地回放,可以通过 USB 和以太网接口拷贝存储视频。

② 前防撞毫米波雷达系统

由于受到车辆前端传感器安装位置、测量角度等方面的限制,且车辆前进速度相较后退速度快,前防撞预警距离要求相对较远,所以车辆前防撞预警不同于倒车测距要求。目前,可采用毫米波雷达传感技术实现前防撞预警。毫米波雷达包括雷达传感器、信号处理模块、信号接口通信模块等,并与智能控制器和红外探头共同组建前方预警系统。

前防撞预警系统采用长距离测距传感器与毫米波雷达相结合的方式,可增大防撞测距距离,可使车头测距范围达 1～30 m。结合嵌入式智能控制器,可实现智能决策、主动制动功能,提高行车安全性。

前防撞毫米波雷达系统已应用于生产指挥车上,最大探测范围可达 30 m,探测角度可达 120°。其中,30 m 内可精确探测前方车辆、弯道障碍物信息,5 m 内可探测人员信息,如果驾驶员未及时采取减速与停车措施,车辆可自动触发制动,提高了人员、车辆的安全性。

（3）矿用近感探测系统和电子围栏

矿用近感探测系统用于探测一定范围内存在的人员和机器,当预先设定的区域内有人员或机器进入时,系统可以自动发出预警信号,并使移动机器停止运动,或者提醒人员不得靠近,从而防止设备伤害人员,起到电子围栏的作用。

（4）防爆车辆自动灭火装置

辅助运输车辆作为入井人员及材料的主要交通工具,一旦发生火灾,可能引起煤矿瓦斯、煤尘爆炸等事故,故防范火灾工作显得尤为重要。

防爆车辆自动灭火装置,由红外线火灾探测器、主控器及程序、报警器、灭火器喷头、灭火气罐(带电磁阀)、蓄电池电源、连接电缆、导管等附件组成。其主要功能是主动探测车辆是否出现燃烧状况并能主动实施灭火。红外线火灾探测器和灭火器喷头安装在发动机机舱等车辆易燃、易高温的部位。该装置能够在车辆燃烧初期的最佳灭火时间内进行灭火操作,能有效控制车体燃烧,可以为驾驶员提供情报或进行灭火操作,可有效保障驾驶员人身安全,减少火灾损失。

三、辅助运输智能化管理系统

井下空间有限、运输路线复杂、环境较差,给辅助运输造成较大的安全隐患。此外,开采的高效化、运输的多样化,以及井下运输设备数量不断增加,也对辅助运输系统的自动化管理提出了更高的要求。因此,不仅要对运输设备进行智能化控制,还要建立管控系统以提升运输效率,保证生产安全。

井下轨道运输管理系统,对轨道机车监控调度,实现运行自动化管理,可以有效防止机车撞头、追尾、侧撞等事故,避免机车抢行、逆行、对行、超速、非正常占线等不安全行为,保障各类机车行车安全,提高机车运输效率。

1. 煤矿轨道运输监测系统

该监测系统分为三层结构:第一层为监控管理层;第二层为网络传输层;第三层为现场采集控制层。监控管理层主要负责数据存储、分析、显示、统计、打印、人机交互、网络发布等相关功能,通过系统软件可实现列车的位置监控、机车调度、进路管理。网络传输层采用工业以太网 TCP/IP 作为传输协议负责监控主机与现场控制分站的数据传输。现场采集控制层由控制分站、执行设备和传感器组成。煤矿轨道运输监测系统的主要功能如下:

① 机车运行状态监测。系统可在地面主控室对矿井轨道运输进行实时监控,在调度终端实时显示井下各列车位置、车号及信号灯、道岔状态和区段占用情况。调度员可据此实时掌握机车运行状态,并操作系统自动进行分析调度,指挥列车安全、高效运行。系统记录运行过程数据,生成管理报表和列车循环图。

② 设备工作状态监测。系统随时反映全部设备和传感器的工作状态,并进行故障自动诊断、报警,如信号机的工作模式状态、系统供电状态、转辙机的位置等信息。

③ 设备控制功能。一般情况下,通过远程调度或控制系统自动判断实现信号机状态控制和道岔位置控制,从而实现机车的行驶路径控制。在特殊情况下或系统检修时,需要用设备的手动使用功能。

④ 信号闭锁功能。系统具备区间闭锁、敌对进路闭锁、敌对信号灯闭锁,以及信号灯与转辙机联锁等功能,可确保在有机车未按照任务路线行驶或闯红灯的情况下能够安全运行。

⑤ 自动调度功能。调度系统提供半自动和自动两种调度方式。在半自动调度方式下，调度员既可以指定任务计划，自动指挥机车安全运行，又可以根据机车运行情况，随时分区段和进路调度车辆。自动调度时，在机车每次开始行驶时，由调度员输入行驶路线的起始地址和目的地址或者执行的任务，然后监控系统便根据命令对机车的运行实行自动跟踪和自动开放进路。

⑥ 信息化管理功能。系统对运行、操作的情况进行数据记录、存储，并能查询及重演回放，以便于事故分析、调度策略优化及业务学习培训；具备统计报表、生成历史报表功能，并能实现数据共享，从而提高企业管理信息化水平和工作效率；具备报警功能，包括通信故障报警、闯红灯报警、设备故障报警、分站掉电报警，以及道岔位置异常报警等功能，报警方式有声音、光闪、屏幕提示等；还能实时反映系统内设备和传感器的工作状态，自动诊断故障。

2. 井下轨道电机车无人驾驶智能化管理系统

近年来，井下电机车远程遥控和无人驾驶技术受到普遍关注。井下电机车无人驾驶采用变频驱动技术、计算机控制技术、物联网技术、井下精确定位技术、高带宽无线通信技术、巷道位置导航技术，结合生产作业调度优化模型，实现井下电机车远程遥控作业。在无人驾驶状态下，电机车按集中控制室的指令启动后，可按照预先设定的程序自动运行。在地面可对井下电机车进行可控、可视的远程操作，运行状态通过无线通信实时显示于调度室内。运行中如果出现故障，电机车可自我诊断，运行状态可集中反馈到控制室显示屏上，提示工作人员进行必要的人工处理。

3. 井下无轨胶轮车智能化管理系统

（1）概述

随着辅助运输装备技术的进步，我国矿井开始采用新型高效的无轨辅助运输。无轨胶轮车具有运输能力大、速度快、爬坡能力强、载重量大、机动灵活、装卸方便等优点，在井下的应用范围越来越广，应用数量也越来越多。但井下巷道宽度窄，容车空间有限，光线较暗，容易引起车辆在某个区域发生堵塞和碰撞，导致车辆运输效率低下或导致安全事故。特别是部分矿井缺乏有效的技术监管手段，主要靠驾驶员的自觉性和驾驶技术水平，导致经常出现车辆超载、超速等情况，对井下交通造成很大的安全隐患。同时，由于井下车辆外形尺寸不同（有重型车、轻型车）、运输任务不同（有人车、材料车和设备车）、运输路况复杂（有十字路口、丁字路口、弯道、上坡、下坡、车场等），井下无轨胶轮车的运行管理存在一定的难度，对无轨胶轮车的运行管理提出了更高的要求。所以，采用智能化技术手段进行规范化管理和安全调度，对提高运输效率、降低劳动强度、提升辅助运输系统的安全水平具有十分重要的意义。

（2）系统结构

井下无轨胶轮车智能化管理系统采用先进的电子技术、计算机技术、通信技术实现井下电机车交通运输的科学化管理。该系统主要包括路口信号灯管理、车辆违章管理、车辆调度、信息发布等，通过红绿灯控制实现车辆的有序管理，通过闯红灯及超速违章管理避免交通事故的发生，提高交通运输能力及确保车辆与人员的安全。在车辆上安装无线数据采集设备，实现车辆轨迹状态远程监控与调度，提高运输效率。应用 GIS 地图实现井下车辆位置及行驶轨迹的重现，使井下车辆更直观地在调度中心展示；通过客户端软件完成车辆的任务排程优化、信息的远程发布等，从而使无轨胶轮车的运输管理实现智能化。

井下无轨胶轮车智能化管理系统结构分为三层,即调度层、通信层、控制层。调度层主要由工作站、服务器、大屏幕显示器、调度台等设备组成。调度层实现数据采集、数据处理、数据存储、数据服务与应用,对整个无轨胶轮车运输管理系统进行联锁运算处理、人机交互、操作命令下发、设备状态实时接收并进行图形显示。数据采集与处理主要对各子系统设备的数据进行采集与分析,如车辆定位系统数据采集与分析、车辆超速数据测定、车辆运行数据分析、环境参数超限报警分析、信号灯控制等。数据服务主要提供 GIS 信息服务、视频通信服务、语音通信服务、数据存储服务、数据查询服务等。数据应用主要实现车辆状态监测及设备状态监测,如对车辆位置、车辆速度、车辆状态、任务进度、信号灯状态、设备状态、调度分站和读卡器通信状态进行实时监测;实现车辆调度与指挥,包括任务调度、信号调度、语音调度、设备管理、车辆管理、司机管理、任务回放等;实现辅助运输综合运营信息管理和车辆全生命周期管理,进行数据统计、报表生成、信息查询等。

通信层主要由通信设备和通信网络组成,对于整个系统的数据传输起着关键作用,不仅需要保证各类数据传输的实时性、稳定性、可靠性,还需要考虑针对移动目标的通信问题。所以,通信网络需要采用有线与无线相结合的组网模式。利用煤矿已有的工业以太网为有线传输网,并在巷道内覆盖无线宽带网络,实现数据传输。对于固定位置的设备,采用有线方式接入环网。对于井下移动的设备或不方便接入环网的设备,采用无线宽带进行通信,实现无线数据、语音、视频远程调度与管理。由于车辆属于快速移动目标,具有在基站之间快速切换的要求,所以在无线网络选择上,应优先选用移动性好的 4G(5G) 无线通信技术。

控制层主要由现场控制设备组成,主要包括井下交通信号灯控制系统(含闯红灯违章抓拍系统)、车辆定位与测速系统、智能车载调度系统、视频监控系统、沿巷交通信息发布系统(含候车室车辆信息查询系统)等。每个系统都由现场智能控制单元、显示单元、现场总线、现场测控设备、电源等组成。智能控制单元负责将其管辖的设备状态上传给调度层,同时根据接收到的命令驱动相应设备,实现就地设备的信息采集与控制。

(3) 智能化管理子系统及其关键技术

井下巷道通常都有丁字路口、十字路口、上坡、下坡、弯道,还有更复杂的路口。特别是井底车场,车流量大,运输负荷大,很容易引起堵塞和安全事故。所以应在各关键路口、地点安装信号灯进行指挥,实现车辆的有序控制。

井下交通信号灯控制系统由主控制器、车辆检测器、信号灯箱和就地控制器多个硬件设备构成,各设备与主控制器之间采用 CAN 总线组网的方式,实现井下信号灯管控。

主控制器、车辆检测器、信号灯箱和就地控制器安装在井下路口处。通过检测路口车辆信息,触发信号灯状态,采用自动控制与就地手动控制两种工作方式,实现路口信号灯的有序、有效管理,配合上位机软件实现井下路口信号灯的远程监控与调度管理。

主控制器用于对井下交通车辆检测器、信号灯箱、就地控制器进行组网控制,要求适合煤矿井下含有爆炸性气体的环境使用。主控制器具有 CAN 总线、以太网通信接口、I/O 接口,可以接入就地设备,实现就地设备的显示控制;也可以接入工业环网,与监控中心联网,实现远程控制。其主要功能是用于拐弯路口、丁字路口和十字路口等的交通信号灯管理,并具有实时自动检测硬件故障的功能,可以实时将车辆定位器、车辆检测器、信号灯硬件的各种故障上报到监控中心,便于及时维护,保证整套系统运行的稳定性和可靠性。

车辆检测器主要用于井下车辆固定位置检测,有地磁型、地感型、电子标签型等类型。

当路口有车辆经过时,车辆检测器通过 CAN 总线向主控制器发送检测信息。主控制器获得车辆检测器发来的车辆信息,经综合判断后通过 CAN 总线下发指令给局域网中的信号灯箱,指挥信号灯箱变化颜色,完成路面交通的指挥。

井下交通信号灯由信号灯板和信号灯控制器组成,信号灯颜色主要有红、绿两色,也有红、绿、黄三色,现场根据具体需要进行选择。井下交通信号灯主要用于井下路口信号指挥。交通信号灯箱的"红、绿、黄"状态指示,可根据需要进行逻辑组合设计,信号灯的高度可调节。

四、辅助运输智能化关键技术

1. 无线带宽传输技术

车辆信息必须能实时传输到调度中心,调度中心的控制命令也必须能很快地传输至电机车。在整个行驶过程中井下的电机车和地面调度管理人员必须时刻保持数据通信,要求在井下大巷中全面覆盖移动无线数据通信系统。通信系统要承载无线语音和图像服务功能,要求实时性强、带宽高、移动性好、响应快。目前 4G 和 5G 在井下的成功应用给井下无人驾驶提供了可能。

2. 实时精确定位技术

在电机车无人驾驶系统工作过程中,为了获得更高的安全性,担负信号引导功能的电机车运输监控系统和担负自动驾驶功能的车载设备,都需要随时知道电机车所处的精确位置。电机车运输监控系统需要根据电机车的位置及时进行区段道路闭锁,根据电机车的位置切换信号与道岔。电机车需要根据位置进行启停控制,根据不同区段进行速度加减控制。采用传统的电机车位置检测方式已不能满足无人驾驶要求。需要采用多种技术相结合的定位方法,才能够达到一定的效果。较适用的方法是采用车载终端测速与关键位置检测相结合的定位方式。通过车载终端测速装置实时计算车辆的运行位置,并以轨道计轴传感器或其他位置的检测传感器进行关键点的位置校正,由此获得精确的位置信息,通过无线通信系统上传到监控中心,实现电机车的实时位置监控。这种方法需要可靠的无线宽带网络覆盖作为支撑。

3. 无人驾驶安全控制技术

无人驾驶电机车相对传统电机车,内部需要配置性能更优的智能化控制系统,不仅需要具备自动调速系统、制动系统、车载通信系统、车辆运行数据监测系统,而且需要具备自动驾驶算法和故障安全保护机制。在电机车无人驾驶过程中,车辆需要按照调度分配的任务和路线自动运行,当岔道信号设备出现故障,或者车载设备出现故障,或者无线通信终端、运输巷道出现不可知因素,以及运行路线出现偏差时,可能涉及安全行车问题。此时电机车需要根据自主分析判断,自动进入安全模式,并发出报警信号。

4. 轨道监控技术

在井下电机车无人驾驶过程中,电机车运输监控系统负责进路开放、联锁运算、道岔控制及车辆位置检测等任务,对电机车无人驾驶起着引导作用。井下信号、道岔及位置检测传感器等设备必须准确可靠,否则,将会造成严重的安全事故,因此对电机车运输监控系统的可靠性提出了较高要求。井下电机车无人驾驶是未来矿井电机车运输智能化发展的重要方向,对各种技术有较高的要求。目前,一些关键技术已在试验中获得突破并应用,这进一步推动了井下电机车无人驾驶技术的发展。

思　考　题

1. 煤矿主运输系统包含哪些运输环节？
2. 带式输送机智能化控制有哪些关键技术？
3. 矿井提升机智能化控制有哪些关键技术？
4. 矿井辅助运输装备智能化技术有哪些？
5. 简述矿井辅助运输装备智能化管理系统组成。
6. 矿井辅助运输智能化有哪些关键技术？

参 考 文 献

[1] 种磊,李智源.煤矿智能带式输送机运输系统关键技术综述[J].煤炭工程,2022,
　　54(增刊1):32-36.

[2] 段志昆.煤矿智能主运输系统探讨与研究[J].煤矿机械,2023,44(1):70-72.

[3] 高峰.煤矿井下辅助运输系统设计方法与智能调度研究[D].青岛:山东科技大
　　学,2012.

[4] 葛世荣,鲍久圣,曹国华.采矿运输技术与装备[M].北京:煤炭工业出版社,2015.

[5] 李鑫.智能化技术对煤矿机电运输的影响[J].工程建设与设计,2020(22):251-252.

[6] 牛卫国.基于UWB的煤矿胶轮车智能运输管理系统的开发实践[J].机械研究与应
　　用,2020,33(1):151-154.

[7] 史向阳.煤矿智能辅助运输系统的设计与应用[J].机械管理开发,2019,34(4):
　　199-200.

[8] 王国法,刘峰,庞义辉,等.煤矿智能化:煤炭工业高质量发展的核心技术支撑[J].煤
　　炭学报,2019,44(2):349-357.

[9] 王海波.煤矿智能辅助运输系统现状与展望[J].智能矿山,2021,2(1):50-54.

[10] 王海君,张世杰,徐少勤.煤矿井下智能运输系统图像识别技术研究[J].中国高新
　　科技,2022(2):9-10.

[11] 王锐,程磊.曹家滩煤矿智能快掘随动连续运输系统的研究与应用[J].智能矿山,
　　2022(8):82-86.

[12] 赵文才,付国军.煤矿智能化技术[M].北京:应急管理出版社,2020.

第七章　煤矿安全智能保障系统

煤矿安全高效绿色生产是智能精准开采的重要目标。本章主要介绍了煤矿安全事故类型，重点介绍了煤矿智能通风系统以及煤矿顶板灾害、水害、火灾、冲击地压及瓦斯灾害等典型灾害智能管控系统和煤矿井下职业健康。

第一节　煤矿安全风险及典型灾害概述

煤与瓦斯
共采

煤矿安全风险是指煤矿生产过程中危险事故发生的可能性，它客观地贯穿于煤矿整个生产过程。煤矿的生产系统是一个非常复杂的系统，其组成包括人、机、物、环四个方面。系统在实现功能目标时，由于人、机、物、环各自存在一些缺陷可能导致事故灾害的发生，造成的后果包括系统破坏、机损人亡、环境破坏等。导致煤矿安全事故发生的因素主要有三个方面：机器处于危险状态、环境中存在危险的影响因素、操作人员自身的违规疏忽等行为。其中，人作为该系统的核心起着重要的作用，因为人控制机器，同时对环境造成影响，同时也是事故发生之后的受害者。

煤矿典型的安全事故主要包括顶板事故、水害、火灾、冲击地压、煤与瓦斯突出等。

一、顶板事故

1. 顶板事故的概念

顶板事故通常是指煤矿井下开采过程中由于顶板的意外冒落导致作业人员伤亡、设备损坏以及开采活动终止等的事故。顶板事故是煤矿主要事故之一。

2. 顶板事故的特征

顶板事故主要有以下特征：① 突发性；② 灾难性；③ 破坏性；④ 继发性。顶板事故一般发生在采煤工作面的上下出口处、煤壁线、放顶线以及地质破坏带附近。

3. 顶板事故的分类

顶板事故主要根据发生规模和力学原理进行分类。顶板事故按发生规模分为局部冒顶和大面积冒顶，按力学原理分为压垮型冒顶、漏垮型冒顶和推垮型冒顶。

4. 顶板事故发生的原因

顶板事故发生的根本原因是开采过程中矿山压力的活动。由于矿山压力作用，顶板先是沿着节理出现裂缝，产生离层现象。此时，如果顶板管理不当，支护质量不好，压力继续增大，岩层变形超过弹性变形极限，就会出现断裂、垮落、片帮或局部冒顶。分析发生顶板事故的原因，有的是对客观事物的认识不足，而较多的则是现场管理不善。

5. 顶板事故的预兆

顶板事故的预兆有多种，包括声音、直接顶、支架和架棚以及煤壁的预兆等。

　　① 声音的预兆。采掘工作面冒顶前会发出多种声音,如采煤工作面基本顶断裂时发出的鸣炮声、直接顶受压时的破裂声、掘进工作面架棚及背顶材料受压后的劈裂声等,都是冒顶的预兆。

　　② 直接顶的预兆。采煤工作面直接顶在受到基本顶压力后,会更加破碎,裂缝会增多、加宽,出现掉渣甚至下矸雨现象。同时,直接顶的下沉量也会增大,下沉速度加快。掘进工作面顶板同样会出现裂缝、掉渣、离层等,所有这些现象的出现都表明冒顶事故即将来临。

　　③ 支架和架棚的预兆。采煤工作面冒顶前反映在支架上的预兆有活柱下缩速度加快,下缩量加大,支柱被折断、压弯或整体向一方倾倒;掘进工作面反映在架棚和前探支架被压弯、压劈。

　　④ 煤壁的预兆。顶板来压时,工作面煤壁因受压而片帮,且片帮速度比平时快,片帮程度严重。同时,煤壁片帮导致顶板裸露,破碎的直接顶失去支撑也可能发生冒顶事故。

二、水害

　　1. 煤矿水害的概念

　　凡影响生产、威胁采掘工作面或矿井安全,增加吨煤成本,使矿井局部或全部被淹没的水灾,统称为煤矿水害。

　　2. 煤矿水害的类型

　　煤矿水害根据分类方法的不同分为不同的类型。

　　① 按水源类型可以划分为顶板水害、底板水害和老空水害。

　　② 按导水通道可以划分为断层突水、陷落柱突水、裂隙岩体突水、封闭不良钻孔突水和煤(岩)柱突水。

　　③ 按水源含水介质可以划分为孔隙水害、裂隙水害和岩溶水害。

　　3. 煤矿水害的特征

　　① 水害事故发生频率与伤亡人数居高不下。

　　② 煤炭工业的快速发展期往往也是水害事故的高发期。

　　③ 掘进工作面、采煤工作面和巷道是水害事故主要发生地点,冒险蛮干、水文地质不清和盲目施工则是水害事故的主要原因。

　　④ 透水水害的水源主要出自采掘过程中遇到的未知隐伏导水构造,采空区透水是主要透水类型。

　　⑤ 废弃矿井、小窑积水和底板高压岩溶水引起煤矿水害的比例逐渐增加。

　　⑥ 非法违规生产成为水害事故的重要诱因,水害事故与矿井防治水技术水平、装备水平和管理水平密切相关。

　　⑦ 水害事故多发生在雨季,多发于乡镇煤矿、改制煤矿和基建矿井。

　　⑧ 水害事故造成的经济损失巨大,抢险救灾难度大,社会影响恶劣。

　　4. 煤矿水害的形成模式及机理

　　煤矿水害的表现形式和模式种类比较多,按照突水方式进行归纳总结可以分为:

　　① 薄板宏观破断、厚板微观压裂突水机理。底板突水是岩(底板砂页岩)、水(底板承压水)、应力(采动应力和地应力)共同作用的结果。煤层底板的隔水层厚度较大并且完整,这种煤层底板通常情况下能够承受承压水对底板的剪切破坏,确保隔水层的安全。如果在较

厚隔水层中发生突水事故,一般多发生在断裂带、陷落柱或隐伏构造带中。采动矿压使底板隔水层出现一定深度的导水裂隙,导致岩体强度降低,隔水性能减弱,底板渗流场重新分布。当承压水沿导水裂隙进一步侵入时,岩体遇水软化而导致裂隙继续扩展,直至底板岩体的最小主应力小于承压水水压时,便产生压裂扩容,发生突水。

② 断裂突水模式。按照薄板宏观破断、厚板微观压裂导升导水这两种突水机理,综合煤层断裂位置和底板的关系,可以将突水模式分为以下四种:断裂直通式、断裂影响承压水导升带式、断裂影响底板破坏带式和断裂影响底板破坏带与裂隙导升带式。断裂突水的导水模式如图 7-1 所示。

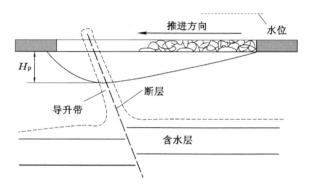

H_p—底板破坏带深度。

图 7-1 断裂突水的导水模式

③ 陷落柱突水模式。按照与采煤工作面或者巷道的位置关系,根据薄板宏观破断、厚板微观压裂导升导水两种最基本的突水机理,陷落柱突水模式可分为顶底部突水模式和侧壁突水模式两类。针对其特点,可以进一步分为四种模式:薄顶板理论子模式、剪切破坏理论子模式、厚壁筒突水子模式和压裂突水子模式,如图 7-2 所示。

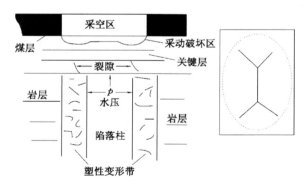

图 7-2 陷落柱突水模式及破断形状

三、火灾

1.煤矿火灾的概念

煤矿火灾主要指煤与矸石自然发火和外因火源造成的事故,它是煤矿主要灾害之一。煤矿封闭有限空间内一旦发生火灾,灾害影响范围会迅速扩展,且烟流变化复杂,波及范围广,往往会造成严重的人员伤亡与财产损失,甚至引发爆炸事故,导致灾害程度和范围扩大,酿成更为严重的后果。

2. 煤矿火灾的危害

煤矿火灾的危害主要表现在以下几个方面:

① 产生毒害气体,造成人员伤亡。煤矿井下可燃物较多,被引燃后会生成大量 CO、CO_2、SO_2 等有毒有害气体和高温烟气,若其随风流到达作业场所,极易造成人员中毒窒息,这是煤矿火灾事故的主要伤亡形式。

② 毁坏设备设施,引燃煤炭。火区内设备设施一旦被引燃,会造成不可逆的损坏,也会因长时间封存而报废。煤层自然发火或外因火灾引起的煤炭燃烧短期内一般很难熄灭,会造成严重的资源浪费。

③ 影响连续开采,降低生产效率。发生大规模煤矿火灾时,往往要对火区进行长时间封闭灭火,这会影响生产安全和开采的连续性。同时,火灾可造成支护设施被烧毁、巷道坍塌,破坏风流,阻碍生产进行。

④ 引发瓦斯煤尘爆炸,造成二次灾害。煤矿火灾为瓦斯煤尘爆炸提供了热源,当周围瓦斯或煤尘浓度达到爆炸极限时,就可能发生爆炸事故,从而扩大灾害范围,造成更大的伤亡和损失。

3. 煤矿火灾的类型

与其他煤矿灾害不同,煤矿火灾可分为多种类别,且不同类别的事故其发生规律、产生机理存在较大差异。目前,一般根据煤矿火灾发生特点和防灭火技术的需要对煤矿火灾进行划分。

① 根据引火源不同,可将煤矿火灾分为内因火灾(煤炭自燃)和外因火灾,这也是国内外最常用的煤矿火灾分类方法。

内因火灾是由于煤炭或者其他易燃物质自身氧化蓄热,发生燃烧而引起的火灾。内因火灾发生频次较高,可占煤矿火灾事故总数的90%以上,除造成人员伤亡、影响生产安全外,还会导致严重的煤炭资源损失。煤自燃火源点一般较为隐蔽,多发生于采空区或煤层压裂区,初期一般未见明显烟雾和火焰,但可产生大量毒害气体。此外,煤自然发火初期征兆不明显,火势发展较为缓慢。火灾后须对火区进行封闭灭火,火区若管理不当也极易造成二次事故。

外因火灾是由外部火源(如明火点、爆破、电流短路、摩擦等)引起的火灾。根据外部火源产生原因不同,将煤矿外因火灾分为机电火灾、炸药燃烧和明火火灾三类。其中,机电火灾包括机械设备(如带式输送机、压风机等)火灾与电气设备(如电缆、开关、变压器等)火灾两类;炸药燃烧是指井下火工品自热自燃并生成有毒物质但未发生爆炸的事故;明火火灾主要是指因井下使用或产生明火而引起的事故,如吸烟、使用火炉等。外因火灾发生发展一般较为突然和迅猛,并伴有大量烟雾和毒害气体产生,若火灾发生初期处置不当,极易造成火势蔓延,甚至引发瓦斯爆炸,导致事故扩大。外因火灾发生后,火区下风侧人员处于被高温烟流污染的危险区,若不能及时有效撤离也极易导致伤亡扩大。

② 根据消防中灭火剂的选用以及物质的燃烧特性,火灾可分为 A 类火灾(煤炭、木材、橡胶、棉、麻、毛等含碳固体燃烧)、B 类火灾(汽油、煤油、柴油、甲醇、乙醇等可燃液体燃烧)、C 类火灾(煤气、天然气、甲烷、乙炔等可燃气体燃烧)、D 类火灾(钠、钾、镁等可燃金属燃烧)、E 类火灾(带电火灾)和 F 类火灾(动植物油脂等烹饪器具内的烹饪物火灾)。类似地,

根据煤矿井下燃烧物不同,煤矿火灾可细分为煤自燃火灾、机电设备火灾、炸药燃烧火灾、坑木燃烧火灾、煤尘燃烧火灾、瓦斯燃烧火灾、油料燃烧火灾等。

③ 根据发生地点不同,煤矿火灾可分为地面火灾和井下火灾,根据井下具体位置可细分为井筒火灾、巷道火灾、煤柱火灾、采煤工作面火灾、采空区火灾、硐室火灾等。

④ 根据火灾发生的直接原因不同,煤矿火灾可分为机械摩擦引起的火灾、电气设备引起的火灾、明火引起的火灾、爆破引起的火灾等。

⑤ 根据引火性质不同,煤矿火灾可分为原生火灾与次生(再生)火灾。次生火灾是指由原生火灾引起的火灾。

⑥ 根据发火地点对矿井通风的影响,煤矿火灾可分为上行风流火灾、下行风流火灾和进风流火灾。

4. 煤矿火灾发生条件

(1) 外因火灾

与普通火灾类似,煤矿火灾的发生必须同时具备可燃物、引火源与氧气三个条件,即人们常说的"火三角"。缺少上述任何一个条件火都会熄灭,这也为这类火灾事故的预防提供了有效途径。

① 可燃物。煤炭本身就是井下普遍存在的可燃物,且存量巨大,一旦接触火源极易被引燃,造成火势发展蔓延。此外,煤矿开采过程中涌出的瓦斯、CO 等可燃气体,生产所需的坑木、支护材料、机电设备、火工品、输送带、胶质风筒、电缆等固体材料,以及柴油、润滑油、变压器油、液压油、油漆等各种油料都是易导致火灾的可燃物。

② 引火源。引火源是煤矿火灾发生的最主要因素,只有具备足够热量的热源才能引发可燃物的燃烧。煤矿井下热源的产生方式很多,如煤的自燃火源、电气设备故障产生的火花、机械设备运转产生的热量、吸烟、施焊作业、爆破作业以及其他明火都可能引燃周围可燃物。对于引火源的控制是进行火灾防治的关键环节。

③ 氧气。燃烧是一种发光、发热并伴有烟雾产生的剧烈氧化反应。若环境中缺乏足够浓度的氧气(通常低于 3%),可燃物的燃烧一般难以持续,这也是煤矿井下封闭或隔绝火区灭火的原理。因此,应合理控制井下风流及空气中的氧气浓度,防止风流过大而漏风导致煤自然发火,同时应避免风流不畅造成火工品分解或瓦斯煤尘积聚。

(2) 内因火灾

矿井内因火灾发展过程分为潜伏期、自热期和燃烧期三个阶段。

① 潜伏期。当有自燃倾向的破碎煤体与空气接触后,煤体从空气中吸附的 O_2 与含氧游离基进行反应,生成更多稳定性不同的游离基。该阶段煤体的氧化过程比较缓慢,煤体及周围环境温度的上升不易察觉,煤体的变化主要表现在煤体的质量略有增加、着火点温度降低及化学活性增强。

② 自热期。经历过潜伏期之后的煤体由于化学活性增强,其吸氧速率增加,氧化速度加快,不稳定的氧化物分解成 H_2O、CO_2、CO。如果煤体周围环境条件适合热量积聚,氧化过程生成的热量大于周围环境散发的热量,则煤体温度将继续升高,当超过煤体自热的临界温度(一般为 $60 \sim 80 \ ℃$)时,煤体温度急剧上升,开始出现煤的干馏现象,产生芳香族的碳氢化合物、H_2、CO 等可燃性气体。同时,煤体中的水分蒸发生成一定数量的水蒸气,使煤体周围环境湿度增加。

③ 燃烧期。经过自热期的发展,煤体温度上升至着火温度,若此时还能得到充分的供氧条件,矿井内因火灾则进入燃烧期。该阶段的主要现象为产生明火、烟雾、CO_2、CO 及各种可燃性气体,并会出现煤油味、松节油味或煤焦油味等。

矿井内因火灾的形成需要同时具备一定厚度具有自燃倾向的煤体、连续的供氧、适宜热量积聚的环境及一定的时间四个条件。

5. 煤矿火灾事故共性特征

煤矿火灾造成的主要伤亡形式是中毒、窒息或灼伤。据统计,事故中直接引火死亡者是少数,95％以上的遇难者死于烟雾中毒。煤矿火灾事故属非动力型灾害,存在逃生与救援过程,事故初期若能及时发现预兆并妥善处置,可减少甚至避免伤亡损失。反之,若事后处置不当或事前不作为,则极易引发二次事故,导致灾害规模与人员伤亡数量扩大。因而,对于各类煤矿火灾事故的预防,可主要从杜绝火源产生和防止已发生的火灾扩大两方面展开。

四、冲击地压

1. 冲击地压的概念

冲击地压(冲击矿压)是煤矿生产过程中出现的典型煤岩动力灾害之一,是指煤矿井巷或工作面周围煤(岩)体中聚集的弹性能在动力扰动下瞬时释放而产生的突然、剧烈破坏的动力现象,常伴有煤岩体瞬间抛出、强烈震动、巨响及气浪等。

2. 冲击地压的特征

① 突发性。冲击地压发生前一般无明显的宏观前兆,冲击过程短暂,持续时间几秒到十几秒,难于事先准确确定发生的时间和地点。

② 瞬时震动性。冲击地压是弹性能急剧释放的过程,一部分能量以地震波形式传播,造成巨大的声响和强烈的震动,震动波及范围可达几千米甚至几十千米。

③ 巨大破坏性。冲击地压发生时,往往造成煤壁片帮、底板突然开裂鼓起甚至接顶,有时顶板瞬间下沉,但一般并不冒落;冲击地压可瞬间造成上百米巷道的破坏,破坏性巨大。

④ 复杂性。冲击地压在各种地质和生产技术条件下均发生过,影响冲击地压发生的因素众多,机理复杂。

3. 冲击地压的危害

冲击地压是一种特殊的矿山压力显现形式,会摧毁井巷及设备,造成人员伤亡,还会诱发突出、瓦斯煤尘爆炸等次生灾害,严重时造成地面建筑物破坏。

① 对井下巷道的影响。高能量冲击地压对井下巷道的影响主要是瞬间破坏煤岩体,将煤岩抛向巷道,破坏巷道周围煤岩的结构及支护系统,使支护系统失去其功能,同时破坏冲击区域安装的设备和管线。当冲击地压能量较小或冲击震源距巷道较远时,一般不会对巷道支护产生影响。

② 对井下人员的影响。低能量冲击地压对井下人员影响不大。高能量冲击地压会对井下人员造成直接伤害或者二次伤害,严重时会致人死亡。由于冲击地压是在一瞬间发生的,发生区域的人员来不及撤离而瞬间造成伤亡。

③ 对地表建筑物的影响。发生高能量冲击地压时,地面一般会有明显的冲击震感,引起地表下沉,甚至破坏地面的建筑物。

4. 冲击地压的发生机理

冲击地压的发生机理,也就是冲击地压发生的原因、条件、机制和物理过程。代表性的机理有强度理论、刚度理论、能量理论、冲击倾向性理论、"三准则"理论、扰动响应失稳理论、"三因素"理论、冲击地压启动理论、动静载叠加诱冲理论等。

① 强度理论。该理论认为井巷和采场周围产生应力集中,当应力达到煤岩强度极限时,煤岩突然发生破坏,形成冲击地压。

② 刚度理论。该理论认为矿山结构的刚度大于矿山负荷系统的刚度是发生冲击地压的必要条件。

③ 能量理论。该理论认为矿体与围岩系统的力学平衡状态破坏后释放的能量大于消耗的能量时,就会发生冲击地压。

④ 冲击倾向性理论。该理论将煤岩介质产生冲击破坏的能力称为冲击倾向。由此,可利用一些试验或实测指标对发生冲击地压可能程度进行估计或预测。当介质实际的冲击倾向度大于规定的极限值时,就存在冲击地压发生的可能性。

⑤ "三准则"理论。该理论将强度理论提出的强度准则,看作煤岩发生破坏的判据,作为必要条件,把能量理论和冲击倾向性理论提出的准则作为煤岩突然破坏的充分条件。

⑥ 扰动响应失稳理论。该理论认为冲击地压是煤岩介质受采动影响而产生应力集中,煤岩体处于高应力区局部形成应变软化的介质与未形成应变软化的介质处于非稳定平衡状态时,在外界扰动下的动力失稳过程。

⑦ "三因素"理论。该理论认为冲击地压发生的过程是煤岩地层受力的瞬间黏滑过程,是煤岩层满足剪切强度准则以突然滑动并在滑动过程中伴随着动能释放的动力过程,即内在因素(煤岩的冲击倾向性)、力源因素(高度的应力集中或高变形能的储存与外部的动态扰动)和结构因素(具有软弱结构面和易于引起突变滑动的层状界面)是导致冲击地压发生的最主要因素。

⑧ 冲击地压启动理论。该理论认为顶板-煤层-底板、空洞组合工程结构体,其冲击启动原理为弹脆性单一结构体突破材料强度极限,材料失稳,导致组合工程结构体结构动力失稳。

⑨ 动静载叠加诱冲理论。该理论认为采掘空间周围煤岩体中的静载荷与矿震形成的动载荷叠加,超过了煤岩体冲击的临界载荷时,煤岩体会瞬间产生动力破坏,发生冲击地压,如图7-3所示。该理论给出了动载与静载叠加诱发冲击地压的能量和应力条件。当动静载叠加接近煤岩强度时,单轮或多轮动载作用可诱发煤岩冲击破坏;当动静载叠加远小于煤岩强度时,多轮动载虽然能使煤岩产生损伤,但难以诱发冲击破坏。

5. 冲击地压的分类

我国煤矿冲击地压有以下几种分类方法:

① 根据应力种类和加载方式的不同,冲击地压分为重力型、构造型、震动型和综合型等类型。

② 根据材料和结构失稳的不同,冲击地压分为材料失稳型、结构失稳型和滑移错动失稳型等类型。

③ 根据震级和抛出的煤量,冲击地压分为轻微冲击(抛出煤量10 t以下,震级1级以下的冲击地压)、中等冲击(抛出煤量10～50 t,震级1～2级的冲击地压)、强烈冲击(抛出煤量50 t以上,震级2级以上的冲击地压)等类型。

④ 根据冲击地压动静载的力源、能量释放的主体,冲击地压分为四类,即煤柱压缩型冲

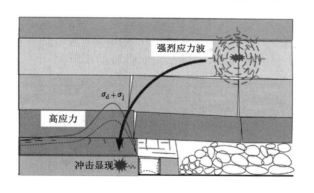

σ_d—动载；σ_j—静载。

图 7-3 动静载叠加诱发冲击地压模型

击地压（静载垂直高应力为主、动载扰动，能量释放主体为煤柱）、顶板破断型冲击地压（静载应力加顶板强动载扰动，能量释放主体为顶板破断运动）、褶曲构造型冲击地压（静载构造水平高应力为主、动载扰动，能量释放主体为构造区煤体）、断层活化型冲击地压（静载应力加断层活化强动载扰动，能量释放主体为断层活化滑移），见图 7-4。

⑤ 根据载荷特征，冲击地压分为高静载型、高动载型及其复合型等类型。

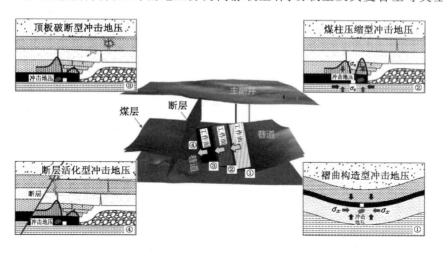

图 7-4 基于主控因素的冲击地压分类

五、煤与瓦斯突出

1. 煤与瓦斯突出的概念

煤与瓦斯突出是指在煤矿井下采掘过程中，在地应力和瓦斯的共同作用下，突然从煤岩体内喷出大量的破碎煤岩与瓦斯，并伴有声响和猛烈力能效应的动力现象，它是煤矿最为严重的灾害之一。

2. 煤与瓦斯突出的显现特征

① 突出的煤向外抛出距离较远，具有分选现象。

② 抛出的煤堆积角小于煤的自然安息角。

③ 抛出的煤破碎程度高，含有大量的块煤和手捻无粒感的煤粉。

④ 有明显的动力效应,破坏支架,推倒矿车,破坏和抛出安装在巷道内的设施。

⑤ 有大量的瓦斯涌出,瓦斯涌出量远远超过突出煤的瓦斯含量,有时会使风流逆转。

⑥ 突出孔洞呈口小腔大的梨形、倒瓶形或其他分岔形等。

3. 煤与瓦斯突出的危害

煤与瓦斯突出是煤矿井下生产过程中的一种强大的灾害,严重威胁着煤矿的安全生产。由于煤与瓦斯突出会在一瞬间向采掘工作面空间喷出大量煤与瓦斯流,不仅严重摧毁巷道设施,毁坏通风系统,而且使附近区域的井巷充满瓦斯与煤粉,造成人员窒息或煤流埋人,遇有火源甚至会引发煤尘和瓦斯爆炸,造成更大的人员伤亡。

4. 煤与瓦斯突出的发生机理

针对煤与瓦斯突出对矿山开采造成的危害,国内外科研工作者对煤与瓦斯突出发生原因、条件以及孕育、激发、发展过程等突出机理做了大量深入的研究,提出了多种突出机理假说及理论。煤与瓦斯突出机理假说主要有三类,包括地应力作用假说、瓦斯作用假说以及综合作用假说。

"以地应力为主导作用的假说"和"以瓦斯为主导作用的假说"论述了煤与瓦斯突出的发生主要受到单一因素即瓦斯或者地应力对突出发生的作用。"综合作用假说"认为突出是地应力、瓦斯和煤的物理力学性质耦合作用的结果,地应力、瓦斯压力为突出的发生和发展提供能量来源,煤岩的物理力学性质则反映了煤岩抵抗破坏的能力,其基本理念已广为人们接受。

煤与瓦斯突出的发生经历了孕育、激发、发展和终止四个阶段,如图 7-5 所示。孕育阶段经历了煤层沉积形成、地质构造引起煤体物理力学性质的变化、在煤层中进行采掘工作等一系列过程,这个过程形成了有利于突出的地应力状态和瓦斯聚集空间。激发阶段,在地应力和采掘扰动作用下工作面前方形成了扰动裂隙圈,当工作面推进至接近构造区位置时,地应力与采掘应力的叠加作用使工作面前方形成大面积的塑性变形区域,同时产生大量扰动裂隙,煤层瓦斯迅速解吸扩散流入构造区内的裂隙空间。发展阶段,煤体瓦斯大量解吸扩散,构造区内瓦斯压力急剧增加形成高能聚集区,且靠近工作面的塑性区煤体发生拉伸破坏,煤体强度显著降低。随着工作面的推进,工作面前方煤体受地应力和瓦斯压力的共同作用,继续发生拉伸破坏,当高能聚集区内的瓦斯压力大于工作面前方的煤体强度时发生突出,煤体从高能聚集区大量抛出。终止阶段可分为暂时停止阶段和永久终止阶段。其中,暂时停止阶段是指突出发生后的一段时间,该阶段能量会再次聚集,导致二次突出发生;永久终止阶段是指当煤层瓦斯解吸速度小于工作面瓦斯涌出速度同时高能聚集区内的瓦斯压力不足以推动突出孔洞内的煤岩时,煤与瓦斯突出永久终止。

5. 煤与瓦斯突出的分类及一般规律

(1) 煤与瓦斯突出的分类

按动力现象的力学(能量)特征,煤与瓦斯突出可分为:

① 煤与瓦斯突出:主要作用力是地应力和瓦斯压力,通常以地应力为主,瓦斯压力为辅,重力不起决定作用;突出的基本能量是煤体内积蓄的高压瓦斯潜能。

② 煤与瓦斯压出:主要作用力是地应力,瓦斯压力与煤的自重是次要作用力,压出的基本能量是煤体内积蓄的弹性应变能。

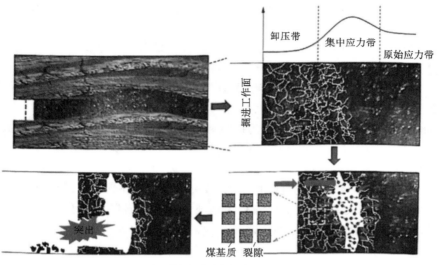

（a）煤与瓦斯多场耦合诱突过程

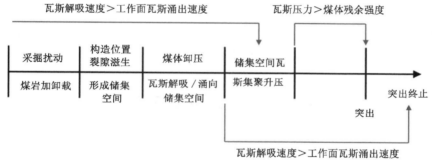

（b）煤与瓦斯突出阶段划分示意图

图7-5　煤与瓦斯突出多场耦合诱突过程及突出阶段划分示意图

③ 煤与瓦斯倾出：主要作用力是地应力，即结构松软、含有瓦斯致使黏聚力降低的煤体，在较高地应力作用下，突然破坏、失去平衡，为其势能的释放创造了条件。

按动力现象的强度，煤与瓦斯突出可分为：

① 小型突出：强度小于 50 t/次，突出后，经过几十分钟瓦斯浓度可恢复正常。

② 中型突出：强度为 50～99 t/次，突出后，经过一个工作班以上瓦斯浓度可逐步恢复正常。

③ 次大型突出：强度为 100～499 t/次，突出后，经过一天以上瓦斯浓度可逐步恢复正常。

④ 大型突出：强度为 500～999 t/次，突出后，经过几天回风系统瓦斯浓度可逐步恢复正常。

⑤ 特大型突出：强度大于 1 000 t/次，突出后，经过长时间排放瓦斯，回风系统瓦斯浓度才能恢复正常。

（2）煤与瓦斯突出的一般规律

① 突出与地质构造的关系：突出多发生在地质构造带内，如断层、褶曲或火成岩侵入区附近。

② 突出与瓦斯的关系：煤层中的瓦斯压力和瓦斯含量是突出的重要因素。一般来说，瓦斯压力和瓦斯含量越大，突出的危险性越大。但突出与煤层的瓦斯含量和瓦斯压力之间没有固定的关系。瓦斯压力低、含量小的煤层可以发生突出，瓦斯压力高、含量大的煤层也可能不突出，突出是多种因素综合作用的结果。

③ 突出与地压的关系：地压越大，突出的危险性越大。当深度增加时，突出的次数和强度都可能增加；集中应力区内发生突出的危险性增加。

④ 突出与煤层构造的关系：煤层构造主要指煤的破坏程度和煤的强度。一般情况下，煤的破坏程度越高，强度越小，突出的危险性越大，故突出多发生在软煤层或软分层中。

⑤ 突出与围岩性质的关系：若煤层顶底板为坚硬而致密的岩层且厚度较大，集中应力较大，瓦斯不易排放，突出危险性则较大；反之则小。若顶底板中具有容易风化和遇水变软的岩层，则突出危险性减小。

⑥ 突出与水文地质的关系：实践表明，煤层比较湿润，矿井涌水量较大，则突出危险性较小；反之则大。这是由于地下水流动，可带走瓦斯，溶解某些矿物，给瓦斯流动创造了条件。

⑦ 突出具有延期性：突出的延期性是指震动爆破后没有诱导突出而是相隔一段时间后才发生突出，其延迟时间从几分钟到几小时不等。

第二节　矿井智能通风系统

一、矿井智能通风的基本概念

1. 矿井智能通风系统

矿井智能通风系统是指运用全新的测控方法测量矿井风速，并在三维井巷模型的基础上对矿井通风系统进行智能分析，然后依据实时解算结果对井巷设施进行相应调控，它是矿井通风、安全生产、现场管理、技术管理和系统节能的重要保障。

矿井智能通风是通过智能控制实现按需供风，稳定、经济地向矿井连续输送新鲜空气，供人员呼吸，稀释并排出有害气体和粉尘，改善矿井气候条件及救灾时具有一定智能调控风流的作业。其内涵是将信息采集处理技术、控制技术与通风系统深度融合，按照"平战结合"的理念实现按需供风及异常灾变状态下的智能决策与应急调控，既满足日常通风的自动化管理与维护，又实现灾变时期的应急控风来有效抑制灾情演化。其主要功能包括：

① 保证矿井通风系统经济可靠并做到灾情预警，达到安全、经济目标。保障通风系统日常运行的可靠性与经济性，生产过程中做到按需供风；满足通风异常的自动感知、诊断与预警功能。

② 实现矿井通风系统的全程自动化，达到智能调控目标。运用互联网、物联网、人工智能、大数据、新材料以及先进制造、信息通信和自动化技术，建设智慧矿山通风系统，实现分析决策与联动调控，灾变条件下能够实现防灾、减灾、控灾和主动救灾等全过程的自动化与

智能化。

2. 矿井通风方式和方法

按照矿井进风井和回风井的位置关系,一般将矿井通风方式分为中央式、对角式、区域式和混合式等四种类型。

中央式:进风井、回风井均位于井田走向中央。依据进风井、回风井的相对位置,又分为中央并列式和中央边界式(或中央分列式)。

对角式:进风井位于井田中央,回风井位于井田两翼,称为两翼对角式;进风井、回风井分别位于井田的两翼称为单翼对角式;进风井位于井田走向的中央,在各采区开掘一个不深的小回风井,无总回风巷,称为分区对角式。

区域式:在井田的每一个生产区域开凿进风井、回风井,分别构成独立的通风系统。

混合式:由上述几种方式混合组成。如中央并列与两翼对角混合式、中央分列与两翼对角混合式等。

根据风流获得动力的来源不同,可将矿井通风分为自然通风和机械通风,其中主要通风机通风方式分为抽出式、压入式和压抽混合式三种。

抽出式通风:将矿井主要通风机安设在回风井一侧的地面上,新风经进风井流到井下各用风地点后,污风通过主要通风机排出地表。

压入式通风:将矿井主要通风机安设在进风井一侧的地面上,新风经主要通风机加压后送入井下各用风地点,污风经过回风井排出地表。

压抽混合式通风:在进风井和回风井一侧都安设矿井主要通风机,新风经压入式主要通风机送入井下,污风经抽出式主要通风机排出井外。

3. 通风机及通风构筑物

(1)通风机

通风机主要包括离心式通风机和轴流式通风机。

(2)通风构筑物

通风构筑物可分为两类:一类是通过风流的通风构筑物,如主要通风机风硐、反风装置、风桥、导风板和调节风窗;另一类是隔断风流的通风构筑物,如井口密闭、挡风墙、风帘和风门等。

二、矿井智能通风系统的组成

矿井智能通风系统由可调通风动力、可控通风设施、通风网络和智能调控系统组成,按照矿井多元信息智能感知→高效可靠信息传输→通风状态智能分析与决策→通风设施/动力智能调控指令分发、执行及效果反馈的工作流程,实现通风系统的智能联动调控。矿井智能通风系统基本组成与架构如图7-6所示,其整体运行依靠通风信息感知、信息交互传输、远程数据分析与智能决策、通风联动调控等功能模块。

(1)通风信息感知模块

矿井智能通风系统核心信息来源的感知神经主要包括精密风量、风速、温度、瓦斯含量、一氧化碳含量、粉尘质量浓度、压力等参数传感器,通风设施与通风机状态参数反馈传感器,防爆门数据监测传感器等。

(2)信息交互传输模块

矿井智能通风系统信息交互的神经网络主要包括井下多源信息交互传输算法、工业以太网络、防爆交换机、传输分站、传输线缆等。

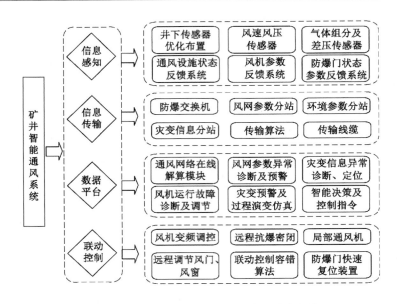

图 7-6　矿井智能通风系统的基本组成与架构

（3）远程数据分析与智能决策模块

矿井智能通风系统的大脑，能通过数据挖掘准确判识通风异常状态、原因与位置，实时预警、研判异常致灾的时效性影响范围与灾害程度，融合井下人员定位系统与逃生行为等多元信息，制定井下和井上通风设施、设备的联动调控策略，并通过协同集控执行并反馈决策方案，从而最大限度地缩小灾害影响范围。因此，它主要包括通风网络在线解算、通风状态异常在线诊断与预警、灾变预测及演变过程仿真，以及防灾、减灾、抗灾、救灾决策等子模块。

（4）通风联动调控模块

矿井智能通风系统的执行层，主要包括风机智能变频调控装置、井下自动风门、井下自动可调风窗、区域联动控风装置、井上防爆门快速泄压复位装置、井下远程控制抗爆密闭装置等。

三、矿井智能通风关键设备自动控制系统

1. 主要通风机智能控制系统

主要通风机智能控制系统由智能控制系统、运行数据在线监测与故障诊断系统、数据传输网络、环境与安全监控系统、设备巡检系统、无人值守调度平台等组成，是集智能供电、传动控制、智能传输、视频遥视与图像识别、音频采集、数据分析等功能于一体的控制系统。系统通过调度监控平台，实现设备的远程管理与遥控。系统组成结构如图 7-7 所示。

（1）智能控制系统

智能控制系统的核心控制单元由主控制器、计算机监控系统组成，并集成了智能配电系统、变频传动系统，采用双冗余的硬件配置与软件安全控制策略，对风机设备进行可靠控制，实现风机的自动运行、定期自动巡检、自动倒机切换、反风控制、风量自动调节等。

（2）运行数据在线监测与故障诊断系统

运行数据在线监测与故障诊断系统是基于物联网的远程在线监测系统，它主要由数据采集设备与智能传感器组成，对主要通风机系统相关设备进行数据采集、状态监测、趋势分

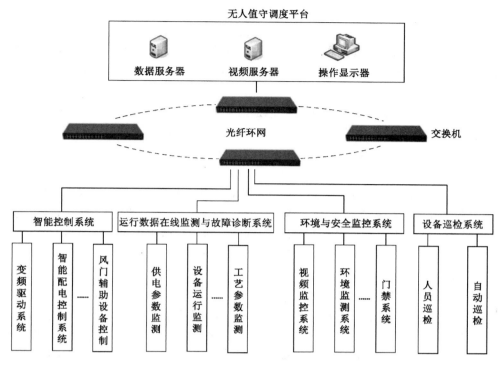

图 7-7　主要通风机智能控制系统组成结构

析、故障诊断与预警，并将报警和故障信息反馈到控制系统，实现应急控制、预防检修。风机在线故障监测与诊断预警技术构成见图7-8。

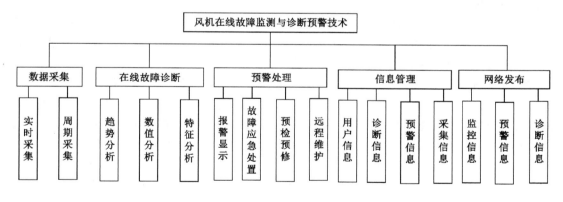

图 7-8　风机在线故障监测与诊断预警技术构成

（3）数据传输网络

数据传输网络利用矿井自动化环网，将现场数据上传到无人值守调度平台，实现远程监管和数据诊断。数据传输网络采用冗余环网，应确保线路故障或中断时不会影响风机的远程数据通信与控制。

（4）环境与安全监控系统

环境与安全监控系统主要由门禁系统、环境监测系统、视频监控系统、监控主机、交换机等组成。

（5）设备巡检系统

设备巡检系统包括系统自动巡检和人员巡检两部分,其中自动巡检是指在无人值守情况下控制系统根据巡检要求定期自检,主要针对备用通风机定期的低频启动自检。

（6）无人值守调度平台

无人值守调度平台可设在矿调度中心,它是通风机数据汇聚点与控制的中心。其主要功能包括工艺画面监控、应急处置、异常报警和设备健康诊断,从而实现无人值守的控制。

2.局部通风机智能控制系统

局部通风机主要担负着抽排煤矿井下局部积聚的瓦斯,或与除尘装备联合使用排除工作面煤尘、改善工作环境的重要任务,达到保证人员及设备安全生产的目的。目前常见的局部通风机可以分为轴流式和离心式两大类,由于轴流式通风机体积相对较小、操作简单方便并且很容易实现设备串联,因此得到了广泛的应用。

局部通风机智能控制系统主要由供电设备、智能控制器、变频闭环调速装置、风速传感器、瓦斯传感器、一氧化碳传感器等构成。煤矿每个掘进工作面一般配套两台局部通风机,一用一备,每台局部通风机配套一台专用隔爆型变频器用来控制两台电机。智能控制器利用传感器反馈的参数(井下不同部位的瓦斯浓度、二氧化碳浓度、风速、温度、粉尘浓度等信号)确定风量设定值,通过变频器调整风机转速来调整供风量,以满足矿井通风需求和实现节能运行效果。当主工作局部通风机供风回路发生故障时,系统可自动将备用局部通风机投入运行,保障工作面不间断供风。

局部通风机智能控制系统的主要功能包括局部通风机双机热备切换、智能通风控制、远程控制与管理。

① 双机热备切换。双机热备切换就是两套独立的变频控制系统通过通风机切换控制器实现主、备通风机的控制与切换,当主工作局部通风机系统中任意环节出现故障时,可自动切换至备用局部通风机,主、备通风机功能一致。

② 智能通风控制。局部通风机智能控制系统具有自控通风、自控排放和手动控制三种运行方式。根据工作面瓦斯浓度范围,局部通风机调速装置自动运行在不同工作模式。调速装置在煤矿井下正常工作时,运行在自控通风模式,根据不同工况自动调节运行,既保证工作面有充足的新鲜风流,又可以实现最大的节能效果;当瓦斯浓度达到一定范围时,调速装置自动工作在自控排放模式,实现瓦斯智能排放运行。局部通风机智能控制系统还具有风电闭锁、瓦斯电闭锁、二氧化碳电闭锁、温度电闭锁、智能降尘等功能,并能对系统自身进行监测和故障诊断,实现一键开机、自动并联运行的功能。

③ 远程控制与管理。局部通风机智能控制系统具有就地控制和远程控制等功能,当用户配置上位机单元时,通风机所有操作均可在地面调度室进行远距离自动化控制,可实现参数设定、参数设定保护、声光报警和远程集中管理等功能。对于有多个工作面的矿井,通过通信网络对不同区域的局部通风机进行集中控制、视频监控,对局部通风机集中管理,实现井下局部通风机无人值守控制。

3.矿用风门自动化控制系统和风窗自动调节系统

矿用风门自动化控制系统主要由控制主机、操作控制设备、人车检测传感器、风门开闭状态传感器和声光报警器、电磁阀、通信设备等组成。其中,控制主机由可编程控制器、控制软件组成,能方便地与多种传感器、执行器配接,构成矿用风门控制系统,完成对各传感器的数据采集处理,并根据各传感器的返回信号,按照要求对风门进行实时控制。风门开闭状态传感器安装在风门上,可以方便监控风门开闭状态,并把信号传到控制主机。人车检测传感器是决定风门可救性、稳定性的关键因素,通常的检测方式有光电感应、超声波检测。通信设备主要用于与地面调度中心的通信,可将数据上传到地面调度中心,实现风门的远程控制。

风窗自动调节系统由可调式风窗、矿用隔爆兼本安型自动风窗电控装置、风速传感器和开度传感器等组成。其中,风速传感器安装于风窗附近且固定于巷道风流较稳定的地方,用于检测巷道风速;开度传感器安装在风窗上,用于检测风窗开度大小;电控装置主要用于现场传感器数据采集和风窗开度控制。风窗自动调节系统具有联网通信接口,可将传感器的数据反馈到矿井通风系统集控平台,并接收集控平台矿井风量调节指令,控制风窗开度大小,进行风量的自动调控,实现风网中风量合理分配,保证各主要用风地点的风量需求,从而实现矿井风量的智能化调节。

井下风门、风窗调节在实现单体自动化控制的基础上,通过联网可实现全矿井风门的集中自动化控制,实现无人值守;同时根据风量解算结果,自动调节风窗,实现风网中风量合理分配,保证各主要用风地点的风量需求,实现全矿井风量的智能化调节。

四、矿井通风网络智能化调控系统

矿井通风网络智能化调控系统采用全局调控的方法,通过建立矿井通风智能监测调控平台,对整个矿井通风状况进行全面监测,并对各风量调节设备进行集中控制。系统主要功能有:通过对通风网络关键位置通风参数实时监测,结合通风网络自动解算模型,对通风网络进行稳定性判定和调风后的预估;根据判定结果,对主要通风机、局部通风机、风门、风窗等风网调节设备进行远程自动调控,达到合理通风要求;采用三维仿真软件,建立矿井三维通风系统动态模型,模拟各类工况下的通风状况,为风量调控提供依据。系统集成了矿井通风网络综合监测、风量自动解算与评估、风量自动调控、三维仿真技术等。系统以煤矿通风安全监测数据为基础,根据通风网络自动实时解算的结果,实现风量的自动调节控制。

1. 智能通风网络综合监测系统

矿井通风的需求量与井下人员数量、生产产量、瓦斯涌出量、掘进速度、巷道断面和长度等因素有关。矿井通风网络综合监测系统可对所有通风地点风量、风速、压力、温度、相对湿度、瓦斯、人员等参数进行实时动态精确测定,同时对采煤工作面进、回风巷通风断面面积进行实时动态精确测定与评估,即对通风安全、环境、人员、产量全面监测。各监测系统及智能监测调控平台,可进行通风数据融合分析,各监测点以三维 GIS 图形集中展示,各监测点风速、风量、压力、温度、相对湿度、瓦斯等参数的变化曲线自动绘制。当检测到瓦斯、风量、风速、压力、温度、相对湿度等参数的变化幅度超出预设范围时,系统可进行多种报警显示,实现通风网络的综合在线监测。

2. 矿井通风网络实时解算与评估系统

矿井通风网络实时解算是指依据风量平衡定律、风压平衡定律、阻力定律,以风网各分支的实时风阻、主要通风机特性和监测监控系统风速(风量)、压差、温度、湿度、大气压力等传感器实时数据为基础,建立方程组在线求解通风网络所有分支风向和风量数据的过程。矿井通风网络实时解算主要涉及非定常实时热湿通风网络解算模型构建、拓扑关系动态变换、通风参数传感器优化布置、阻力系数自适应调整、故障源诊断及阻变量反演、扰动识别等关键技术。

矿井通风网络实时解算与评估系统可根据矿井通风网络有关参数,对矿井各用风地点的需风量、矿井风阻值进行计算,自动进行通风网络解算。按照煤矿通风计算要求,系统可分析出采掘工作面硐室和巷道的用风量,统计出全矿井的总需风量;根据给出的巷道断面面积、巷道长度、选择的支护方式,自动解算出巷道风阻值,即实时计算矿井通风阻力、矿井通风阻力分布情况、各巷道及工作面的摩擦阻力系数等。通风网络实时解算部分采用通风优化算法,可对多个通风方案进行模拟、对比,从而得到最优的方案,确定矿井总风量、总风阻、各分支风量与风阻等。

3. 风量自动调控系统

风量自动调控系统主要根据通风网络实时解算与评估分析结果,对风网系统进行远程自动调控,达到合理要求。调控的主要对象包括通风设施的自动调控和主要通风机、局部通风机的自动测控。通过对风门、风窗设施进行调控可以改变用风地点风阻,从而改变用风地点风量。通过对主要通风机进行调控可以改变矿井总供风量,达到安全节能运行的目的。

4. 三维可视化通风仿真系统

矿井通风网络智能化调控系统可采用三维仿真技术进行通风网络解算、通风调控、预警分析、应急处置,对通风过程进行动态模拟,为矿井管理人员和技术人员提供必要的数据支持,以辅助通风和生产决策。三维可视化通风仿真系统可对通风系统网络进行三维立体显示,以直观掌握矿井通风系统状况。三维可视化通风仿真系统使用计算机图形技术建立矿井三维仿真通风网络模型,对巷道的断面、风阻以及通风构筑物等参数进行赋值,实现通风系统的数字化和三维可视化。采用三维可视化通风仿真技术,一方面可优化矿井通风系统设计,包括通风井巷断面最优化、矿井通风压力最优化、主要通风机选型最优化;另一方面可优化矿井通风系统的调节功能,包括矿井通风网络和主要通风机的调节最优化,使矿井通风系统达到并保持最佳的运行状态。

第三节　煤矿典型灾害智能管控系统

一、矿井顶板动态在线监测系统

矿井顶板动态在线监测系统是用于监测煤矿顶板运动各参数的计算机在线监测系统。系统将计算机检测技术、无线和有线数据通信技术和传感器技术融为一体,实现了复杂环境条件下对煤矿顶板的自动监测、分析和预警。

1. 系统的组成

矿井顶板动态在线监测系统分为井下和井上两大部分,如图 7-9 所示。系统由计算机上位机软件系统、KJ236-J 型矿用数据通信接口、KJ29-Z 矿用隔爆兼本安型通信主站、KJ29-F 矿用本安型顶板监测分站、GDW150 型顶板位移传感器、GMY300 型锚杆(索)应力传感器、GZY50 型矿用支架(柱)压力传感器和 KJJ12 矿用本安型无线网关设备组成。

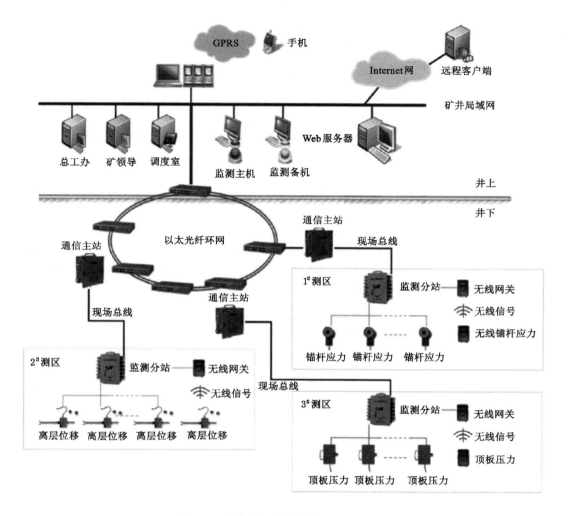

图 7-9 矿井顶板动态在线监测系统组成

2. 系统的工作原理

① 系统以计算机网络为主体,兼容井下通信电缆、光缆专线、以太网络及无线多种数据传输模式,监测参数包括工作面支架或支柱工作阻力、顶板离层位移、锚杆锚索应力三个方面。

② 系统由三个具有不同监测功能的子系统(工作面支架或支柱工作阻力监测子系统、顶板离层位移监测子系统、锚杆锚索应力监测子系统)组成,有些煤矿根据具体的地质条件,可能只需要使用其中的 1~2 个监测子系统。这三个监测子系统从功能上加以区分,硬件结构使用统一的总线地址编码,实际布置上分站可以混合排列,监测主机通过通信协议区分数据类型,可满足国内大型矿井多采区布置的矿压监测需要。

③ 提炼出由不同类型监测子系统得到的反映煤矿顶板稳定状态或支护体工作状态的数据,由计算机进行分析,达到自动识别判定巷道围岩安全性、支护稳定性和可靠性、锚杆或支架的工作状态等。

3. 系统软件组成

矿井顶板动态在线监测系统软件组成如图 7-10 所示。

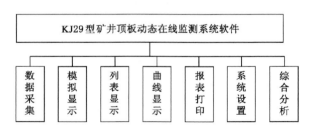

图 7-10　矿井顶板动态在线监测系统软件组成

（1）数据采集

监测分站实时监测井下各压力、位移、应力传感器的数值变化，并把当前值传输给通信主站。通信主站可通过液晶显示屏展示各传感器的当前工作状态及监测数据，当通信主站巡测监测分站时，监测分站将采集到的信息通过 RS485 总线回传到通信主站。通信主站将数据通过光纤或环网连接到井上通信接口，接口将收到的数据通过 RS232 接口传输到监控主机，监控主机的数据采集模块实时处理上传数据，将数据存储，形成历史数据。

（2）模拟显示

① 区域图：采用模拟图和柱状图的方式显示各测区的压力、应力、位移等实时监测值。

② 通信图：以图形化方式展示井下各通信主站、监测分站、传感器的通信状态、供电状态。

（3）列表显示

① 实时测点：采用列表的方式显示井下各压力、位移、应力监测点的实时监测值和状态，包括测点编号、分站编号、测线号、传感器类型、监测值、设备供电状态、数据更新时间、测点位置等。

② 分站状态：采用列表的方式显示井下各分站的工作状态，包括分站地址、分站名称、工作模式、当前状态、与无线网关的通信状态、数据更新时间等。

（4）曲线显示

① 实时曲线：各监测点的实时数据曲线每 30 s 更新一次数据。

② 历史曲线：可以查询任意时间段的各监测点的历史数据曲线。

③ 每日进尺：可查询各监测区域的每日回采或掘进进尺。

（5）报表打印

① 原始数据。

② 日、月报表：特定时间段内某一测点的连续监测值。

③ 报警明细、报警统计：特定时间段内系统测点的报警明细信息和统计信息。

（6）系统设置

可对基本信息进行增加、修改、删除操作。

（7）综合分析

① 事件分析:分析特定时间段的压力、位移、应力数据,采用发生大、小事件概率方法进行表示,最终得出特定时间段内顶板是否安全、是否应该密切关注顶板压力变化。

② 周期来压分析:采用曲线形式展示特定时间段内,随着采掘工作面的推进顶板压力的变化趋势。

③ 压力分析:采用柱状图和饼图的形式展示特定时间段内,某一测线的监测点的压力、位移、应力的分布范围,从而得出顶板安全状况。

二、矿井水害智能监测预警系统

1. 矿井水害智能监测预警系统设计

系统基于现场"一张网"(监测网)进行搭建,整体划分为硬件系统(由地面、井下、采掘监测系统构成)和软件系统(由数据处理、仿真模拟和专家系统构成),在此基础上配套完善网络传输设备,搭建基于大数据分析的综合预警平台,具体模块和指标结构如图 7-11 所示。

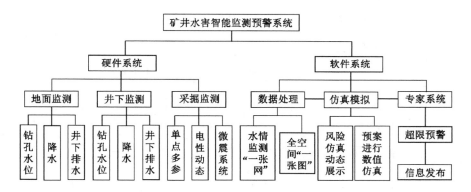

图 7-11 矿井水害智能监测预警系统结构

(1)水情监测指标体系

按照数据的采集方式和影响程度,监测预警指标主要分为动态指标、静态指标和关联指标三类。

① 动态指标,在监测预警期间指标值随时间发生变化,如河流水位、降水量、钻孔水位、涌水量、井下突水点水量、水化学特征值、排水量、采空区水压等。这些指标数据都可以采取人工定期采集和传感器连续采集的方式获取,数据的剧烈变化可以直接指示水害风险的动态。

② 静态指标,在监测预警期间指标值本身不随时间发生变化,如地层结构、岩性、岩层厚度、含隔水层、构造空间展布等。随着地质工作程度的提高,这些指标精度进一步提升,指标值更多是提供基础地质信息,以掌握突水机理的主要影响因素。

③ 关联指标,在监测预警期间指标值需要进行二次解译或计算,进而转换成能够直接用于水害风险分析的数据,如微震监测数据、煤层开采强度、物探探查结果等。

(2)系统的构成

系统将地面水文动态监测单元、井下水情环境监测单元以及采掘工作面采动动态监测单元集成,构成具有网络结构的硬件系统;所采集信息传输至软件控制系统,建立水情信息管理数据库,经数值模拟等仿真模拟处理,应用人工智能技术由专家系统设置测点警戒范围,进行水害信息临界辨识;当监测数据越限时,通过声音、屏幕显示以及手机短信等不同方式进行预警。

2. 矿井水害智能监测预警系统的架构及应用

(1)系统的架构

根据数据流的传输处理过程,系统设计了动态数据输入、数据预处理、水害情景识别、水情监测与预测预报、水害风险预警分析和成果展示六大功能模块,系统数据传输流程见图7-12。

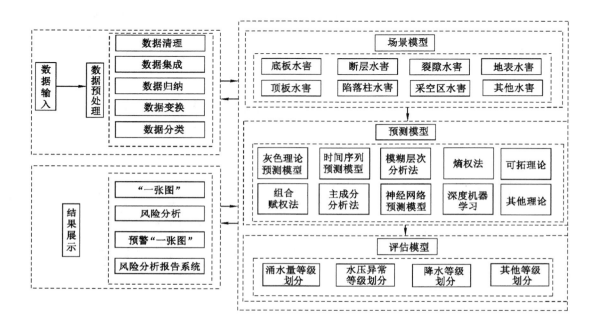

图 7-12　系统数据传输流程

(2)信息感知及获取

采掘工作面采动动态监测单元,充分结合水文物探技术,具有显著特点和优势,其信息感知及获取有关键隔水层电性参数动态监测和关键部位单点或多点多参数监测两种方式。

① 关键隔水层层电性参数动态监测:该技术基于电场理论,通过探测目标体的电性差异判断岩层富水性。在巷道中按一定间隔布置一组测量电极,一条巷道配装一台采集主机,连续采集底板下一定深度关键隔水层的电性信息,把数据传到采集控制中心,通过数据的自动处理分析及对比寻找薄弱带,监测关键层电性变化。

② 关键部位单点或多点多参数监测:微地震或声发射监测直接判断岩体破坏程度、时间及位置;应力、应变状态监测反映隔水层在采动影响下所受破坏及导水性能的变化状况;水压监测直接反映水压裂导升是否发生及承压水导升部位;水温监测则反映是否有深部承压水的补给;水质特征离子监测反映是否有其他含水层或者水体的水入侵。对上述监测项

目的综合分析,可以进行突水预测预报。

（3）智能水害风险预警"一张图"展示

"一张图"是系统监测指标动态和风险预警最终成果的展示平台。其整体设计基于现场数据监测"一张网",综合利用地面地形、地质钻孔、井巷工作面和排水系统等资料,建立井上下全空间水害风险预警"一张图"。"一张图"融合了无人机航拍数据、地形数据、地图数据、地质钻孔数据、井巷数据等,真正实现了多源数据融合和空间联动分析,最终成果如图 7-13 所示。

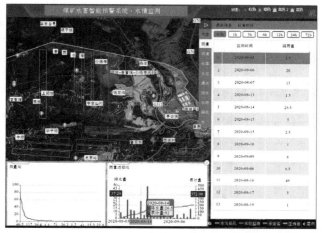

图 7-13　煤矿水害风险预警"一张图"平台展示

在"一张图"平台上,根据国家标准和行业规范建立矿图数据标准,并基于 GIS 平台建立地图服务和协同服务,展示各个水文监测信息、报警信息、监测点周边情况信息等。以全矿井和工作面为不同维度,实现安全生产过程中水情监测与水害风险动态预警的一体化管理。

三、矿井火灾智能管控技术

1. 矿井采空区自然发火智能监测预警系统

根据《煤矿安全规程》和《煤矿自然发火束管监测系统通用技术条件》（MT/T 757—2019）,煤矿采空区自然发火监测预警指标主要有温度及 O_2、CO、CH_4、CO_2、C_2H_2、C_2H_4、C_2H_6 含量等。

矿井采空区自然发火智能监测预警主要采用井下微色谱火灾监测系统,该系统是将微型气相色谱分析技术应用到矿井安全监测领域,采用微型气相色谱仪为核心分析单元的高新智能系统。

井下微色谱火灾监测系统主要设备组成见表 7-1,自然发火智能监测预警系统拓扑结构如图 7-14 所示。该系统由大量的传感节点以组网的形式分布在可能自然发火的区域,可对煤矿综放工作面特别是采空区的自燃火灾数据进行有效、密集监测。系统分三大部分:按照设计点位以组网形式布置在采空区内的多参数无线传感器部分、基站监控部分、地面服务器及火灾预警监控平台部分。系统可实现数据接收、数据存储、数据分析处理、超限报警、系统出错管理和运行日志管理等功能。

表 7-1　井下微色谱火灾监测系统主要设备

序号	设备名称	设备型号	单位	数量	备注
1	矿用多组分气体分析仪	KQF-8	台	1	12路,含载气8 L,标气2 L
2	输气泵站	KZS-20×2	套	7	
3	矿用防爆网络控制开关	QBZ-30/1140(660)	台	1	
4	工控机		台	1	
5	系统工作软件	KSS200V3	套	1	
6	激光打印机	A4	台	1	
7	粉尘过滤器	KSS-200-21	个	1	根据实际情况确定数量
8	单管	PE-ZKW/8×4	m	8 000	
9	单管	PE-ZKW/12×1	m	4 000	
10	矿用隔爆兼本安型分布式光纤测温主机	ZWX8-Z	台	1	自主研发,四通道
11	通信光缆	MGTS	m	1	
12	感温光缆	MGTSV-2A	m	1	
13	光纤收发器	3011AB	只	1	
14	配件		套	1	
15	资料		套	1	

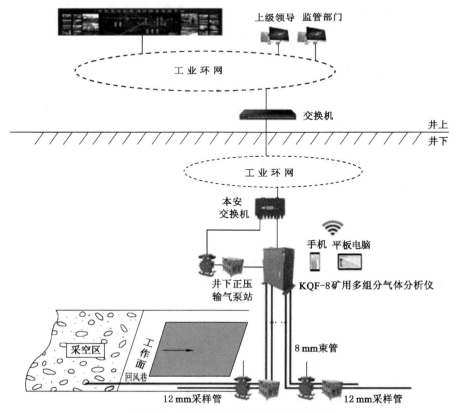

图 7-14　自然发火智能监测预警系统图

井下设备通过网络与井上计算机连接,在计算机控制下,通过井下微色谱火灾监测系统可对监测点的气体进行精确分析,实现对 O_2、N_2、CO、CH_4、CO_2、C_2H_4、C_2H_6、C_2H_2 等气体含量的在线监测。分析结果用谱图、报表等方式提供给有关人员的同时,自动存入数据库,可进一步对某种气体含量的变化趋势进行分析,在计算出采集气体成分以及气体组成成分的含量后,基于气体成分的变化趋势判定发火趋势和火情。

分布式光纤测温系统通过对采空区(工作面)温度、煤层自然发火标志性气体实现原位在线监测,分析采空区自然发火趋势并及时预警。系统采用分布式光纤测温系统(distributed temperature sensing,DTS)、可调谐半导体激光吸收光谱术(tunable diode laser absorption spectroscopy,TDLAS)(不带电的感温光缆和短距离束管),具有监测精度高、可靠性高、实时性好、操作简单、本质安全、耐腐蚀、不受电磁干扰等优点。

感温光缆和采气短距离束管沿走向敷设于井下巷道、工作面及采空区内,也可直接埋设于有火灾隐患的高温区域,能够连续监测长距离大范围的环境温度信息及气体信息。

2. 矿井火灾防治智能注浆监测系统

基于计算机远程监测的矿井注浆灭火系统能提高煤矿企业自动化程度、完善井下注浆灭火工序、对注浆站注浆量进行合理分配、提高矿井劳动生产率。该系统能够将注浆站跑浆、漏浆问题进行实时处理并报警,对灭火过程中的注浆量进行科学准确的统计和计算,保证井下的安全生产。

(1)智能注浆监测系统硬件结构

如图 7-15 所示,浆液从地面注浆泵站向井下多个注浆点输运,因此,注浆系统由井下多个注浆分站系统和地面上位机系统组成。基于计算机的远程监测系统通过在井下注浆点安设监测分站,在地面注浆泵站内安装监测分站,来监测井下注浆点浆液密度、注浆量,地面监测分站负责监测地面注浆泵站的浆液密度和注浆量。从监测分站的对应接口分别通过 RS485 煤矿专用总线与煤矿通信监测系统连接,将监测数据传输到地面控制中心进行处理。

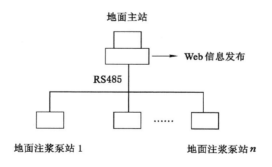

图 7-15　智能注浆监测系统示意图

(2)地面主站功能

地面主站的功能包括收集处理井下监测分站输送的注浆密度和注浆量数据,建立查询、存储及报表打印机制。而该主站最重要的处理功能为比对功能,即将井下分站采集的数据和地面主站采集的数据进行比对,根据比对结果,计算机处理程序可以判断浆液输送管路是否出现阻塞、漏浆、跑浆等问题。此外,地面主站系统还具有 Web 信息发布功能,主站程序还能将比对结果实时发送到煤矿企业局域网中,相关技术人员和管理者能够通过访问局域网完成对注浆泵站的健全性监测和分析。

（3）井下监测系统软件、硬件设计

井下监测分站硬件结构如图 7-16 所示。注浆现场布置的井下监测分站能够及时地监测注浆液密度和注浆量。井下监测分站的电路包括断电保护电路、键盘输入电路、时钟电路、A/D 转换电路及中央处理器（central processing unit，CPU）电路，它们通过 RS485 总线连接到一起。单片机的内置时钟芯片电路可以实时将注浆液泄漏时间和注浆液密度、流量记录下来。为了满足井下生产需求，分站信号变送器和流量传感器全部采用本质安全型设备——矿用智能电磁流量计。

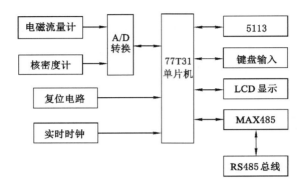

图 7-16　井下监测分站硬件结构

井下监测分站的监测系统能够对注浆全过程进行监测，全天候储存注浆记录、注浆液浓度瞬间值、实时注浆量，对跑浆、漏浆问题实时报警。系统记录内容包括注浆量累计值、设定时间段内的累计注浆量、注浆开始时间、注浆结束时间等，同时可通过开发的组态软件程序完成注浆曲线绘制、报表生成及打印。

（4）技术优势及应用前景

矿井火灾防治智能注浆监测系统弥补了煤矿注浆站跑浆、漏浆的缺陷，对整个注浆灭火过程进行实时的全程监测，及时发现问题并处理，保证了整个注浆灭火防御体系的完整性和可靠性。该系统大大提高了煤矿火灾的扑救能力，改善了事故发生后的灭火效果，同时也降低了巡查人员的劳动强度，节省了煤矿企业人力资源。

四、冲击地压远程智能监控预警系统

1. 冲击地压影响因素

影响冲击地压发生的因素很多，总体可以分为三类，即煤岩层赋存的自然条件、煤层的开采技术工艺、煤炭生产的组织管理等三个方面，如图 7-17 所示。

煤岩层赋存的自然条件中影响因素主要是原岩应力，它由岩体的重力和构造残余应力组成。井巷周围岩体的应力主要由采深决定，而构造残余应力一般出现在褶曲和断层附近。煤岩的冲击倾向性和岩层结构也是冲击地压的重要影响因素。

煤层的开采技术工艺主要是开采引起的局部应力集中和采动压力的影响。由于开采系统设计和生产的需要，或具有坚硬顶板、较大悬顶时，易造成较大的应力集中，还有开采历史造成的应力集中，如煤柱、停采线造成的应力集中传递到邻近的煤层等。同时，生产的集中

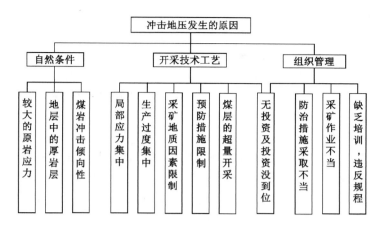

图 7-17 冲击地压影响因素

化程度越高,开采强度越大,越容易发生冲击地压。

开采技术工艺和组织管理相互交叉的因素主要是采矿作业不规范、支架和技术装备没有到位,没有选择有效的冲击地压预报仪器和防治装备,以及没有进行合理控制和治理等。

煤炭生产的组织管理对冲击地压的发生起到一定的作用。管理制度不到位,措施落实不到位,监管力度不够等,使得冲击地压的危害程度大幅提高。例如,没有合理摆放的支柱等设备可能由于冲击地压产生的强烈震动而弹起,伤及人员和设备;闲杂人员在冲击地压危险区域长时间逗留而受到冲击地压事故的伤害;等等。

根据煤矿冲击地压事故的调查和统计分析,得出冲击地压主要发生在地质构造异常区和应力分布异常区,因此可以把冲击地压的主控影响因素分为四类,即煤层赋存条件、地质构造异常区、采掘应力集中区、采掘相互扰动区。

煤层赋存条件,包括煤层开采深度、煤岩的冲击倾向性、顶板坚硬岩层等。

地质构造异常区,包括断层构造区、褶曲构造区、煤层分叉合并区、火成岩侵入区、顶板砂岩带、巨厚覆岩关键层等。

采掘应力集中区,包括区段煤柱区、上覆煤层遗留煤柱区、工作面停采线附近、开切眼外错区、采掘工作面向采空区采掘区域、煤层群巷道叠加区、巷道遗留底煤区、工作面来压与见方区域等。

采掘相互扰动区,包括巷道与巷道掘进的相互扰动区、工作面开采与巷道掘进的相互扰动区、工作面与工作面开采的相互扰动区等。

2. 冲击地压监测预警指标体系

(1) 预警指标选取

为了有效识别冲击地压前兆,通过理论研究、试验研究、现场实测等综合研究方法,得出冲击地压孕育过程的应力与震动敏感参量,构建基于应力场监测的冲击地压应力环境指标以及基于震动场监测的冲击地压微震活动性多维信息预警指标、时空强多维信息预警指标。构建的冲击地压监测指标有 b 值、$A(b)$ 值、断层总面积、缺震数、Z-MAP 值、活动度 S 值、活动度指标 AF、时间信息熵 O、算法复杂性 AC 值、时空扩散性、赫斯特指数、等效能级参数、时序集中度、震源集中度、矿压危险系数和总应力当量等。

由于冲击地压的复杂多样性,不同条件下存在不同的前兆模式,单维信息指标只能侧重从某一角度反映冲击危险性,采用多维信息指标监测冲击地压是必然的趋势。另外,多维信息指标中的各指标都包含冲击地压发生的某些信息,甚至很多指标还存在物理意义上的重复,同时各指标量纲和权重均存在很大的差异。因此,有必要统一各指标的异常指数并最终确定多维信息指标的综合异常值,进而达到精细化监控预警冲击地压的目的。

(2) 预警指标体系

通过理论分析、实验室试验、现场实测发现,对断层活化型冲击监控预警比较敏感的指标有 b 值、$A(b)$ 值、断层总面积;对褶曲构造型冲击监控预警敏感的指标是时空扩散性;活动度指标能有效地对煤柱压缩型冲击进行监控预警;而矿压危险系数和总应力当量对顶板破断型冲击较为敏感。其他包括应力环境指标(如区域波速变化)、微震时空强指标(如时序集中度、震源集中度)以及冲击变形能指标均为通用指标,对各种冲击类型都具有一定的预警效能。具体构建的冲击地压多参量监控预警指标体系如图 7-18 所示。

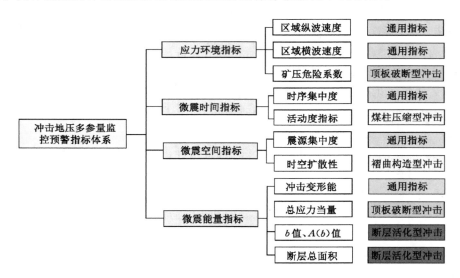

图 7-18　冲击地压多参量监控预警指标体系

3. 冲击地压远程智能监控预警系统开发

构建冲击地压远程智能监控预警指标和模型。基于冲击地压理论研究与现场监测数据,结合冲击地压远程在线监控预警平台的功能与设计需求,确定平台智能实时预警所需要的预警指标体系及其临界参数、智能预警模型及模型结果的概率预测输出模式设计等。

冲击地压远程智能监控预警系统采用 B/S+C/S 架构,实现了冲击地压灾源位置、冲击地压前兆指标预警、应力场演化预警、专家诊断系统预警报表等信息的及时、准确发布,以及煤矿冲击地压动力灾害预警的远程发布、监管与运维。冲击地压远程智能监控预警系统功能设计如图 7-19 所示。

(1) 典型主题图绘制

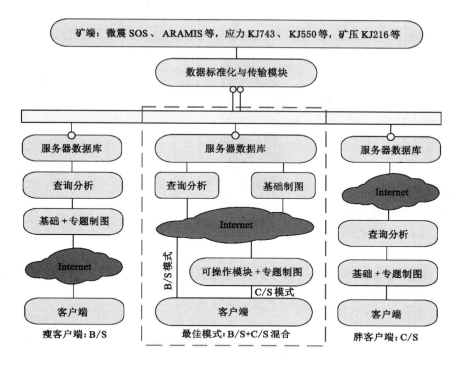

图 7-19 冲击地压远程智能监控预警系统功能设计

能量分级饼状图基于最新的分析结果,对各能量区间分别进行统计分析,见图 7-20。能量分级柱状图基于监测数据,将各区间能量总和以柱状图显示,见图 7-21。通过震动历史记录以列表形式可对各矿震动能量进行展示,可按时间段和能量段进行查询,并进行颜色标识等。

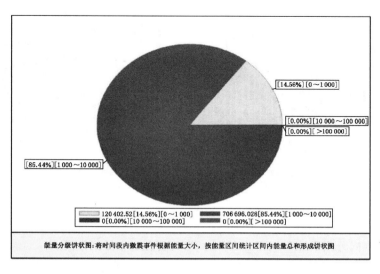

图 7-20 能量分级饼状图(2019-09-15—2019-09-20)(单位:J)

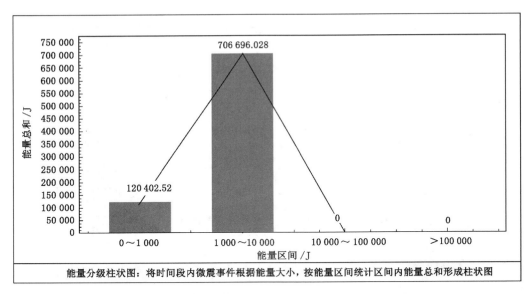

图 7-21　能量分级柱状图(2019-09-15—2019-09-20)

全矿能量超限图基于最新的分析结果,对矿震能量超出预警值和临界值的异常点进行柱状图分析,如图 7-22 所示。

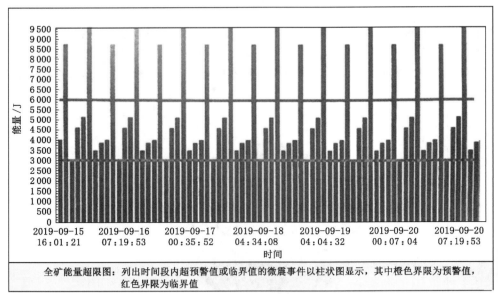

图 7-22　全矿能量超限图(2019-09-15—2019-09-20)

（2）综合数据分析

系统主要由 C/S 模式下的客户端软件执行综合数据分析,通过从服务器读取各监测系统数据进行专业制图,主要进行冲击地压动力灾害的综合预警分析及报表制作,如图 7-23 至图 7-25 所示。

图 7-23　登录及前兆指标调用显示界面

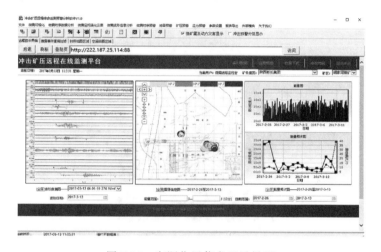

图 7-24　灾源位置信息显示界面

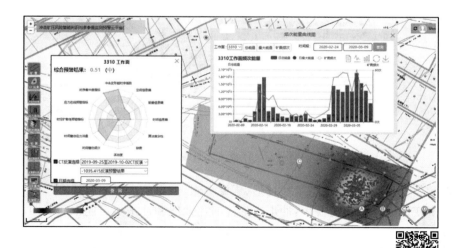

图 7-25　综合智能预警显示界面

（3）在线智能监控预警

系统可实现冲击地压实时在线监控预警，通过 B/S 模式下的 Web 网页端展示，如图 7-26 和图 7-27 所示。系统预警模块及各模块所显示的图表如下：

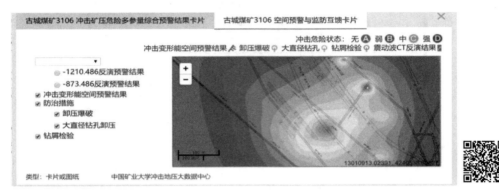

图 7-26　矿级局部灾源识别与智能预警

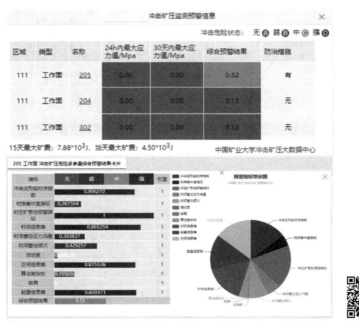

图 7-27　区域远程预警发布

① 能量频次监控预警模块：微震波形、震源分布、能量频次时序曲线。

② 冲击变形能监控预警模块：冲击变形能时序曲线和冲击变形能空间云图。

③ 应力监控预警模块：当前应力分布柱状图和当前应力分布云图。

④ 矿压监控预警模块：当前支架压力柱状图和随时间变化的矿压分布云图。

通过设计与部署区域数据传输系统，实现了矿端微震、矿压、应力等多参量监测数据的实时传输与存储；以应力环境、微震时空等 15 种特征参量作为输入量，建立了冲击地压多参量综合智能预警模型；借助物联网和云计算技术，研发了包含硬件网络、数据库、软件、服务等内容的冲击地压动力灾害远程监控预警系统，实现了局部冲击地压灾源位置、冲击地压前兆指标预警、应力场演化预警、专家智能预警报表等信息的及时、准确发布，以及区域预警的远程发布、监管与运维。

在煤矿开采环境复杂化、冲击地压灾害频发的生产环境下，冲击地压动力灾害远程监控预警平台将为灾害数据实时监测、多参量综合分析、多指标模型综合预警提供基础环境，具有广泛且必要的应用前景。

五、矿井瓦斯智能抽采及瓦斯灾害监控预警系统

1. 低渗透高瓦斯煤层智能精准安全高效增透系统

（1）二氧化碳预裂煤层增透技术

二氧化碳致裂器由充装阀、发热装置、储液管、定压剪切片、密封垫、释放管等六个部分组成。在二氧化碳致裂器储液管内，利用专用的充装设备注入液态二氧化碳，保持储液管内液态二氧化碳压力为 $8\sim10$ MPa，启动发热装置产生足量热量，使二氧化碳温度不断升高且压力持续增大，突破了二氧化碳的气液变化临界点（31 ℃，7.4 MPa），管内二氧化碳由气-液两相转化为次临界状态及超临界状态。超临界二氧化碳具有接近液体的高密度和接近气体的低黏度、高扩散系数，极易渗透到煤岩体深处的孔隙、裂隙中，有利于促进煤体中的裂隙扩展。

储液管内急剧升高的压力最终达到定压剪切片极限强度（可设定）时，高压二氧化碳冲破定压剪切片从释放管释放，瞬间喷出的超临界二氧化碳在煤体内产生以应力波和爆生气体为主要动力的破煤能量。在应力波作用下，介质质点产生径向位移，由此在煤体中产生径向压缩和切向拉伸，当切向拉伸应力超过煤的动抗拉强度时会产生径向裂隙。在应力波向煤体深部传播的同时，爆生气体紧随其后迅速膨胀，进入由应力波产生的径向裂隙中，由于气体的尖劈作用，裂隙继续扩展。随着裂隙的不断扩展，爆生气体压力迅速降低。当压力降到一定程度时，煤体开裂的应力因子小于煤体的断裂韧性，裂隙停止扩展。最终，在钻孔周围形成一片透气性高、裂隙发育的区域，从而达到预裂爆破的目的。

二氧化碳致裂器的主要特点：① 安全性高，工作可靠。储液管采用高强度合金钢制造，能承受较高压力而不产生塑性变形；液态二氧化碳汽化过程吸收热量，使周围温度降低；发热装置的电气性能指标满足国家标准规定，致裂器在体积分数为 9% 的可燃气中进行试验，不会产生任何明火或火花，不会引爆可燃气体；二氧化碳爆破致裂过程为物理过程，不同于炸药的化学爆炸，爆破压力释放过程中，不产生相互叠加的振荡波，降低了诱发瓦斯突出的概率。释放的二氧化碳体积约为 0.6 m^3，不会引起二氧化碳超限。② 爆破能量可控。通过安装使用不同规格的定压剪切片，可以得到不同的释放压力，从而控制爆破能量。③ 主要部件可重复使用。二氧化碳致裂器工作后，除发热装置、定压剪切片、密封垫外，其他部件可重复使用。④ 操作简单方便。在需要进行预裂爆破的位置施工钻孔，成孔后利用钻机将致裂器送入孔中，实现预裂深度的精确定位，远距离爆破后再用钻机取出钻孔中的致裂器，整个过程只需 3 名工人约在 2.5 h 内即可完成。

（2）水力割缝和压裂联合增透技术

随着煤矿开采逐渐向深部转移，煤层瓦斯压力、瓦斯含量都明显增大，特别是低透气性煤层瓦斯治理难度越来越大，必须采用强化措施来增加煤层的透气性才能有效地进行瓦斯

抽采。常规采用的水力压裂和水力割缝方法可提高煤层透气性,消除煤层的突出危险性,但仍存在一定的局限性。针对煤矿突出煤层构造应力高、透气性系数低、瓦斯抽采效果差等问题,提出水力割缝和压裂联合增透技术治理瓦斯的方法并进行试验,依据试验结果与水力压裂技术和普通抽采技术进行抽采效果考察比较。水力割缝通过钻孔向煤体注入高压射流水对钻孔周围煤体进行切割并将煤岩屑沿钻孔排出,形成煤体裂缝孔洞(裂缝孔洞的大小直接影响煤层周围的卸压效果),增大单个钻孔有效影响半径,使煤体原有的应力平衡被破坏,周围煤体向裂缝孔洞空间运移,煤层发生卸压、变形和膨胀,进一步产生更多裂缝,煤体的塑性区扩大。裂缝能够使周围钻孔产生弱面,高压水进入裂缝以后,能够促使弱面裂缝继续起裂、扩展和延伸,弱面将会继续扩大,致使压裂孔和水力割缝孔之间的煤体裂隙充分发育,形成互相贯通的立体裂隙网络,有效解决非定向水力压裂时裂隙在煤体内无序扩展、压裂后存在局部应力集中和卸压盲区等问题。

2. 智能瓦斯巡检机器人系统

智能瓦斯巡检机器人系统就是能够代替人工进行瓦斯检查、显示、记录、汇总、分析等的智能机器系统。智能瓦斯巡检机器人系统的使用,应该能够替代90%以上的相关人员。瓦斯巡检机器人基本结构由瓦斯巡检机器人操作系统和多个现场瓦斯巡检机器人组成。现场瓦斯巡检机器人由检测模块、显示模块、通信模块、电源模块组成。瓦斯巡检机器人的布置地点,就是人工瓦斯检测的地点,瓦斯巡检机器人的检测指标不能少于人工检测的指标。进风大巷、硐室、回风大巷等地点一般选择固定式检测模块(1号检测模块),抽气站、复杂工作面、高冒区等特殊区域应选择光学遥测模块(2号检测模块)。现场瓦斯巡检机器人进行现场瓦斯数据检测采集后,通信传输到云平台操作系统进行数据储存、计算分析、显示、报警、报表等。瓦斯巡检机器人操作系统,是一个云计算、大数据"一张图"系统,所有操作、控制、查询、管理都在"一张图"上完成。例如,在"一张图"上,可以设置报警门限;在"一张图"上,可以进行设备管理操作控制,例如,设置设备参数、读取设备运行状态;在"一张图"上,可以设置检测模块的检测指标、巡检周期、报警点、报警方式等,也可以设置显示模块的显示格式、显示内容、报警方式、通信方式等;在"一张图"上,可以查看每一个检测地点瓦斯情况、显示数据情况;在"一张图"上,可以分析瓦斯检测数据,自动统计每日(周、月)瓦斯班报表,绘制数据曲线,为管理者推送直观有效的数据报告。

智能瓦斯巡检机器人系统的关键核心技术有:

① 多参数、高精度、免调校、长寿命技术。

② 多媒体全彩智能 LED(light emitting diode,发光二极管)显示模块,代替瓦斯牌板,实现瓦斯牌板以及井下信息发布智能化。

③ 检测模块具有随时记录功能,同时实时传输到地面,自动进行数据备份,代替人工的笔记本记录。

④ 传输模块可迅速将检测数据传输到操作系统,实现实时传输,比人工下班上井后再传输效率更高。

⑤ 瓦斯巡检机器人操作系统采用云计算大数据技术,可实现对所有现场瓦斯巡检机器人的操作控制,通过设定巡检周期、指标、目标实现数据汇总分析、报表报告、预测预报等功能,代替了人工存档记录、报表、分析、预测、报警等功能。

智能瓦斯巡检机器人系统结构包括现场瓦斯巡检机器人、检测模块、显示模块、通信模块、电源模块。矿井在每个需要人工瓦斯检查的地点,布设瓦斯巡检机器人进行瓦斯检测、显示、记录,检测数据通过井下工业环网上传到云平台处理。每一个检测地点的检测指标种类,最低要跟人工检测的一致。煤矿瓦斯巡检的职责可以概括为"检查、上板、记录、报表"四大职责。

瓦斯巡检机器人操作系统(简称云平台)是瓦斯巡检机器人的大脑。它由多台云服务器、操作系统软件、数据库软件、防火墙、数据传输安全软件、数据存储设备、Wi-Fi 模块、广播对讲模块、瓦斯巡检机器人操作系统软件等组成,见表 7-2。

表 7-2　瓦斯巡检机器人操作系统组成

序号	设备名称	说　明
1	RDS 数据服务器	SQL Server 2016 标准版;4 核,8 G,200 G
2	Web 服务器	Intel 8269CY,8 核,32 G,1 T,Windows Server 2019 X64
3	应用防火墙	支持常见的 Web 攻击防护,包括 SQL 注入、XSS、Webshell 上传、目录遍历等,云端自动更新 Web 0day 漏洞的防护规则,支持 HTTP(80、8070 端口)、HTTPS(443、8443 端口)的业务防护,支持人机识别的数据风控防护、防黄牛、防恶意注册,基础的默认 CC 防护策略,缓解 HTTP-Flood攻击;支持网页防篡改、盗链防护、管理后台的防暴力破解
4	云安全中心	实现实时识别、分析、预警安全威胁的统一安全管理系统,通过防勒索、防病毒、防篡改(增值)、合规检查等安全能力,实现威胁检测、响应、溯源的自动化安全运营闭环,保护云上资产和本地主机并满足监管合规
5	网盘存储	1 T
6	快照	10 T
7	Wi-Fi 通信系统	Wi-Fi 通信主机/LDPPBX;Wi-Fi 语音网关/LDWG;Wi-Fi 通信模块;相关软件
8	对讲广播系统	网络广播控制主机/LDKKT;寻呼话筒/ARM、加密 KEY;IP 语音模块;相关软件
9	LED 显示系统管控软件	软件 LDJQR-LED-01
10	瓦斯巡检机器人操作系统	LDJQR-WJ-01管控操作现场瓦斯巡检机器人
11	服务器	IPC-610L/ASMB-813/E5-2609V3/64 G/DVD/KM/冗余 300 W＋英特尔企业级固态硬盘(960 G),配置操作系统 Windows 10、安装数据库 MY SQL5.7,键鼠/三星 28 寸显示器

智能瓦斯巡检机器人系统拓扑关系如图 7-28 所示。

以麻地梁煤矿为例,井下瓦斯巡检机器人共计需要安装 55 套,其中 47 套为固定地点检测的瓦斯巡检机器人,7 套为移动点检测的瓦斯巡检机器人。智能瓦斯巡检机器人系统操作界面如图 7-29 所示。

查看数据曲线、查询历史数据时,进入瓦斯巡检机器人操作系统,点击"检测模块数据"菜单的下拉栏选择好信息后,点击"查询"按钮,结果如图 7-30 所示。

3. 瓦斯动力灾害实时监控系统

瓦斯动力灾害实时监控系统具有高速智能、低功耗、多通道并行、数据处理及传输高速

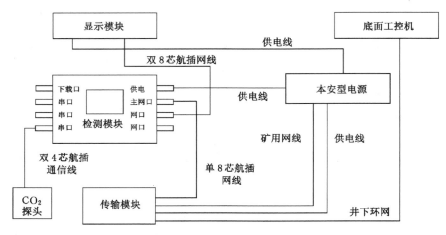

图 7-28　智能瓦斯巡检机器人系统拓扑关系图

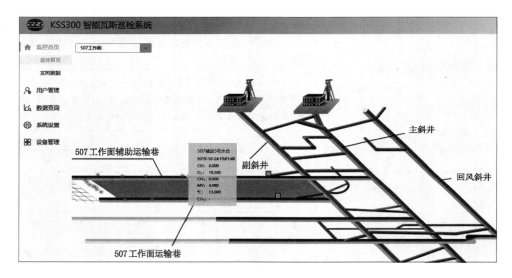

图 7-29　麻地梁煤矿智能瓦斯巡检机器人系统操作界面

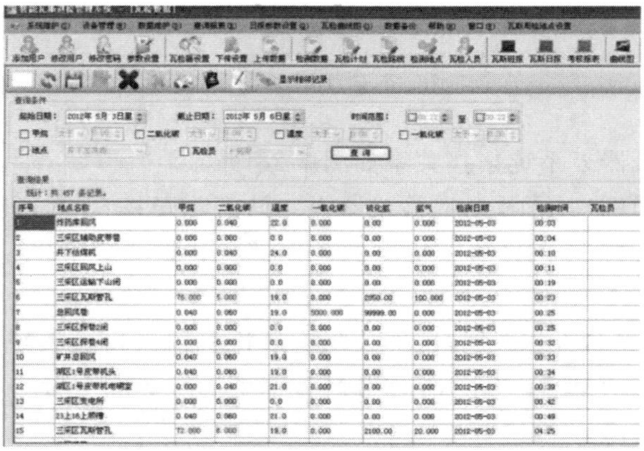

图 7-30　智能瓦斯巡检机器人系统数据查询

稳定等特点；具有声发射信号及瓦斯、应力（应变）等模拟量信号的实时采集、存储、传输，多通道信号同步，特征参数实时提取和分析，灾害预警，报表打印，数据查询等功能；既可采集全波形声发射信号，又可直接作为参数型声发射系统使用；不仅可用于矿井动力灾害的实时在线监测预警（如采掘工作面的冲击地压、煤与瓦斯突出、冒顶等煤岩瓦斯动力灾害），也可以用于边坡、桥梁、隧道、大坝、地基等岩土类工程稳定性监测及地应力测试等方面，还可用于基础研究（如力学试验的信号采集、信号滤波及数据处理等）。

（1）系统的工作原理

系统可通过在线实时监测、采集、分析煤（岩）体内部的声发射信号，分析特征参数指标变化规律、趋势及灾害前兆特征，实现煤岩瓦斯动力灾害的连续预测预警。其声发射监测技术原理和微震监测技术原理相同，只存在频谱范围的差异（图 7-31）。与传统技术相比，微震/声发射定位监测具有远距离、动态、三维、实时监测的特点，能够根据震源情况进一步分析破裂尺度、强度和性质。

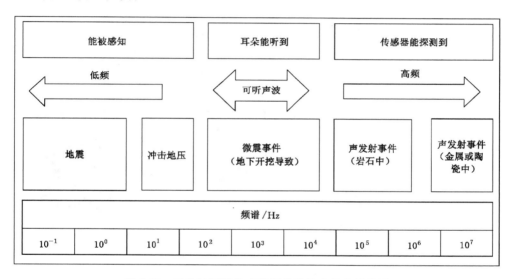

图 7-31　震动波频谱及声发射微震技术的应用范围

（2）系统的应用前景

矿山动力灾害发生的实质就是采掘活动导致煤岩体快速破裂失稳的灾变过程。声发射技术用于煤岩瓦斯复合动力灾害孕育过程的监测和灾变前兆辨识，极大地开阔了考察采动（扰动）煤岩体变形与损伤的视野，为深入理解煤岩瓦斯复合动力灾害致灾机理提供了新的途径。利用声发射监测设备，结合传统的接触式的应力、变形、钻屑量、瓦斯放散初速度、瓦斯压力和瓦斯含量测量方法，形成煤岩动力过程的多信号响应机理和时空响应规律，形成煤岩瓦斯复合动力灾变的分级预测预警体系。该研究具有重要的科学意义和广泛的工程应用前景。

4. 煤矿瓦斯抽采监控智能评价管理系统

煤矿瓦斯抽采监控智能评价管理系统，以监测监控、日常信息自动化管理、辅助决策的流程化管理机制为依据，实现抽采数据在线监控、抽采日常信息自动化管理、抽采智能评价的一体化流程式管理功能，并利用计算机系统及网络对各种抽采数据进行处理和综合管理，具备较高的自动化水平和较好的数据共享性能。通过对各类抽采数据的有效整合分析以及规范化流程管理,进一步加强抽采系统的管理水平,有力保障抽采工作的平稳、安全、高效进行。

（1）系统的原理

系统采用标准的 C/S 结构,其特点是界面友好、交互性及图形表现能力强、网络负载较低。由于煤矿瓦斯抽采监控智能评价管理系统承载的数据量较大,且对图形表现、用户操作有较高要求,故系统采用 C/S 模式构建。数据库要求访问速度快、网络访问效率高,有利于对抽采数据进行统一管理、集中维护。系统采用分布式数据库（distributed database,DDB）存储结构,该数据库既便于使用又能尽量避免数据冗余和混乱。数据访问方式采用 ADO.Net,其特点是技术成熟、性能稳定,在批量数据处理上有较好的性能,对抽采系统大数据量甚至超大数据量的统计和分析能够起到良好的支持作用。

煤矿瓦斯抽采监控智能评价管理系统以规范的资料管理、畅通的信息共享为基础。因此,首先需要构建瓦斯抽采监控智能评价管理数据库,存储矿井基本参数、抽采区域基本参数、抽采管路和设备基本参数以及日常抽采数据等信息。然后通过对井下抽采系统的无缝连接实时获取各抽采监测点的数据,在此基础上进行综合分析和计算后对抽采无效数据进行过滤形成标准化数据,存入数据库。煤矿瓦斯抽采监控智能评价管理系统服务器端程序通过对已经进行过滤的标准数据进行访问,自动生成煤矿瓦斯抽采工作所需的日常报表及统计数据。最后根据统计数据、矿井基本参数、抽采区域基本参数、钻孔数据以及抽采评价模型对抽采系统进行实时的智能评价和预测。系统特点是数据自动采集发布,抽采报表自动统计,抽采评价自动生成。瓦斯抽采监控智能评价管理实现流程如图 7-32 所示。

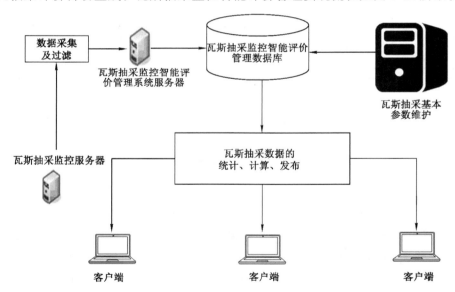

图 7-32　瓦斯抽采监控智能评价管理实现流程

（2）系统的特点

通过与瓦斯抽采监控系统的无缝连接,系统实现了抽采数据的自动获取与处理,减少了抽采管理过程中人为数据记录的误差,为抽采工作提供了准确的数据。系统实现了抽采所需日常信息的实时自动统计和计算,进一步促进了抽采管理工作的自动化、精细化、规范化。系统的智能评价功能为抽采后续工作及系统的改进提供了决策参考,提高了系统的工作效率。通过对抽采监控数据、抽采统计数据、抽采系统参数信息、抽采设备信息等数据进行统一管理,实现了资料管理的便捷性和资料的信息化。

5.煤与瓦斯突出远程监控预警系统

(1)煤与瓦斯突出风险因素

根据煤与瓦斯事故统计,考虑不同因素对突出事故影响的时空范围和作用程度不同,将煤与瓦斯突出风险因素划分为工作面风险、区域风险、生产系统风险和管理风险四种类型,如图 7-33 和表 7-3 所示。

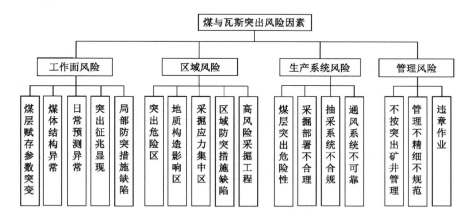

图 7-33　煤与瓦斯突出风险因素

表 7-3　煤与瓦斯突出风险因素汇总

大类	小类	具体表现
工作面风险	煤层赋存参数突变	煤层走向、倾向、倾角、厚度变化区,煤层分叉、合层区等
	煤体结构异常	煤层出现软分层或软分层增厚区、煤层层理紊乱地点
	日常预测异常	日常预测超过临界值区域
	突出征兆显现	瓦斯涌出异常区、声发射异常区、电磁辐射异常区、声响征兆(响煤炮等)显现区、来压征兆(片帮、掉渣、支架来压及钻孔变形等)显现区、施钻征兆(喷孔点、卡钻点等)显现区
	局部防突措施缺陷	措施控制范围不足、控制范围内存在空白带、措施不达标(瓦斯抽排时间不达标、煤层注水量不达标等)
区域风险	突出危险区	经区域预测划分的高瓦斯压力、高地应力区
	地质构造影响区	断层影响区、褶曲影响区、火成岩影响区、带状构造收敛端、陷落柱或煤层冲刷带影响区、煤层扭转带等
	采掘应力集中区	邻近煤柱影响区、邻近采煤工作面影响区、巷道贯通点、本煤层采掘面影响区、"孤岛"煤柱区等
	区域防突措施缺陷	瓦斯抽采不达标、抽采钻孔控制范围不足、瓦斯抽采区域存在空白带、保护层保护效果不佳等
	高风险采掘工程	石门揭煤工程、上山掘进工程等

表 7-3（续）

大类	小类	具体表现
生产系统风险	煤层突出危险性	煤层具有突出危险性
	采掘布署不合理	煤层开采顺序不合理、主要巷道布置不合理、抽掘采接替紧张
	抽采系统不合规	未按要求建立地面永久抽采泵站、泵站抽采能力不够、备用泵数量（能力）不足、未实现高低浓度瓦斯分系统抽采
	通风系统不可靠	风量不足、未分区通风、无专用回风巷、未设置防突反向风门、通风设施不可靠
管理风险	不按突出矿井管理	未采取两个"四位一体"综合防突措施，未严格执行综合防突措施
	管理不精细、不规范	防突管理制度不科学、不规范，防突技术决策不当，无地质构造和煤层层位探测管理措施，缺乏防突工作监督环节，突出预测操作不规范，预测仪器管理混乱，防突设计参数缺乏依据，无煤柱区管理措施、安全防护措施不完备，现场管理混乱等
	违章作业	工作面超采超掘，预测（校检）弄虚作假，防突措施施工员谎报钻孔深度，违章指挥或违章作业

（2）煤与瓦斯突出预警指标体系

根据煤与瓦斯突出风险因素分析结果，并考虑现阶段防突管理监测评估手段缺乏的实际情况，主要从工作面风险、区域风险和生产系统风险三个方面出发，构建了如图 7-34 所示的突出预警指标体系框架。

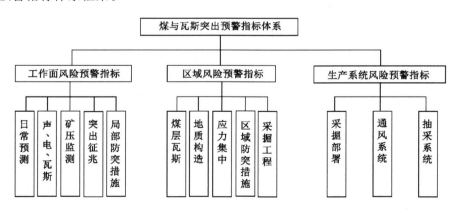

图 7-34　突出预警指标体系框架

突出预警指标体系框架整体分为工作面、区域、生产系统三个层次，如表 7-4 所列。工作面层次包含日常预测、声电瓦斯、矿压监测、突出征兆、局部防突等五个方面，用于工作面突出危险等级判定，进行短期预警；区域层次包含煤层瓦斯、地质构造、应力集中、区域防突措施和采掘工程等五个方面，用于确定重点防突采掘面，进行中期预警；生产系统层次包含采掘部署、通风系统、抽采系统等三个方面，用于提醒采掘部署调整和生产系统优化改进，进行远期预警。

表 7-4　突出预警指标所属风险层次、时效性及作用

风险层次	主要因素	预警时效	主要作用
工作面风险	日常预测异常、声电瓦斯异常、矿压监测异常、突出征兆显现、局部防突措施缺陷	短期预警	工作面突出危险等级判定
区域风险	煤层瓦斯超标、地质构造影响、应力集中区、区域防突措施缺陷、高风险采掘工程	中期预警	确定重点防突采掘面
生产系统风险	采掘部署不合理、通风系统不可靠、抽采系统不合规	远期预警	提醒采掘部署调整和生产系统优化改进

（3）煤与瓦斯突出远程监控预警系统开发

煤与瓦斯突出远程监控预警系统的煤与瓦斯突出动力灾害信息采集、集成存储流程和集成方案如图 7-35 所示。

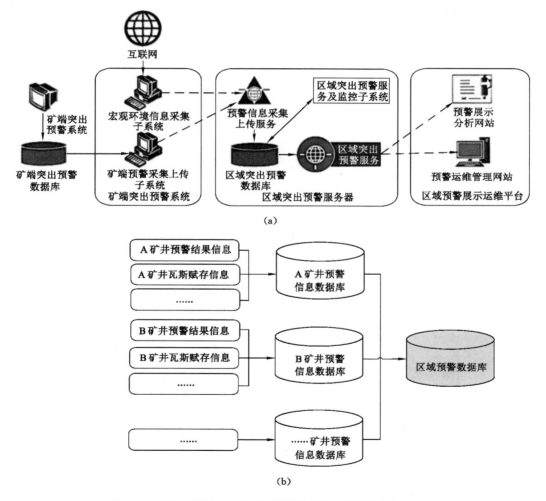

图 7-35　煤与瓦斯突出远程监控预警系统矿端数据库集成方案

煤与瓦斯突出动力灾害信息处理计算（即瓦斯突出预警服务），主要以 Windows 服务形式进行 24 h 不间断运行，用于执行区域预警计算、分析，发布预警结果，推送异常预警信息等。根据煤与瓦斯突出远程监控预警需要，采用面向服务构架的思想，从矿井相关预警规则及预警结果查询、矿区瓦斯区域预警相关参数设置、执行矿区瓦斯突出灾害区域预警、矿区区域预警信息查询及订阅推送等方面进行设计和开发，形成如图 7-36 所示的煤与瓦斯突出区域预警服务集：

① 给定矿井相关预警规则及预警结果查询主要用于查询采集的矿井瓦斯突出预警规则和预警结果信息，满足监管用户分析关注采集的矿井突出危险状态的需求。

② 矿区瓦斯突出区域预警相关参数设置用于根据实际情况设置区域预警需要的相关规则及参数，用于控制、验证区域预警结果。

③ 执行矿区煤与瓦斯突出灾害区域预警主要用于自动计算矿区瓦斯突出预警相关指标，根据预警规则生成预警结果。

④ 查询及推送矿区预警信息用于满足用户根据需要通过远程展示平台方便地查询区域预警结果的需求，对于"危险"预警结果等异常信息，以手机短信或 App 推送等方式及时通知、提醒相关技术及管理人员和领导。

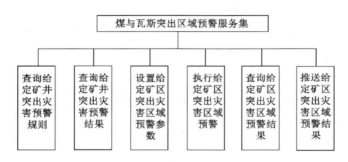

图 7-36　煤与瓦斯突出区域预警服务集设计

煤与瓦斯突出远程监控预警系统以在预警信息中心和 B/S 模式下的 Web 网站体现，开发当前突出风险预警、历史突出风险预警、突出风险基础信息管理、全国煤矿基础信息管理、区域突出风险运维管理五个模块。系统首页显示界面如图 7-37 所示。

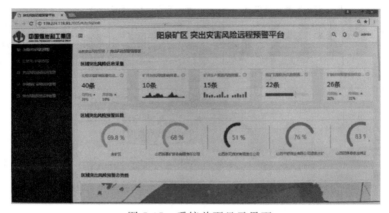

图 7-37　系统首页显示界面

具体功能模块介绍如下：

① 当前突出风险预警模块：以变化曲线、柱状图、饼状图、统计数据、矿区图等形式展示矿井及区域风险的信息采集条、突出风险预警指数、风险变化态势图、预警结果发布情况、重点矿井预警信息、各风险因素预警情况等信息。

② 历史突出风险预警模块：以变动图、时序曲线、统计表等形式直观显示突出风险预警分析指数、重点矿井历史突出事故信息等。

③ 突出风险基础信息管理模块：管理矿井自然风险因素信息、矿井瓦斯防治影响因素信息、矿井宏观环境影响因素信息、矿井突出灾害风险预警信息等。

④ 全国煤矿基础信息管理模块：管理全国煤矿行政区域、矿业集团（公司）、矿区信息以及煤矿基础信息（包括煤层信息、通风信息、开采信息、瓦斯突出事故信息等）。

⑤ 区域突出风险运维管理模块：对系统运行参数进行配置，并监控矿端数据采集上传、预警处理机制运行、预警信息发布推送情况等。

预警结果展示及预警结果统计如图 7-38 和图 7-39 所示。

图 7-38　预警结果展示

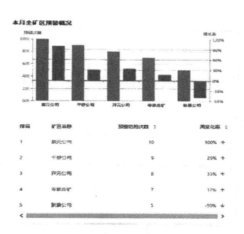

（a）全矿区预警结果　　　　　（b）各风险因素变化雷达图

图 7-39　预警结果统计

第四节　煤矿井下职业健康

一、煤矿职业有害因素分级

1. 粉尘作业分级

（1）粉尘作业危害分级级别

《工作场所职业病危害作业分级 第1部分：生产性粉尘》（GBZ/T 229.1—2010）将生产性粉尘作业按危害程度分为四级：相对无害作业（0级）、轻度危害作业（Ⅰ级）、中度危害作业（Ⅱ级）和高度危害作业（Ⅲ级），如表7-5所列。

① 分级依据

生产性粉尘作业分级的依据包括粉尘中游离二氧化硅含量、工作场所空气中粉尘职业接触比值和劳动者体力劳动强度等要素的权重。

② 分级方法

分级指数 G 按式（7-1）计算：

$$G = W_M W_B W_L \tag{7-1}$$

式中　G——分级指数；

　　　W_M——粉尘中游离二氧化硅含量的权重；

　　　W_B——工作场所空气中粉尘职业接触比值的权重；

　　　W_L——劳动者体力劳动强度的权重。

表 7-5　生产性粉尘作业分级

分级指数（G）	作业级别
0	0级（相对无害作业）
$0 < G \leqslant 6$	Ⅰ级（轻度危害作业）
$6 < G \leqslant 16$	Ⅱ级（中度危害作业）
> 16	Ⅲ级（高度危害作业）

（2）粉尘作业危害分级管理原则

根据粉尘作业危害级别对生产性粉尘作业采取适当的控制措施。一旦作业方式或防护效果发生变化，应重新分级。

0级（相对无害作业）：在目前的作业条件下，对劳动者健康不会产生明显影响，应继续保持目前的作业方式和防护措施。

Ⅰ级（轻度危害作业）：在目前的作业条件下，可能对劳动者的健康存在不良影响。应改善工作环境，降低劳动者实际粉尘接触水平，并设置粉尘危害及防护标识，对劳动者进行职业卫生培训，采取职业健康监护、定期作业场所监测等行动。

Ⅱ级（中度危害作业）：在目前的作业条件下，很可能引起劳动者的健康危害。应在采取上述措施的同时，及时采取纠正和管理行动，降低劳动者实际粉尘接触水平。

Ⅲ级（重度危害作业）：在目前的作业条件下，极有可能造成劳动者严重健康损害的作业。应立即采取整改措施,作业点设置粉尘危害和防护的明确标识,劳动者应使用个人防护用品,使劳动者实际接触水平达到职业卫生标准的要求。对劳动者及时进行健康体检。整改完成后,应重新对作业场所进行职业卫生评价。

2. 噪声作业分级

(1) 噪声作业危害分级级别

《工作场所职业病危害作业分级 第4部分:噪声》(GBZ/T 229.4—2012)将噪声作业按危害程度分为四级:轻度危害(Ⅰ级)、中度危害(Ⅱ级)、重度危害(Ⅲ级)和极重危害(Ⅳ级)。

① 分级依据

根据劳动者接触噪声水平和接触时间对噪声作业进行分级。

② 分级方法

a. 稳态和非稳态连续噪声

按照《工作场所物理因素测量 第8部分:噪声》(GBZ/T 189.8—2007)的要求进行噪声作业测量,依据噪声暴露情况计算 $L_{EX,8h}$ 或 $L_{EX,w}$ 后,根据表7-6确定噪声作业级别。

表 7-6 噪声作业分级

分级	等效声级 $L_{EX,8h}$/dB	危害程度
Ⅰ	$85 \leqslant L_{EX,8h} < 90$	轻度危害
Ⅱ	$90 \leqslant L_{EX,8h} < 95$	中度危害
Ⅲ	$95 \leqslant L_{EX,8h} < 100$	重度危害
Ⅳ	$L_{EX,8h} \geqslant 100$	极重危害

b. 脉冲噪声

按照 GBZ/T 189.8—2007 的要求测量脉冲噪声声级峰值(dB)和工作日内脉冲次数 n,根据表7-7确定噪声作业级别。

表 7-7 脉冲噪声作业分级

分级	声级峰值 L_{peak}/dB			危害程度
	$n \leqslant 100$	$100 < n \leqslant 1\,000$	$1\,000 < n \leqslant 10\,000$	
Ⅰ	$140.0 \leqslant L_{peak} < 142.5$	$130.0 \leqslant L_{peak} < 132.5$	$120.0 \leqslant L_{peak} < 122.5$	轻度危害
Ⅱ	$142.5 \leqslant L_{peak} < 145.0$	$132.5 \leqslant L_{peak} < 135.0$	$122.5 \leqslant L_{peak} < 125.0$	中度危害
Ⅲ	$145.0 \leqslant L_{peak} < 147.5$	$135.0 \leqslant L_{peak} < 137.5$	$125.0 \leqslant L_{peak} < 127.5$	重度危害
Ⅳ	$L_{peak} \geqslant 147.5$	$L_{peak} \geqslant 137.5$	$L_{peak} \geqslant 127.5$	极重危害

注:n 为每日脉冲次数。

(2) 噪声作业危害分级管理原则

对于 8 h/d 或 40 h/周噪声暴露等效声级≥80 dB 但<85 dB 的作业人员,在目前的作业方式和防护措施不变的情况下,应进行健康监护,一旦作业方式或控制效果发生变化,应重新分级。

轻度危害(Ⅰ级):在目前的作业条件下,可能对劳动者的听力产生不良影响。应改善工作环境,降低劳动者实际接触水平,设置噪声危害及防护标识,佩戴噪声防护用品,对劳动者进行职业卫生培训,采取职业健康监护、定期作业场所监测等措施。

中度危害（Ⅱ级）：在目前的作业条件下，很可能对劳动者的听力产生不良影响。针对企业特点，在采取上述措施的同时，采取纠正和管理行动，降低劳动者实际接触水平。

重度危害（Ⅲ级）：在目前的作业条件下，会对劳动者的健康产生不良影响。除了上述措施外，应尽可能采取工程技术措施，进行相应的整改，整改完成后，重新对作业场所进行职业卫生评价及噪声分级。

极重危害（Ⅳ级）：在目前的作业条件下，会对劳动者的健康产生不良影响，除了上述措施外，及时采取相应的工程技术措施进行整改。整改完成后，对控制及防护效果进行卫生评价及噪声分级。

3. 高温作业分级

（1）高温作业危害分级级别

《工作场所职业病危害作业分级 第3部分：高温》（GBZ/T 229.3—2010）将高温作业按危害程度分为四级：轻度危害作业（Ⅰ级）、中度危害作业（Ⅱ级）、重度危害作业（Ⅲ级）和极重度危害作业（Ⅳ级）。

① 分级依据

高温作业分级的依据包括劳动强度、接触高温作业时间、WBGT指数和服装的阻热性。接触高温作业时间以每个工作日累计接触高温作业时间计，WBGT指数是作业环境热强度。

② 分级方法

根据高温作业分级矩阵确定，高温作业分级矩阵如表7-8所示。

表7-8　高温作业分级

劳动强度	接触高温作业时间/min	WBGT 指数/℃						
		29～30 (28～29)	31～32 (30～31)	33～34 (32～33)	35～36 (34～35)	37～38 (36～37)	39～40 (38～39)	41～ (40～)
Ⅰ（轻劳动）	60～120	Ⅰ	Ⅰ	Ⅱ	Ⅱ	Ⅲ	Ⅲ	Ⅳ
	121～240	Ⅰ	Ⅱ	Ⅱ	Ⅲ	Ⅲ	Ⅳ	Ⅳ
	241～360	Ⅱ	Ⅱ	Ⅲ	Ⅲ	Ⅳ	Ⅳ	Ⅳ
	361～	Ⅱ	Ⅲ	Ⅲ	Ⅳ	Ⅳ	Ⅳ	Ⅳ
Ⅱ（中劳动）	60～120	Ⅰ	Ⅱ	Ⅱ	Ⅲ	Ⅲ	Ⅳ	Ⅳ
	121～240	Ⅱ	Ⅱ	Ⅲ	Ⅲ	Ⅳ	Ⅳ	Ⅳ
	241～360	Ⅱ	Ⅲ	Ⅲ	Ⅳ	Ⅳ	Ⅳ	Ⅳ
	361～	Ⅲ	Ⅲ	Ⅳ	Ⅳ	Ⅳ	Ⅳ	Ⅳ
Ⅲ（重劳动）	60～120	Ⅱ	Ⅱ	Ⅲ	Ⅲ	Ⅳ	Ⅳ	Ⅳ
	121～240	Ⅱ	Ⅲ	Ⅲ	Ⅳ	Ⅳ	Ⅳ	Ⅳ
	241～360	Ⅲ	Ⅲ	Ⅳ	Ⅳ	Ⅳ	Ⅳ	Ⅳ
	361～	Ⅲ	Ⅳ	Ⅳ	Ⅳ	Ⅳ	Ⅳ	Ⅳ
Ⅳ（极重劳动）	60～120	Ⅱ	Ⅲ	Ⅲ	Ⅳ	Ⅳ	Ⅳ	Ⅳ
	121～240	Ⅲ	Ⅲ	Ⅳ	Ⅳ	Ⅳ	Ⅳ	Ⅳ
	241～360	Ⅲ	Ⅳ	Ⅳ	Ⅳ	Ⅳ	Ⅳ	Ⅳ
	361～	Ⅳ	Ⅳ	Ⅳ	Ⅳ	Ⅳ	Ⅳ	Ⅳ

注：括号内WBGT指数值适用于未产生热适应和热习服的劳动者。

（2）高温作业危害分级管理原则

根据不同等级的高温作业进行不同的卫生学监督和管理。分级越高，发生热相关疾病的危险度越高。

轻度危害作业（Ⅰ级）：在目前的劳动条件下，可能对劳动者的健康产生不良影响。应改善工作环境，对劳动者进行职业卫生培训，采取职业健康监护和防暑降温防护措施，保持劳动者的热平衡。

中度危害作业（Ⅱ级）：在目前的劳动条件下，可能引起劳动者的健康危害。在采取上述措施的同时，强化职业健康监护和防暑降温等防护措施，调整高温作业劳动-休息制度，降低劳动者热应激反应及接触热环境的单位时间比率。

重度危害作业（Ⅲ级）：在目前的劳动条件下，很可能引起劳动者的健康危害，产生热损伤。在采取上述措施的同时，强调进行热应激监测，通过调整高温作业劳动-休息制度，进一步降低劳动者接触热环境的单位时间比率。

极重度危害作业（Ⅳ级）：在目前的劳动条件下，极有可能引起劳动者的健康危害，产生严重的热损伤。在采取上述措施的同时，严格进行热应激监测和热损伤防护措施，通过调整高温作业劳动-休息制度，严格限制劳动者接触热环境的时间比率。

4.有毒作业分级

（1）有毒作业危害分级级别

《工作场所职业病危害作业分级 第2部分：化学物》（GBZ/T 229.2—2010）将有毒作业按危害程度分为四级：相对无害作业（0级）、轻度危害作业（Ⅰ级）、中度危害作业（Ⅱ级）和重度危害作业（Ⅲ级），如表7-9所列。

表7-9　有毒作业分级

分级指数（G）	作业级别
$G \leqslant 1$	0级（相对无害作业）
$1 < G \leqslant 6$	Ⅰ级（轻度危害作业）
$6 < G \leqslant 24$	Ⅱ级（中度危害作业）
$G > 24$	Ⅲ级（重度危害作业）

① 分级依据

有毒作业分级的依据包括化学物的危害程度、化学物的职业接触比值和劳动者的体力劳动强度三个要素的权重。

② 分级方法

根据化学物的毒作用类型进行分级，以慢性毒性为主同时具有急性毒性作用的物质，根据时间加权平均浓度、短时间接触容许浓度进行分级，只有急性毒性作用的物质可根据最高容许浓度进行分级。

有毒作业的分级基础是计算分级指数 G，按式（7-2）计算：

$$G = W_D W_B W_L \tag{7-2}$$

式中　G——分级指数；

　　　W_D——化学物的危害程度级别的权重；

W_B——工作场所空气中化学物职业接触比值的权重；

W_L——劳动者体力劳动强度的权重。

（2）有毒作业危害分级管理原则

对于有毒作业，应根据分级采取相应的控制措施。

0级（相对无害作业）：在目前的作业条件下，对劳动者健康不会产生明显影响，应继续保持目前的作业方式和防护措施。一旦作业方式或防护效果发生变化，应重新分级。

Ⅰ级（轻度危害作业）：在目前的作业条件下，可能对劳动者的健康存在不良影响。应改善工作环境，降低劳动者实际接触水平，设置警告及防护标识，强化劳动者的安全操作及职业卫生培训，采取定期作业场所监测、职业健康监护等行动。

Ⅱ级（中度危害作业）：在目前的作业条件下，很可能引起劳动者的健康损害。应及时采取纠正和管理行动，限期完成整改措施。劳动者必须使用个人防护用品，使劳动者实际接触水平达到职业卫生标准的要求。

Ⅲ级（重度危害作业）：在目前的作业条件下，极有可能引起劳动者严重的健康损害。应在作业点明确标识，立即采取整改措施，劳动者必须使用个人防护用品，保证劳动者实际接触水平达到职业卫生标准的要求。对劳动者进行健康体检。整改完成后，应重新对作业场所进行职业卫生评价。

二、煤矿职业有害因素防治管理

为加强煤矿工作场所职业病危害防治工作，强化煤矿企业职业病危害防治主体责任，预防、控制职业病危害，保护煤矿劳动者健康，依据《中华人民共和国职业病防治法》《中华人民共和国安全生产法》《中华人民共和国煤炭法》《煤矿安全监察条例》等法律法规，施行职业有害因素管理办法。

1. 粉尘防治管理

① 粉尘监测。对于工作场所的总粉尘浓度，井下每月测定 2 次或实时在线监测，地面及露天煤矿每月测定 1 次或实时在线监测；呼吸性粉尘浓度每月测定 1 次，粉尘分散度、游离二氧化硅含量每 6 个月监测 1 次。

② 监测配备。煤矿企业应配备足够的粉尘监测人员和粉尘监测设备，其中采掘工作面应设置粉尘浓度传感器，其他测尘点可以使用粉尘采样器或直读式粉尘浓度测定仪。

③ 防尘降尘。煤矿企业必须建立防尘洒水系统。永久性防尘水池容量不得小于200 m³，且贮水量不得小于井下连续 2 h 的用水量，备用水池贮水量不得小于永久性防尘水池的 50%。防尘管路应铺设到可能产生粉尘和沉积粉尘的地点，管道规格和水质应满足降尘需要。

④ 前探减尘。掘进井巷和硐室时，必须采用湿式钻眼，使用水炮泥，爆破前后冲洗井壁巷帮，爆破过程中采用高压喷雾（喷雾工作压力不低于 8 MPa）或压气喷雾降尘、装岩（煤）洒水和净化风流等综合防尘措施。

⑤ 在煤岩层中钻孔时，采取湿式作业。在煤（岩）与瓦斯突出煤层或软煤层中施工瓦斯抽采钻孔难以采取湿式钻孔方式时，可采取干式钻孔，但必须采取捕尘、降尘措施，其降尘效率不得低于 95%，并确保捕尘、降尘装置能在瓦斯浓度高于 1% 的条件下安全运行。

⑥ 炮采工作面应采取湿式钻眼法，使用水炮泥；爆破前后应冲洗煤壁，爆破时应采用高压喷雾（喷雾工作压力不低于 8 MPa）或压气喷雾降尘，出煤时应当洒水降尘。

⑦ 采煤机作业时，使用内、外喷雾装置，且内喷雾工作压力不得低于 2 MPa，外喷雾工

作压力不得低于 4 MPa,如果内喷雾装置不能正常使用,外喷雾工作压力不得低于 8 MPa。无水或喷雾装置不能正常使用时必须停机;液压支架必须安装自动喷雾降尘装置,实现降柱、移架同步喷雾;破碎机必须安装防尘罩,并加装喷雾装置或用除尘器抽尘净化。放顶煤采煤工作面的放煤口,必须安装高压喷雾装置(喷雾工作压力不低于 8 MPa)。

⑧ 掘进机作业时,应使用内、外喷雾装置和控尘装置、除尘器等构成的综合防尘系统。掘进机内喷雾工作压力不得低于 2 MPa,外喷雾工作压力不得低于 4 MPa,如果内喷雾装置不能正常使用,外喷雾工作压力不得低于 8 MPa;除尘器的呼吸性粉尘除尘效率应不低于 90%。瓦斯喷出区域和煤(岩)与瓦斯(二氧化碳)突出煤层的掘进不得采用除尘器抽尘净化防尘措施。

⑨ 采掘工作面回风巷应安设至少两道自动控制风流净化水幕。

⑩ 井下煤仓放煤口、溜煤眼放煤口以及地面带式输送机走廊,必须安设喷雾装置或除尘器,作业时进行喷雾降尘或用除尘器除尘。煤仓放煤口、溜煤眼放煤口采用喷雾降尘时,喷雾工作压力不得低于 8 MPa。

⑪ 预先湿润煤体。煤层注水过程中应当对注水流量、注水量及压力等参数进行监测和控制,单孔注水总量应使该钻孔预湿煤体的平均水分含量增量不得低于 1.5%,封孔深度应保证注水过程中煤壁及钻孔不漏水或跑水。厚煤层分层开采时,在确保安全的前提下,应采取在上一分层的采空区内灌水,对下一分层的煤体进行湿润的措施。

⑫ 锚喷支护防尘。打锚杆眼应实施湿式钻孔。喷射混凝土时应采用潮喷或湿喷工艺,喷射机、喷浆点应配备捕尘、除尘装置,距离锚喷作业点下风向 100 m 内,应设置两道以上风流净化水幕。

⑬ 转载点应采用自动喷雾降尘(喷雾工作压力应大于 0.7 MPa)或密闭尘源除尘器抽尘净化等措施。转载点落差超过 0.5 m,必须安装溜槽或导向板。装煤点下风侧 20 m 内,必须设置一道风流净化水幕。运输巷道内应设置自动控制风流净化水幕。

⑭ 露天煤矿钻孔作业时,应采取湿式钻孔方式;破碎作业时应采取密闭、通风除尘措施;应加强对钻机、挖掘机、汽车等司机操作室的防护;挖掘机装车前,宜对煤(岩)洒水,卸煤(岩)时喷雾降尘;运输路面应经常洒水,加强维护,保持路面平整。

⑮ 选煤厂原煤准备(给煤、破碎、筛分、转载)过程中应采取密闭措施,当受生产工艺或工作场地条件限制,不能采取密闭措施时,应采取喷雾降尘或除尘器除尘等措施。

⑯ 储煤场厂区应定期洒水抑尘,储煤场四周应设抑尘网,装卸煤炭或起风时喷雾降尘或洒水降尘,煤炭外运时应采取密闭措施。

2. 噪声防治管理

① 煤矿作业场所噪声危害判定标准:作业人员每天连续接触噪声时间达到或者超过 8 h 的,噪声声级限值为 85 dB(A);每天接触噪声时间不足 8 h 的,可以根据实际接触噪声的时间,按照接触噪声时间减半、噪声声级限值增加 3 dB(A)的原则确定其声级限值。

② 煤矿企业应配备 2 台以上噪声测定仪器,对作业场所噪声每半年至少监测 1 次。

③ 煤矿作业场所噪声的监测地点主要包括:井工煤矿的主要通风机、提升机、空气压缩机、局部通风机、采煤机、掘进机、风动凿岩机、风钻、乳化液泵、水泵等地点;露天煤矿的挖掘机、穿孔机、矿用汽车、输送机、排土机和爆破作业等地点;选煤厂的破碎机、筛分机、空压机等地点。在每个监测地点选择 3 个测点,监测结果取平均值。

④ 煤矿企业应优先选用低噪声设备,通过隔声、消声、吸声、隔振、减少接触时间、佩戴

防护耳塞(罩)等措施降低噪声危害。

3. 高温防治管理

① 采掘工作面的空气温度不得超过 26 ℃,机电设备硐室的空气温度不得超过 30 ℃;当空气温度超过上述要求时,必须缩短超温地点工作人员的工作时间,并给予高温保健待遇。当采掘工作面的空气温度超过 30 ℃、机电设备硐室的空气温度超过 34 ℃时,必须停止作业。

② 采掘工作面和机电设备硐室应设置温度传感器。

③ 煤矿企业应当采取通风降温、采用分区式开拓方式缩短入风线路长度等措施,降低工作面的温度。

通风降温等措施无法达到作业环境标准温度的,应采用制冷等降温措施。

④ 地面辅助生产系统和露天煤矿应合理安排劳动者工作时间,减少高温时段室外作业。

4. 有毒有害气体防治管理

① 监测有毒有害气体时应选择有代表性的作业地点,其中应包括空气中有害物质浓度最高、作业人员接触时间最长的作业地点。采样应在正常生产状态下进行。

② 氧化氮、一氧化碳、二氧化硫至少每 3 个月监测 1 次,硫化氢至少每月监测 1 次。煤层有自燃倾向的,根据需要随时监测。

③ 煤矿企业应加强矿井通风,将各种有害气体浓度稀释到接触限值以下;加强个体防护,佩戴合格的个体防护用品。

三、煤矿职业健康防护管理

健康上岗,应按照国家有关规定组织劳动者上岗前、在岗期间和离岗时的职业健康检查,并将检查结果书面告知劳动者。

劳动者接受职业健康检查应当视同正常出勤,常规健康检查不同于职业健康检查,不能将常规健康检查替代职业健康检查。接触职业病危害作业的劳动者的职业健康检查周期应按《煤矿作业场所职业病危害防治规定》进行,见表 7-10。

表 7-10　接触职业病危害作业的劳动者的职业健康检查周期

接触有害物质	体检对象	检查周期
煤尘(以煤尘为主)	在岗人员	两年 1 次
	观察对象、Ⅰ期煤工尘肺患者	每年 1 次
岩尘(以岩尘为主)	在岗人员、观察对象、Ⅰ期硅肺患者	
噪声	在岗人员	
高温	在岗人员	
化学毒物	在岗人员	根据所接触的化学毒物确定检查周期

注:接触粉尘危害作业退休人员的职业健康检查周期按照有关规定执行。

1. 呼吸用品

防止煤矿粉尘危害的方法包括从工程技术层面降低或消除煤矿粉尘危害和为煤矿工人配备防尘口罩两个方面,佩戴煤矿用防尘口罩成为目前防止煤矿粉尘危害的重要手段。为此,中国安全生产科学研究院、中国安全生产协会劳动防护专业委员会、北京市劳动保护科学研究所、北京健翔嘉业日用品有限责任公司和山西晋城无烟煤矿业集团有限责任公司共同起草编写了《煤矿用自吸过滤式防尘口罩》(AQ 1114—2014),该标准于 2014 年 6 月 1 日实施。

在煤炭开采过程中,煤矿作业人员不只接触煤尘,由于煤矿岩层含游离二氧化硅(SiO_2),其含量有时可高达 40% 以上,煤矿作业人员所接触的粉尘多为煤硅混合性粉尘,煤工尘肺病是煤粉引起的煤肺病和硅尘引起的煤硅肺病的总称。因此,《煤矿用自吸过滤式防尘口罩》规定了口罩的标准适用范围,防尘口罩不仅需要防御呼吸性煤尘,还需要防御硅尘。该标准中对煤尘和硅尘进行了定义,煤尘为煤矿作业场所空气中游离二氧化硅含量少于10% 的煤尘,而硅尘则为游离二氧化硅含量大于 10% 的粉尘。

防尘口罩按结构分为随弃式面罩、可更换式半面罩和可更换式全面罩三类。由于煤矿场所粉尘浓度很大,过滤效率为 90% 的口罩无法对煤矿工人起到有效的防护,因此将防尘口罩分为 CM95 和 CM99 两种级别,取消了 CM90 级别。另外,该标准还规定了防尘口罩的标记,这是煤矿企业和工人选购及使用口罩的主要依据。标准中规定,煤矿用防尘口罩的过滤元件应有明显牢固标记,标记由本标准号和级别共同组成,如级别为 CM99 的防尘口罩的标记为 AQ 1114—2014 CM99。

(1) 防尘口罩的适用条件

随弃式面罩、可更换式半面罩的指定防护因数(APF)=10,其所适用的环境粉尘浓度不应超过 10 倍的职业卫生标准。

可更换式全面罩的指定防护因数(APF)=100,其所适用的环境粉尘浓度不应超过 100 倍的职业卫生标准。

(2) 防尘口罩的适用时间

防尘口罩的适用时间如表 7-11 和表 7-12 所列。

表 7-11　普通矿井中随弃式面罩适用时间

粉尘浓度/(mg/m³)	环境温度/℃	相对湿度/%	适用时间/h
5~10	≤26	≤80	5~8
10~30	≤26	≤80	2~5
30~50	≤26	≤80	≤2

表 7-12　普通矿井中可更换式半面罩滤料制品适用时间

粉尘浓度/(mg/m³)	环境温度/℃	相对湿度/%	适用时间/h
5~10	≤26	≤80	4~6
10~30	≤26	≤80	2~4
30~50	≤26	≤80	≤2

注:(1) 防尘口罩的适用时间受粉尘浓度大小、粉尘特性、环境温湿度、矿井通风、佩戴者肺通气量、产品规格、过滤材料质量等因素影响,随着粉尘在滤料制品上的不断积累,佩戴者自觉吸气阻力逐渐增加到无法坚持,或看到滤料制品上有被粉尘击穿的孔洞,这表明滤料制品的寿命已经终结,应及时更换。

(2) 在高温矿井中,建议接尘人员使用随弃式面罩。

(3) 防尘口罩的使用期限

防尘口罩的使用期限一般为 1~3 个月。

① 使用期限不超过 1 个月的工种

煤矿井下:采煤工,综采工(机采工),掘进工,锚喷工及充填工。

② 使用期限不超过 2 个月的工种

煤矿井下:爆破工,巷道维修工,胶带、链板司机,瓦斯检查员(测气工)及井下测尘工。

煤矿井上:充电工,注浆工及胶带机选矸工。

选煤厂:浮沉试验工。

③ 使用期限不超过 3 个月的工种

煤矿井下:钉道工,搬运工,采掘机电维修工,通风密闭工,井下送水、送饭、清洁工、验收员,管柱工,采掘区队长,采、掘、基建、通、运、修区工程技术人员。

煤矿井上:火药管理工及井口电梯司机。

露天煤矿:电铲车司机、助手,露天穿孔工,推土、平道机司机,电镐扫道工、平道机助手,坑下爆破工,排土扫车工,摇道机司机,露天架、换线工,电力、电信外线电工,坑下电话移设维修工,坑下检修工,坑下信号维修工,起重工,坑下管工,钻探工,矿用重型汽车司机,挖掘机司机,工程机械司机,穿孔机司机,煤场付煤工,检车工,煤质采样监装工,煤油化验、计量员,破碎站司机,破碎站维修工,胶带运行工。

选煤厂:破碎机司机及选煤机工。

2. 听力防护类

听力防护类用品有耳塞、耳罩等。

配备范围如下:

煤矿井下:采煤工,综采工(机采工),掘进工,爆破工,电机车司机和跟车工,井下钻探工。

煤矿井上:电机车司机,压风司机,抽风机司机,选矸工。

听力防护类用品主要供噪声 A 声级在 85 dB 以上作业环境中的人员使用,当戴耳塞(罩)影响安全时,禁止发放耳塞(罩)。

四、矿井粉尘智能管控技术

1. 粉尘在线监测系统

LBT-FM 粉尘在线监测系统由粉尘浓度传感器、仪表、报警器、电源箱组成,能够实现作业现场的粉尘浓度在线检测,实时报警,可实时掌握作业现场的粉尘浓度。

粉尘浓度传感器技术特点:

① 额定工作电流小,可大大减轻现场总电源的负担。

② 输入电压范围宽,仪器在输入电压 12～24 V DC(本安电源)的范围内均能正常工作。

③ 可直读空气中粉尘颗粒物质量浓度。

④ 利用光散射原理对粉尘进行检测,由微处理器对检测数据进行运算,直接显示粉尘质量浓度并转换成数据信号输出。

⑤ 采用红外遥控调校传感器各参数,实现不开盖调节,使调校更加简单。

⑥ 可实现 0～5 V、4～20 mA 电流标准信号输出,还可以与各种标准的 200～1 000 Hz 输入的二次仪表连接。可实现远距离传输,及时准确测量现场的粉尘浓度,检测粉尘浓度变化趋势。

2. 煤体动压注水降尘技术

煤是一种裂隙-孔隙介质,流体可以在其中流动。煤中有大小不同的各种孔隙,大的直径可到数毫米,小的微孔直径小于 100 nm。水在不同孔隙中的运动形式也不相同,渗透运动一般发生在大的裂隙和孔隙中,毛细运动发生在较小的孔隙中,而分子扩散运动则发生在煤的超微结构的孔隙中。每一种形式的运动在空间和时间下都不是共存的,其搬运水分的速度也有很大的差别。当向煤体注水时,压差首先使水在裂隙和大孔隙中运动(它按渗透规律流动),高压虽然能使煤体发生破裂和松动,但渗透运动时间不长,范围不大,湿润效果不高,一般只能达到 10%~40%;之后才在毛细力的作用下进入较小的空隙中,使煤体发生毛细管凝聚、表面吸着和湿润等;而在扩散作用下,水才可能更深地进入煤的微孔中,使煤层内无机的和有机的组分发生氧化或溶解。毛细作用和扩散作用是煤层湿润的主导作用,可以持续很长时间,并能使煤体均匀、充分地湿润,将湿润效果提高 70%~80%。但毛细运动和扩散运动是在渗透运动已经波及的范围内进行的,不会扩大润湿区的范围,只是使水分均匀分布。

利用动压注水可以在煤层中形成人工的空腔、槽缝和裂缝,或扩大已有的裂缝以及促使煤体发生位移,可以增加煤体的渗透性和润湿性。脉动注水方式的压力是周期性变化的,一方面,不同的注水压力可以使水渗入不同的裂隙-孔隙中,增加煤体的润湿性,动压水可以使裂隙不断贯通、扩大,扩大润湿半径,最大限度地改变煤层的物理力学性质;另一方面,通过周期性的脉动高压作用于煤体,在不同压力下煤体的裂隙-孔隙产生"膨胀—收缩—膨胀"反复作用,最大限度地改变煤体力学性质,煤体中的裂隙-孔隙得到进一步的拓展,从而增加煤体的润湿范围。另外,脉动高压水有利于游离高压瓦斯的排放,可减少煤体中的瓦斯含量,起到卸压和排放瓦斯的作用,从而达到防止煤与瓦斯突出的目的,同时相应地减少水在煤体中的运动阻力,增加煤体的吸水量。低压注水,可使煤体得到相当均匀的湿润,降低煤体的强度和脆性,增加煤体的塑性,减少采煤时煤尘的生成量;同时,可将煤体中原生细尘黏结为较大的尘粒,使之失去飞扬能力,从而达到减少粉尘的目的。

3. 红外线自动净化水幕除尘技术

红外线自动净化水幕除尘装置的主机内部采用模块化设计,具备液晶显示、人机交互等功能,通过与红外线传感器、触控传感器、红外热释传感器、循环定时控制模块的配套使用,可形成多种用途的矿用自动喷雾除尘装置,达到一机多能的效果。它适用于井下大巷、工作面运输巷、工作面回风巷、采煤机、支架等地点。

红外线自动净化水幕除尘装置主要用于综采工作面,对采煤机采煤过程中产生的大量粉尘进行喷雾降尘,在整个综采工作面上设定若干个喷雾点(一般 3~4 架支架安装一套喷雾装置),当采煤机移动到装有传感器的支架处时,传感器接收到信号,打开电磁阀开始喷雾工作。

红外线自动净化水幕除尘技术的应用效果:

① 节约矿井水资源,变常开为实时自动喷雾,可克服煤泥水横流的弊端,提高水的利用率(水的利用率提高 80%),同时可确保矿井文明生产和标准化作业。

② 可减少人力和管理成本,实现无人操作和管理自动化,使用方便,各生产地点不再需要专人开放和关停,从而节约成本,也便于统一管理。

③ 可净化各作业地点空气环境,消除煤尘所带来的安全隐患,减轻安全工作的压力,

对超前防范煤尘爆炸起到积极作用,减少粉尘对工人的危害,大大降低尘肺病的发生概率。

4. 新型降尘材料的应用

(1) 新型降尘材料功能特点

清水喷雾的实际降尘效果受多种因素限制,尤其是粉尘的粒径、润湿性、荷电性等,致使清水喷雾对呼吸性粉尘的降尘效果较差,降尘效率常不足 30%。为了提高喷雾降尘效果,研究人员认为添加降尘剂提高水雾颗粒与粉尘微粒的结合能力是有效手段之一,先后研制出湿润剂、起泡剂、黏结剂等降尘材料,取得了一定效果。现有降尘材料仍然需要解决添加量大、成本高等问题。新型降尘材料含有抗静电性、润湿性、发泡性等多种功能性组分,在喷雾降尘过程中多功能性组分能够发挥协同配合的综合作用,增强喷雾降尘效果。

(2) 应用工艺

新型降尘材料添加量低,与防尘水的添加比例在 0.08% 以下,配套设备安装简便,将降尘材料灌入新型材料添加控制模块的加液箱,新型降尘材料喷雾设备即可自动恒定比例添加。将矿井自身防尘供水系统(或以综掘机喷雾系统为水源)与压风系统,通过矿用高压软管与喷雾降尘设备预留安装位置连接,风、水管路在作业人员附近预留开关,即可完成安装。作业人员可根据作业情况通过开关方便地控制设备开、停。在水路中添加新型降尘材料,新型降尘材料与防尘水在液液混合模块内预混合后,混合液与风路通过流量控制模块进入气液混合模块,混合模块内降尘剂、防尘水与风流三者充分混合、破碎、泡沫化和初次雾化后进入喷雾模块,经过喷雾模块二次破碎和雾化,形成细微气泡化水雾,以一定射程和角度喷出覆盖截割头产尘部位和工作面粉尘逸散部位,从而控制和降低粉尘浓度。

5. 智能化全矿井综合粉尘治理系统

以"5G+智能通风系统"为理念,建设智能化全矿井综合粉尘治理系统,系统适用于综采面、综掘面、炮掘面、运输巷、辅运巷、胶带转载点等煤尘产生地点。系统由矿用粉尘集控软件平台、集控手机 App、矿用综合粉尘治理设备与检测设备、无线通信基站、网络交换机、电源及通信线缆等组成。

系统可实现对粉尘浓度的实时监测、数据分析和上传及超限自动报警,在矿井粉尘易超限区域布置呼吸性粉尘及总尘监测设备、智能喷雾装置及智能降尘装置,实现粉尘浓度智能监测及远程降尘控制。

(1) 综合粉尘治理系统

集控软件平台通过地面监控中心站集中、连续地对地面和井下监测子系统的信息进行实时采集、分析处理、动态显示、统计存储、超限报警、断电控制和统计报表查询打印、网上共享等;集控软件平台支持 TCP/IP 网络协议,井下网络采用树型拓扑结构,安装配置灵活,可靠性高。

集控系统能对接入网络的喷雾降尘装置、视频监控摄像机等进行远程的数据采集、显示并检测设备的运行工况,能对系统和设备的运行参数进行远程修改,也能对系统和设备的运行状态(开、停)进行远程控制。

① 集控软件平台可以在井上监控室远程监控井下喷雾设备的运行情况,可以实时远程

控制喷雾装置,也可以根据矿方需求进行二次开发,嵌入矿方原有管理系统软件平台并提供指定接口协议,接入煤矿 GIS 平台。

② 系统采用 5G-IoT 协议、LoRa 或其他常规无线物联网通信技术,传感器均为低功耗智能型传感器,方便部署,无须布线,主机具备有线和无线 IoT 模块,方便各种工业通信与连接。

③ 手机 App 可以通过 Wi-Fi 连接至集控喷雾电控箱,显示电控箱的实时工作状态,对电控箱各种参数进行设置,也可手动开关阀。

④ 可实现全无线部署,主机和传感器可以配置可充电电池,电池可持续可靠运行 10～15 个月。无须任何供电电缆和信号线缆,从而可极大地提高安全性,同时方便施工维护。

⑤ 防爆手机通过系统实现无线通信功能,手机与手机、手机与平台可进行语音通话,摄像机可对主要降尘点进行实时视频监控;矿用智能手机可通过 5G 或 Wi-Fi 网络接入集控软件平台。

⑥ 系统可配置喷雾降尘、负压降尘、干式除尘、泡沫除尘等多种粉尘治理装置,全矿井喷雾降尘系统配有超细雾水幕、水气两相水幕、干雾水幕等多种喷雾模式,可以适应不同工作场景现场条件。

⑦ 在运输巷、辅运巷现场,系统能够实现定时喷雾,胶带有煤时开启喷雾,粉尘浓度超限时自动喷雾,人过车过时停喷;在掘进工作面,可以实现割煤机运转喷雾或覆盖泡沫降尘。

⑧ 系统配置的粉尘浓度传感器可以实时监测粉尘浓度,可设定粉尘浓度上限,粉尘浓度达到上限后输出电平信号给电控箱,电控箱自动开启喷雾降尘。

⑨ 智能远控电源可实现远程控制本安模式输出开关,监控本安输出电压、输出电流、电池电压、交流电压、电池容量、报警信息等。

（2）集控软件平台功能

① 可实现全矿井粉尘防治设备运行状态、工作参数的远程在线监测和控制。

② 可实现矿井粉尘浓度、噪声、温湿度等环境参数的远程监控、数据存储、查询。

③ 可独立运行,稳定性高,可控性强,易于扩展。

④ 多级用户管理,有强大的查询及报表输出功能,可以以数据、曲线、柱图方式提供班报、日报、旬报,报表格式可由用户自由编辑。

⑤ 可在异地实现对监控系统的实时信息查询,网上远程查询监测数据及报表,调阅显示各种实时监控画面等。

⑥ 系统地面中心站监控软件采用模块化面向对象设计,网络功能强、集成方式灵活,可适应不同应用规模需求。

（3）井下综合粉尘治理装备

① 采煤工作面粉尘浓度超限喷雾装置

采煤工作面粉尘浓度超限喷雾装置包含 KXH12 型电控箱 1 台,GCG1000 型粉尘浓度传感器 1 台,FYF5 型红外热释电传感器 2 台,喷雾水幕 1 架。在回风巷距工作面 10 m 处和 30 m 处各布置一道风流净化水幕,装置采用静压供水,从巷道内的消防洒水管路三通中引出。

该装置可实现粉尘浓度超限自动喷雾功能,可实时显示测得的粉尘浓度值。装置可以单独自成系统使用,也可与集控软件平台联网使用,能够实现风流净化水幕的自动控制和粉尘浓度的连续在线监测。

采煤工作面粉尘浓度超限喷雾装置采用粉尘浓度传感器检测风流中的粉尘浓度,当粉尘浓度超过设定的浓度值时,自动打开净化水幕;在有人通过时关闭水幕,延时一定时间后自动打开水幕;当粉尘浓度低于设定的浓度值时,自动关闭喷雾水幕。

② 掘进工作面粉尘浓度超限喷雾装置

掘进工作面粉尘浓度超限喷雾装置主要由 KXH12 型电控箱、无线发射器(具有掘进机工作感应功能)、喷雾水幕等组成。在距掘进工作面不大于 30 m 处配置一套粉尘浓度超限喷雾装置,同时在掘进机上配置一套自动喷雾降尘装置。

通过将喷雾装置接入集控软件平台,实现掘进工作面及掘进巷道内粉尘的高效治理。该装置上电自检成功后,当无线发射器感应到掘进机动作约 6 s 后,电控箱开启水幕喷雾;当感应不到掘进机工作时,延迟 6~10 s 后停止喷雾。

③ 大巷喷雾降尘装置

大巷喷雾降尘装置主要由 KXH12 型电控箱、FYF5 型无线发射器(具有红外热释电感应功能)、喷雾水幕等组成。安装时,将电控箱挂装在回风大巷中,将无线发射器吊装在电控箱两侧巷道上,通过高压胶管将水接入电控箱的球阀上,连接好水幕后吊装在巷道的上方。

该装置每日可设置 10 个定时喷雾时段,定时喷雾时段内自动开启喷雾降尘。定时喷雾开启期间,当行人通过喷雾区域时,红外热释电无线发射器在感应到人后发送信号给 KXH12 型电控箱,电控箱接收无线信号后停止喷雾,感应不到人后延时一定时间继续喷雾。

思 考 题

1. 简述煤矿安全风险概念及典型的煤矿安全事故类型。
2. 简述煤矿冲击地压和煤与瓦斯突出概念及显现特征。
3. 什么是矿井智能通风系统?
4. 矿井智能通风关键设备自动控制技术主要包括哪些? 请简要阐述。
5. 矿井通风网络智能化调控系统主要包括哪些? 请简要阐述。
6. 简述矿井火灾防治智能注浆监测系统的组成及功能。
7. 瓦斯巡检机器人系统如何工作?
8. 煤矿职业健康的主要影响因素有哪些?
9. 简述煤矿粉尘作业分级标准。
10. 煤矿粉尘防治管理措施有哪些?

参 考 文 献

[1] 窦林名,何学秋.冲击矿压防治理论与技术[M].徐州:中国矿业大学出版社,2001.
[2] 窦林名,何江,曹安业,等.煤矿冲击矿压动静载叠加原理及其防治[J].煤炭学报,2015,40(7):1469-1476.
[3] 窦林名,巩思园,刘鹏,等.矿震冲击灾害远程在线预警平台[J].煤炭科学技术,

2015,43(6):48-53.

[4] 窦林名,何学秋,REN T,等.动静载叠加诱发煤岩瓦斯动力灾害原理及防治技术[J].中国矿业大学学报,2018,47(1):48-59.

[5] 窦林名,牟宗龙,曹安业.冲击矿压防治技术[M].徐州:中国矿业大学出版社,2020.

[6] 窦林名,王盛川,巩思园,等.冲击矿压风险智能判识与监测预警云平台[J].煤炭学报,2020,45(6):2248-225.

[7] 窦林名,周坤友,宋士康,等.煤矿冲击矿压机理、监测预警及防控技术研究[J].工程地质学报,2021,29(4):917-932.

[8] 连会青,徐斌,田振焘,等.矿井水情监测与水害风险预警平台设计与实现[J].煤田地质与勘探,2021,49(1):198-207.

[9] 刘德民.华北型煤田矿井突水机理及预警技术:以赵庄矿为例[D].北京:中国矿业大学(北京),2015.

[10] 潘一山.煤与瓦斯突出、冲击地压复合动力灾害一体化研究[J].煤炭学报,2016,41(1):105-112.

[11] 齐庆新,潘一山,李海涛,等.煤矿深部开采煤岩动力灾害防控理论基础与关键技术[J].煤炭学报,2020,45(5):1567-1584.

[12] 王德明.矿井通风与安全[M].徐州:中国矿业大学出版社,2012.

[13] 王恩元,李忠辉,李保林,等.煤矿瓦斯灾害风险隐患大数据监测预警云平台与应用[J].煤炭科学技术,2022,50(1):142-150.

[14] 王恩元,张国锐,张超林,等.我国煤与瓦斯突出防治理论技术研究进展与展望[J].煤炭学报,2022,47(1):297-322.

[15] 王国法,刘峰.中国煤矿智能化发展报告(2020 年)[M].北京:科学出版社,2020.

[16] 王建豪.煤矿火灾事故个人不安全行为原因研究[D].北京:中国矿业大学(北京),2017.

[17] 王杰,郑林江.煤矿粉尘职业危害监测技术及其发展趋势[J].煤炭科学技术,2017,45(11):119-125.

[18] 王凯,杜锋.煤岩瓦斯复合动力灾害机理研究进展与展望[J].安全,2022,43(1):1-10.

[19] 王学琛.煤矿安全生产风险评价与预警系统研究[D].武汉:武汉理工大学,2017.

[20] 吴劲松,杨科,徐辉.5G＋智慧矿山建设探索与实践[M].徐州:中国矿业大学出版社,2021.

[21] 袁亮.煤矿粉尘防控与职业安全健康科学构想[J].煤炭学报,2020,45(1):1-7.

[22] 袁亮.煤矿典型动力灾害风险判识及监控预警技术研究进展[J].煤炭学报,2020,45(5):1557-1566.

[23] 袁亮.煤矿典型动力灾害风险判识及监控预警技术"十三五"研究进展[J].矿业科学学报,2021,6(1):1-8.

[24] 袁亮.煤矿典型动力灾害风险判识及监控预警[M].北京:科学出版社,2022.

[25] 张会军,杨磊.煤矿顶板灾害监测预警系统及其应用[J].煤矿开采,2015,20(6):94-96.

［26］赵文才,付国军.煤矿智能化技术［M］.北京:应急管理出版社,2020.

［27］赵旭生,马国龙,周密.煤与瓦斯突出智能预警方法及系统［J］.矿业安全与环保, 2022,49(4):150-156.

［28］周福宝,魏连江,夏同强,等.矿井智能通风原理、关键技术及其初步实现［J］.煤炭 学报,2020,45(6):2225-2235.

［29］朱红青,胡超,张永斌,等.我国矿井内因火灾防治技术研究现状［J］.煤矿安全, 2020,51(3):88-92.

第八章　智能精准开采工程案例

进入 21 世纪以来,随着计算机技术、自动控制技术、网络技术和通信技术的迅猛发展,我国工业自动化技术发展迅速。目前,在新兴网络技术和传统工业深度融合的新形势下,各个行业又迎来产业的巨大变革,其中通过智能化技术与传统成套装备的融合来实现产业转型升级是一种重要的发展趋势。煤炭开采行业由于受安全、环境等因素的影响,对智能技术与装备的需求尤为迫切。因此,开展以实现无人化开采为目标的智能化开采技术与装备研发对煤炭开采行业的发展具有重要意义。我国煤炭开采技术及装备已经取得了重大进步,推动了煤矿安全高效绿色开采技术的发展,建成了一大批综合机械化和自动化程度较高的现代化矿井,生产效率、安全指标和煤炭产量大幅度提高。同时,综采成套装备的技术进步是促进煤炭安全高效绿色开采技术发展的引擎;现代自动化、信息化、智能化技术及先进制造技术与煤炭开采技术的深度融合,使煤矿综采成套装备实现自动化、智能化、无人化成为可能。

第一节　黄陵矿区智能化开采模式与技术路径

一、黄陵矿区智能化开采核心技术

1. 煤炭智能化开采实施背景

黄陵矿区煤炭资源丰富,煤田总面积为 549 km²,地质储量为 13.4 亿 t,可采储量为 9.6 亿 t。现有 4 对矿井,核定生产能力为 1 550 万 t/a,主力矿井为一号煤矿和二号煤矿,核定生产能力分别为 600 万 t/a 和 800 万 t/a。井
田位于鄂尔多斯盆地南缘,煤、油、气共生,开采技术条件复杂,其中 3 对矿井为高瓦斯矿井。井田煤层赋存稳定,但厚度变化较大。黄陵矿区主采煤层厚度基本在 2 m 以上,较薄煤层资源长期呆滞,成为影响企业安全、高效、可持续发展的突出问题。薄煤层综采存在工作面空间小、操作人员多、跟机作业难、劳动强度大等问题,容易造成安全生产事故或引发工人职业病。如果沿袭传统的生产方式,就必须加快工作面推进速度来保障矿井的高效稳产,但这将激化生产和安全的矛盾。因此,为了保证安全生产,促进煤炭资源高效开发利用,在综合分析矿井地质条件、系统配套、员工素质和管理水平,以及认真调研国内外智能化开采技术现状和发展趋势的基础上,黄陵矿业集团有限责任公司果断决策,决定开展国产装备智能化开采技术研究,主要解决以下几个方面的问题。

① 解决矿区可持续发展的问题。黄陵矿区薄煤层储量较多,一号煤矿矿井可采储量为 3.47 亿 t,其中厚度 0.8～1.3 m 的煤层煤量占总储量的 35%。从矿井建设初期到 2013 年,厚度 0.8～1.3 m 的煤炭资源长期呆滞,为了矿井产能的持续稳定,黄陵矿业集团有限责任公司决定实施"薄厚"搭配开采,既可以有效解决较薄煤层长期呆滞问题,又能最大限度开发

黄陵矿区智能化开采技术

利用资源,保障矿井可持续发展。

② 解决煤矿安全生产的问题。黄陵矿区煤、油、气共生,水、火、瓦斯、煤尘、顶板以及油型气、油气井"七害"俱全,加之薄煤层开采存在跟机作业难、劳动强度大、生产环境恶劣等诸多问题,容易造成安全事故或引发工人职业病。因此,通过智能化开采可以把矿工从艰苦危险的环境和高强度体力劳动中解放出来,实现"无人则安、少人则安",确保矿井安全生产。

③ 解决企业高效发展的问题。传统的薄煤层开采技术用人多、效率低、成本高,因此,解放思想、超前谋划、瞄准智能化无人开采技术作为主攻方向势在必行,从而依靠科技进步,实现煤炭企业高效绿色发展。

④ 解决煤炭企业用人难的问题。随着生活水平的提高,人们从事高危险、高强度体力劳动意愿降低,普遍有改善劳动强度和劳动环境的强烈需求。同时,由于社会对传统煤矿的认识,煤炭企业用工受到严重影响,招工难度日益增大,倒逼煤炭企业必须依靠机械化、自动化和智能化来解决用人难的问题。

2. 煤炭智能化开采技术应用现状

(1) 智能化开采技术实践情况

2014—2015 年,黄陵矿业集团有限责任公司联合中煤科工集团等科研单位,先后完成了较薄煤层与中厚煤层智能化无人开采技术的研究与应用,目前已形成"一井两区两面智能化开采"的生产格局,首创了地面远程操控采煤模式,实现了国产综采成套装备采煤的常态化;2016—2017 年,黄陵矿业集团有限责任公司二号煤矿开展了大采高(厚煤层)智能化综采技术研究,重点攻克了煤壁片帮、底软拉架、顶板破碎、视频效果差、煤油气耦合灾害等技术难题,实现了智能化开采技术在厚煤层复杂地质条件下的常态化应用,成果达到国际领先水平;2018 年,黄陵矿业集团有限责任公司双龙煤矿和瑞能煤矿智能化开采推广应用全面启动,实现了智能化开采技术在较薄煤层、中厚煤层到厚煤层的应用全覆盖。黄陵矿业集团有限责任公司智能化综采工作面现场图如图 8-1 所示。

(a) 较薄煤层　　　　　　　(b) 中厚煤层　　　　　　　(c) 厚煤层

图 8-1　黄陵矿业集团有限责任公司智能化综采工作面现场图

(2) 智能化开采核心技术

智能化开采技术是指在传统综采技术基础上,采用具有感知能力、记忆能力、学习能力和决策能力的液压支架、采煤机、刮板输送机等开采装备,以自动化控制系统为核心,以可视化远程监控为手段,实现工作面采煤全过程"无人跟机作业,有人安全巡视"的安全高效开采模式。智能化开采技术是实现生产过程工作面无人的主要技术手段,其关键在于采用远程操控技术控制采煤工艺的全过程,从而实现综采工作面生产这一随机动态过程的自动化操控。

采煤机记忆截割技术是目前实现综采工作面采煤机割煤自动化的一种有效手段,并已取得很大进展,在采煤机较短时段的割煤自动化方面取得了较好效果。但是由于综采工作面生产过程中地质环境等时空条件的随机性、动态性和不确定性,采煤机在割煤过程中煤体截割阻力变化等因素引起的抖动以及工作面底板不平整造成的刮板输送机不平直等情况,均可能造成作为采煤机运行轨道的刮板输送机轨面起伏不平。在常规综采工作面采煤机割煤过程中,采煤机司机需要根据工作面顶底板状况和采煤机运行状态不断进行调控操作,以实现工作面的"三直两平"。当前采煤机记忆截割等自动化控制技术还不具备司机操控所具有的及时调整和适应能力,因此,实际上从采煤工艺过程控制的角度看,目前的采煤机记忆截割等自动化控制技术还难以完全满足综采工作面采煤机长时间自动化割煤的要求。

以往智能化综采工作面采煤工艺过程操作是将液压支架电液控的控制器延伸到监控中心来,实现基本的单架控制、成组控制以及跟机控制;综采工作面生产过程中的关键设备——采煤机的自动化操控则主要由记忆截割实现。从综采工作面采煤工艺过程分析可以看出,要实现综采工作面智能化采煤工艺过程的常态化,关键是必须有与采煤工艺这一随机动态过程相适应的技术。黄陵矿业集团有限责任公司"可视化远程干预型"智能化开采技术通过智能化控制软件和工作面高速以太环网将采煤机控制系统、支架电液控制系统、工作面运输控制系统、"三机"通信控制系统、泵站控制系统及供电系统有机融合,辅以工作面煤壁和液压支架高清晰视频系统,实现对综合机械化采煤工作面设备的协调管理与集中控制。其主要目标是实现工作面液压支架电液控制系统跟机自动化与远程人工干预控制、采煤机记忆截割与远程人工干预控制技术相结合的自动化采煤工作模式。该系统可以在顺槽或地面指挥控制中心对采煤机工况和液压支架工况进行监测与远程集中控制,实时监控工作面综采设备运行工况和煤壁及顶底板的空间状况。当设备运行异常或工作面空间形态异常时,可以在指挥控制中心通过远程人工干预手段对设备进行远程调控,如采煤机摇臂调整、液压支架动作调整等。

需要强调的是,工作面煤壁和液压支架高清晰视频系统及高速以太环网信息平台是实现人工远程调控工作面采煤机和液压支架运行的基础,工作面高效除尘降尘措施也是高清晰视频系统能够有效发挥远程"眼睛"作用的保障,这样操作人员在监控中心操作台通过视频系统和有关监测数据就可以像人工亲临工作面现场一样有效操控采煤机和液压支架。"可视化远程干预型"智能化开采控制原理示意如图8-2所示。

黄陵矿业集团有限责任公司采用"可视化远程干预型"智能化开采技术路径,有效避开了"煤岩识别"等世界性难题的束缚,解决了传统智能化开采普遍面临的技术难题。"可视化远程干预型"智能化开采的核心技术为:液压支架自动跟机+采煤机记忆截割+可视化远程干预控制。

① 液压支架全工作面自动跟机技术。自动跟机技术是指综采工作面液压支架以采煤机位置及运行方向为根据,通过电液控技术跟随采煤机完成工作面自动移架、自动推移刮板输送机、自动喷雾、"三机"联动等成组或单架控制功能。

② 采煤机全工作面记忆截割技术。记忆截割技术是指采煤机在示教过程中,实时采集工作面相应位置上的采高、倾角、俯仰角、速度和方向等信息,并以5 cm为间隔做一一映射,同时将映射数据发送到控制器的数据存储区,并生成截割曲线模型;完成一个循环后切换到自动运行模式,采煤机以控制器存储的曲线模型为依据进行自动导航、自动截割、自动清浮煤、自动斜切进刀等工艺流程,主要流程可概括为"信息采集→数据存储→建立曲线模型→

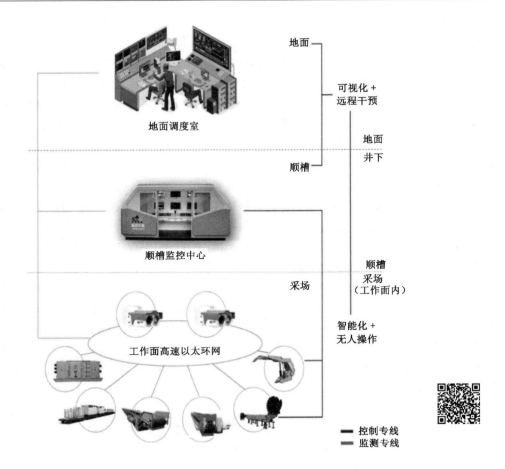

图 8-2 "可视化远程干预型"智能化开采控制原理示意图

复制割煤"。

③ 可视化远程干预控制技术。在高清晰无盲区视频监控系统和智能监控系统的基础上，通过人工操作远程控制台来实现工作面设备的实时干预调整。采煤机远程干预控制：当工作面出现条件变化时，可通过人工干预调整采煤机左右滚筒截割高度，在干预的同时对曲线模型进行修正。液压支架远程干预控制：当工作面液压支架在自动跟机作业时出现丢架或动作执行不到位情况时，远程干预控制液压支架的升柱、降柱、抬底、推移刮板输送机等动作。

二、薄煤层综采工作面智能化控制系统

1. 1001 智能化综采工作面地质条件

黄陵一号煤矿 1001 智能化综采工作面位于十盘区，开采 2# 煤层，煤层厚度为 1.1～2.75 m，平均厚度为 2.22 m，煤层倾角为 3°～5°，属近水平煤层。工作面开切眼长度为 235 m，顺槽长度为 2 280 m，采高为 1.1～2.3 m。工作面直接顶为泥岩及细粒砂岩，厚度在 6.7 m 左右；基本顶为泥岩、砂岩及泥岩与细粒砂岩互层，厚度在 12 m 左右。该顶板属中等稳定顶板，应及时维护。底板为泥岩及碳质泥岩，厚度在 1.86 m 左右，遇水膨胀，易底鼓，应及时维护。

2. 智能化综采工作面系统集成技术

1001 智能化综采工作面集成控制系统如图 8-3 所示。系统由三个部分组成,包括综采单机设备层(第一层)、顺槽监控中心(第二层)、地面监控系统(第三层)。系统利用工作面的综合接入器、光电转换器和交换机,建立一个统一开放的工作面 100 M 工业以太网控制平台,将采煤机控制系统、支架电液控制系统、工作面运输控制系统、"三机"通信控制系统、泵站控制系统及供电系统有机结合,实现对综合机械化采煤工作面设备的协调管理与集中控制。采煤机以记忆割煤为主,人工远程干预为辅;液压支架以跟随采煤机自动序列动作为主,人工远程干预为辅;综采运输设备能够实现集中自动化控制。该综采工作面实现了集视频、语音、远程集中控制为一体的自动化控制,实现了工作面采煤机、刮板运输机和液压支架等设备的联动控制和关联闭锁等功能。

图 8-3　综采工作面集成控制系统

(1)工作面工业以太网

工作面工业以太网是利用工作面的综合接入器、光电转换器和交换机建立而成,能够使工作面设备连接到顺槽监控中心的隔爆服务器,可实现工作面设备信息汇集的工作面自动化控制网络。工业以太网系统网络管理方面具备虚拟局域网(virtual local area network,VLAN)、流量优先级等网络带宽管理功能,保证最重要的数据流能动态地获得最优先的带宽支持,同时具有网络状况自诊断功能。工作面工业以太网主要由本安型综采综合接入器、本安型光电转换器、本安型交换机、矿用隔爆兼本质安全型稳压电源、4 芯铠装连接器、矿用光缆等组成。每 6 个支架配备 1 台本安型综采综合接入器,接入器与接入器之间通过 4 芯铠装连接器连接,每台接入器通过 1 台双路矿用隔爆兼本质安全型稳压电源供电。系统配备 4 台矿用本安型光电转换器,其中监控中心配备 2 台,工作面端头配备 1 台,工作面端尾配备 1 台。每台矿用本安型光电转换器通过 1 台单路矿用隔爆兼本质安全型稳压电源供电。监控中心至工作面端头、监控中心至工作面端尾之间通过矿用光缆连接,形成百兆工业以太环网。每台接入器都可接入以太网信息,包括视频信息与数据信息,还可进行模拟量与数字量的采集。

(2)综采工作面生产工艺自动化

① 采煤机自动化:采煤机实现了智能化快速记忆截割自动运行功能。根据采煤机主机系统及工作面视频,通过操作采煤机远程操作台实现对采煤机的远程控制。远程控制功能包括采煤机滚筒升、降、左牵、右牵、加速、减速、急停等动作。

② 液压支架自动化:实现了液压支架的跟机喷雾、跟机移架、跟机推移刮板输送机控制等功能。以电液控计算机主画面和工作面视频画面为辅助手段,通过支架远程操作台实现对液压支架的远程控制。远程控制功能包括液压支架单架推移刮板输送机、降架、拉架、升架,成组移架、成组推移刮板输送机等动作。

③ 输送机、转载机、破碎机集中自动化控制:单独启停,顺序关联启停,通过采集到的设备数据对运行情况进行监测。

④ 泵站系统集中自动化控制:可实现与泵站控制系统的双向通信、对泵站的单设备启停控制、对多台泵站的联动控制以及对泵站系统的数据采集,可对泵站系统的运行状态进行集中显示,具有急停闭锁功能。

(3)综采工作面顺槽监控中心

顺槽监控中心设置在设备列车上,安装有顺槽控制器、隔爆型监控计算机、隔爆兼本安型以太网交换机、串口服务器、本安型无线交换机、不间断电源设备(uninterruptible power system,UPS)、电液控主机、沿线电话主机等监控设备。通过顺槽监控中心可以对综采工作面设备如液压支架、采煤机、刮板输送机、转载机、破碎机、乳化液泵站、喷雾泵站、组合开关等进行监控。

将集成控制系统设置为"全自动化"工作模式,通过一键启停按键启动工作面综采设备,实现全自动化。

"一键启动":泵站启动、破碎机启动、转载机启动、刮板输送机启动、采煤机截割电机启动、采煤机牵引启动、采煤机记忆割煤程序启动、液压支架跟随采煤机自动化控制程序启动,全自动化启动。

"一键停机":液压支架动作停止、采煤机停机、刮板输送机停机、转载机停机、破碎机停机,全自动化停止。

运行过程:实时监控工作面综采设备运行工况,若设备运行异常,可以通过人工干预手段对设备进行远程干预。如采煤机摇臂的调整、液压支架的动作等。

急停:按下工作面"急停"按钮,工作面所有设备停机。

(4)综采工作面地面监控系统

地面监控系统主要实现了对整个工作面的集中监控及一键启停控制。地面监控系统将综采工作面采煤机、液压支架、刮板输送机、转载机、破碎机、乳化液泵站、喷雾泵站及供电系统等有机结合起来,实现在地面调度指挥中心对综采工作面设备的远程监测以及各种数据的实时显示等,为井下工作面现场和地面生产、管理人员提供实时的井下工作面生产及安全信息;同时实现在地面调度指挥中心对综采工作面泵站、"三机"、采煤机记忆截割及支架自动跟机的一键联合启停功能。地面数据中心将综采工作面的电液控主控计算机、泵站"三机"主控计算机、采煤机主控计算机等有机结合起来,实现在地面调度指挥中心对综采工作面设备的远程监测以及各种数据的实时显示等。系统还包括综采设备(液压支架、采煤机、刮板输送机、转载机、破碎机、负荷开关、泵站)数据的集成。

三、黄陵一号煤矿"1+1+N"智能化开采新模式

1. 黄陵一号煤矿智能化建设基础

(1) 智能化采煤建设基础

2013年,黄陵一号煤矿在全国范围内率先完成了全国产装备智能化开采技术研究与应用,首创了地面远程操控采煤模式,实现了地面采煤作业的常态化,填补了我国煤矿智能化无人综采技术的空白,整体技术达到国际领先水平。2020年,在实现智能开采常态化应用的基础上,积极探索研究透明地质智能开采技术,实现了从传统的"记忆截割、远程干预1.0"向"自主截割、无人干预3.0"的技术跨越。

(2) 快速掘进建设基础

黄陵一号煤矿根据井下实际条件,利用"改造型掘进机+可弯曲带式转载机+跨骑式四臂锚杆钻车+迈步式自移机尾+多功能巷道修复机"进行快速掘进作业,实现了550 m/月的掘进进尺。与西安煤矿机械有限公司合作实施了"半煤岩智能快速掘进成套装备研发与示范项目"以及开发了掘锚护一体机+交错式掘进超前支护装置+锚运一体机+矿用自移式快速带式输送机+智能管控系统,破解了复杂地质条件半煤岩巷智能掘进难题,提高了掘进效率,保障了安全生产。

(3) 生产辅助系统建设基础

黄陵一号煤矿建成了地面指挥控制中心,实现了对井下主运输带式输送机、主供电设备、主排水泵、通风机和选煤厂等子系统的远程集中控制以及视频监控和数据监测分析等功能,达到了生产环节运行情况的全监控效果,形成了"无人值守、有人巡视"的控制模式。

在全矿井所有主运输带式输送机、变电所和水泵房安装24套巡检机器人,代替人工进行智能化巡检。创新建立基于4G通信的车辆管理及人员定位系统,实现了辅助运输管理由"零散管理"到"可视统一"的技术飞跃。

以精确定位技术为基础,以辅助运输系统安全管控为目标,以车载智能终端为控制核心,将4G通信、无线Wi-Fi技术与井下信号灯、智能调度、GIS和人员定位管理系统相融合,实现对运行车辆的实时跟踪、定位、通信,达到了车辆可视化管理和高效调配,提高了车辆运行效率,同时搭配车辆危险驾驶、特殊运行路段、红绿灯语音报警功能,辅助驾驶员规范驾驶,实现了辅助运输系统智能、高效、安全运行。

(4) 信息化建设基础

黄陵一号煤矿建立了安全生产信息共享管理平台。一是充分融合地理信息、云平台、大数据、物联网等信息技术,在GIS"一张图"上通过图件叠加综合直观展示,实现了对矿井采掘工程、地质测量、防治水、"一通三防"、机电运输、监测监控、应急救援、安全风险、预测预警、气象信息等数据的立体化融合;二是通过安全生产网数据接入,解决了安全管理过程中的诸多问题,从源头上堵塞了矿井安全漏洞,达到了隐患双重防御与隐患的深度闭环式管理;三是通过经营销售网数据接入,为矿井精确管理提供了科学依据,避免了"信息孤岛"经营管理漏洞;四是通过物流供应网数据接入,实现了物资数据与生产信息的集中共享,有效降低了库存物资资金占用,达到当日材料消耗与吨煤生产精准管理目标;五是在信息化数据传输方面,建立了万兆有线+无线的立体化数据通信"跑道",使矿井信息化发展更通畅。

在井下建成"万兆工业环网＋4G＋5G＋Wi-Fi"的立体化通信网络。一是实现了矿井5G 通信、无线 Wi-Fi、ZigBee 定位等功能,为建设无线智能监测、智能机器人巡检、智能维护云服务等奠定了基础;二是 5G 通信项目整体设计基于数字矿山"一网一站多系统"的核心理念,通过建设多功能基站并接入现有工业环网,实现了井下车辆精准定位、测速、车辆语音通信调度、人员精准定位、5G 通信及数据无线传输与井下 Wi-Fi 覆盖等功能。

2. 黄陵一号煤矿智能化建设需求

黄陵一号煤矿按照"健全系统、完善功能、改造升级、确保一流"的总体规划,科学制定了智能矿井建设实施方案。

① 实现大数据服务中心承载,统一数据采集、传输、存储和访问接口标准。

② 基于微服务架构和"资源化、场景化、平台化"思想的智能综合决策管控平台,融合生产各业务系统,实现煤矿地质勘探、巷道掘进、煤炭开采、主辅运输、通风排水、供液供电、安全防控等智能化集成设计,实现多部门、多专业、多管理层面的数据集中应用、共享交互和决策支持,井上下各系统实现"监测、控制、管理"的一体化及智能联动控制。

③ 基于"数据驱动""数字采矿"的理念,实现基于 GIM(global ionosphere map,全球电离层图)时空的"一张图"(4D-GIS,平面图＋BIM),为智慧矿山提供三维可视化、协同设计、仿真模拟、矿山及设备全生命周期管理等服务。

④ 通过精准感知技术与装备,实现对风阻、风量、风压等参数的智能感知,实现矿井通风系统智能化。

⑤ 利用大数据与人工智能等技术,迭代升级煤矿安全、生产、经营、物资配送的智能分析与辅助决策。

⑥ 利用信息化、数字化、智能化等先进技术,遵循 NOSA(National Occupational Safety Association,南非国家职业安全协会)管理体系要求,构建成套煤矿安全风险智能化预警及管控体系,实现人、机、环、管多系统信息感知、融合、动态辨识、有效预警、智能决策、协同控制,以建成世界一流智慧化矿山。

3. 黄陵一号煤矿智能化建设成果

黄陵一号煤矿以智能化建设需求为导向,目前完成了 22 个智能化建设项目,构建形成了"一个智能管控云平台引领、一个数据中心支撑、N 个子系统保障"的"1＋1＋N"智能化矿井建设模式。

(1) 构建一个智能管控云平台

以生产及安全为核心,将综合自动化系统和安全监控系统数据进行融合,实现了对设计、生产、安全、设备管理等多角度多维度的数据分析;构建了生产集成自动化、监控全局实时化、统计分析一体化的综合管控平台,实现了从矿井的远程智能巡检和矿井检修模式到生产模式的一键切换;完成了从"系统智能化"到"智能系统化"的跨越,做到调度指挥的全息可视、重大危险的智能预警、安全管理的动态诊断、生产过程的协同控制、经营管理的智能分析、业务流程的高效协同。

(2) 构建一个数据中心

建设了具有服务器、网络安全检测及防护功能的万兆连接的云计算平台。基于云计算(包含模型库和算法库)的决策支持承载,实现了矿井所有数据云端存储、处理,并将应用软件在虚拟化应用平台部署应用,实现了物联网平台、3D-GIS 平台、组态化编辑与展示平台、设计协同平台等组件编辑与展示平台、设计协同平台等组件承载的功能。

（3）构建 N 个子系统

① 矿井云 GIS。对安全生产信息共享平台进行改造升级，形成了一套矿井云 GIS，融入矿井智能综合决策管控平台，将存储的地质数据进行关联分析，将分析处理后的成果以可视化的方式呈现，然后构建三维地质模型，结合揭露的实际地质信息与工程信息对模型进行修改，真实反映井上下地层结构和构造分布情况。

② 开发 AI＋风险防控系统。研发建成了 AI＋风险防控系统，形成了风险防控一体化解决方案。在信息感知层面，主要采用高清摄像机、红外摄像机和智能安全帽等装备，实时采集人员、设备、环境图像、视频和生命体征等信息，并接入监测监控、水情在线监测等各类信息化系统数据；在数据传输层面，通过布置交换机，以十万兆工业环网、移动网络等传输感知数据；在数据处理层面，以 AI 推理服务器、云计算虚拟化硬件平台、云计算虚拟化服务器、流媒体服务器等组建数据中心，统一主数据、元数据格式，规范数据索引和建表，实现了数据实时汇入、存储、融合交互，满足算法需要；在决策响应层面，基于算法模型，正常状态下保持静默，异常状态下即刻通过声、光装置进行报警；在指令反馈层面，在特殊情况下发出报警的同时，向关联设备发出指令，使设备停止运转、闭锁。

通过对人的不安全行为、物和环境不安全状态、关键作业不规范操作的防控，并进行全程跟踪、风险辨识、分析预警，开创了"人工和 AI＋风险防控系统双重风险监管"先河，消除了单一人工风险监管在时间上的漏洞和空间上的盲区，确保了风险始终"可控、在控"。

③ 布局智能化开采技术与"110 工法"的融合。通过在后巷应用垛式液压支架，配合使用支架搬运机器人、单轨吊辅助运输系统，实现了沿空留巷尾巷支护和支架前移自动化，降低了劳动强度，提高了安全系数。

④ 搭建智能掘进管控平台。通过对快速掘进装备进行升级，搭建了一套远程总控制管控平台，对关键部位进行视频监测、一键启停、异常远程干预等操作；掘进机具备自动定位与导向功能，能够进行自适应截割与行走，具备掘进工作面环境（粉尘、瓦斯、水等）智能监测功能和监测环境数据智能分析功能。

⑤ 完善生产辅助系统智能化建设。一是在现有供电系统的基础上增加相关电力软硬件保护、防越级、电度计量、节能运行、数据实时采集、多源异构整合分析等功能，实现对供电系统能力安全分析、实时在线计算等；二是将排水与矿井水文监测系统智能联动，实现了根据水压、水位进行固定作业点的智能抽排、负荷调控、管网调配功能和给排水管线与设备故障分析诊断预警；三是建立矿井智能通风控制系统，实现了对监测数据的实时自动分析，并与通风网络解算系统相融合，对矿井通风网络进行解算，自动给出调风方案，自动建立矿井动态三维立体通风系统图，实现了实时在线监测与预警功能；四是建立火灾监测系统和自动喷雾系统，实现了对监测区域火灾参数的智能监测、分析，根据分析处理结果进行智能预测、预警和火灾的实时监测仿真，对避灾路线智能规划，并实现了自动识别煤流喷雾除尘、人员感知、智能调节喷雾等功能；五是建立智能可视化打钻系统，实现了打钻作业过程自动化、智能化及瓦斯抽采作业全过程的管控。

黄陵矿区智能化开采具有以下特点：

① 国产装备配套投入资金少：一套国产自动化综采成套装备的价格约为国外装备价格的 2/3。

② 生产能力高：在 1001 工作面地质条件差及煤层分布不均、较薄且时有夹矸现象的情况

下,依然创造了单班(8 h)无人化连续推进 8 刀的最高纪录,月生产能力达 17 万 t。如果将该套设备安装在条件较好的 310 综采工作面,预计月生产能力将轻松突破 30 万 t。

③ 工作面减员效果显著:工作面作业人员由原来的 9 人减至目前的 1 人(进行监护)。年节约人工总费用 40 万元。

第二节　麻地梁煤矿 5G＋智慧矿山建设探索与实践

麻地梁煤矿智慧矿山建设实践

一、麻地梁煤矿工程地质概况

麻地梁煤矿位于内蒙古自治区准格尔旗境内,设计生产能力为 500 万 t/a。矿井现主采 5 号煤层,煤层可采厚度为 0.80～16.07 m,瓦斯含量低,水文地质条件中等,采用综采放顶煤走向长壁后退式开采。507 综放工作面为 5 号煤层智能化开采工作面,使用的液压支架型号为 ZF23600/29/45D,采煤机型号为 MG900/2400-QWD,刮板输送机型号为 SGZ1000/2×1200。

为解决传统煤矿企业招人难及井下工人劳动强度大、幸福感低、工作环境恶劣等问题,麻地梁煤矿决定开展煤矿智能化建设。通过调研国内外智能化开采关键技术,并与设备生产厂家共同攻关智能化建设难题,对智能化矿井建设进行初步探索与实践,实现了以设备自主感知、分析、决策、控制为主,人员远程干预为辅的开采模式,如图 8-4 所示。

二、智慧矿山建设顶层设计

在机械化、电气化、自动化之后,以智能化为代表的第四次工业革命已开始深刻改变工业模式,煤矿已由传统的"人-机"二元架构升级为物理空间、数字空间、社会空间的三元世界。智能化煤矿的建设过程与三元世界的统一过程相辅相成,其最终的建设目标是以"矿山即平台"的顶层设计理念支撑全球领先的智慧矿山世界,以时空全方位实时化、交互化、智慧化、标准化为主线,建设"创新矿山、融智矿山、生态矿山",实现物质流、信息流、业务流的高度一体化协同,构建以人为本的智能生产与生活协调运行的综合生态圈。

麻地梁煤矿智慧矿山建设的思路是总体设计、分步实施的,建设思路如图 8-5 所示。

以顶层设计为纲领,制定统一的标准规范与管理制度,指导和规范智慧矿山建设,推进信息基础设施快速发展,推动信息资源融合和应用系统整合。根据矿井建设基础,制定科学合理的煤矿智能化建设与升级改造方案,明确智能化煤矿建设的总体架构、技术路径、主要任务与目标。

智慧矿山建设要有先进的理念引领,搞好顶层设计。围绕建设什么样的智慧矿山,追求什么样的智慧高度,煤矿企业心中要有一本整体蓝图。麻地梁煤矿按照"要建就建实用型、要干就干高标准"的理念,紧扣"本质安全、降本增效、绿色低碳、为煤矿工人谋幸福"几大主题,通过顶层设计、目标引领、分步实施,建成了自动化、信息化、数据化的"十大系统",为建设智慧矿山迈出了坚实的一步。

麻地梁煤矿智慧矿山建设过程中,紧扣"以人为本"主题,始终践行"为煤矿工人谋幸福"的思想。矿井开展从上向下动员,目标是"全员参与、人人受益",使全体员工认识到智慧矿山建设的目的、意义和目标,从思想认识上统一起来;同时智慧矿山建设也要使全体员工获得切身的幸福感受和收益。通过智慧矿山建设,干部不上夜班、工人不上夜班、工人每月休

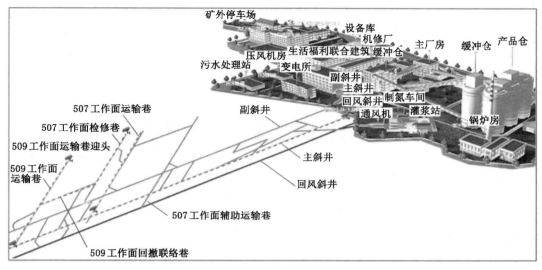

（a）工程概况

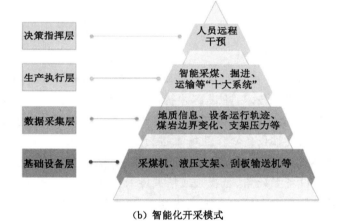

（b）智能化开采模式

图 8-4　麻地梁煤矿工程概况与智能化开采模式

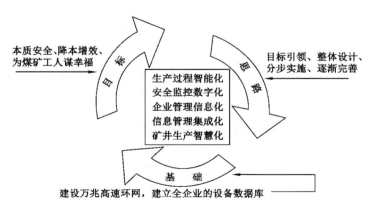

图 8-5　智慧矿山建设思路图

息 9 天,干部工人从获得感中鼓足干劲,主动认真高质量完成智慧矿山建设工作。

三、麻地梁煤矿智慧系统

麻地梁煤矿针对传统的现场管理、生产通信、交通运输、配件存储、人员办公、生产销售、开采掘进、设备检修等模式,提出了煤矿开采"十大智慧系统"(图 8-6),初步实现了煤炭安全高效智能开采。

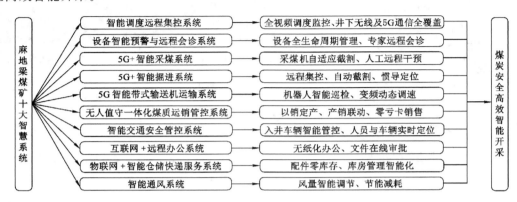

图 8-6　麻地梁煤矿"十大智慧系统"

1. 智能调度远程集控系统

针对传统的煤矿井下视频实时传输和通信难题,麻地梁煤矿利用 5G、大数据、工业环网、物联网等新一代信息技术,建设矿井智能调度远程集控系统(图 8-7),并在煤矿井下各生产作业地点布置高清摄像头,以工作面、带式输送机等常见作业场景为基础,建立多个业务监控子系统,采用终端设备对作业场景进行 24 h 视频采集,通过统一通信协议标准的多层次通信网络将采集数据实时上传至地面,利用 AI 服务技术,对各个场景中的作业行为进行分析,实现井下设备无死角、全视频通信调度及全视频监控等功能,将监控与预警覆盖矿井所有环节,以较低成本和较少人员完成高质量管理,做到矿井作业指挥有序且部门间不产生冲突,保障煤矿安全生产。

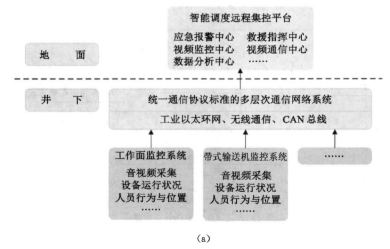

(a)

图 8-7　智能调度远程集控系统

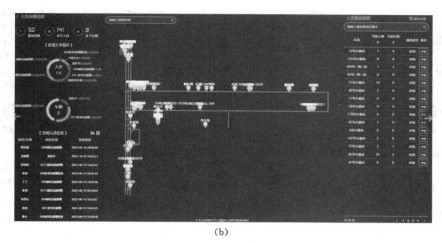

(b)

图 8-7（续）

2. 设备智能预警与远程会诊系统

我国目前建有多处智能化开采矿井，但"两班生产、一班检修"的传统工作制度并没有改变，机电设备检修依旧依赖人工。基于设备全生命周期管理、设备远程会诊两个子系统，麻地梁煤矿实现了设备定期维护和零部件到期更换，取消检修班，变生产管理为数据管理，解放了大量生产劳动力。

① 设备全生命周期管理系统。设备安装有故障监测与诊断系统，对设备运行关键数据进行监测分析，实现了设备健康状况实时诊断和预警。当数据出现异常时，及时报警并通知相关人员，对设备进行有针对性的维护和检修。设备全生命周期管理界面如图 8-8 所示。

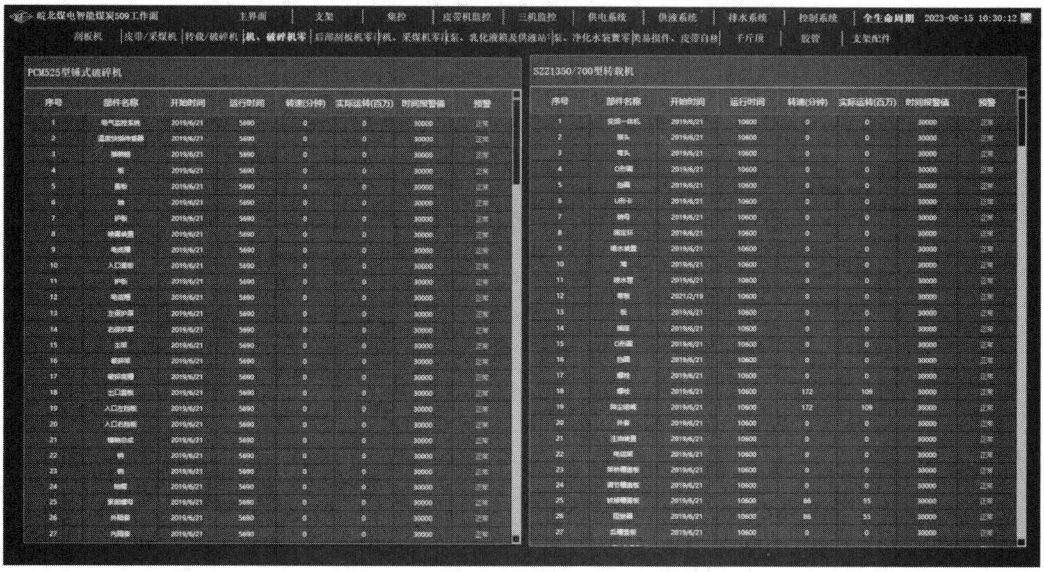

(a)

图 8-8　设备全生命周期管理界面

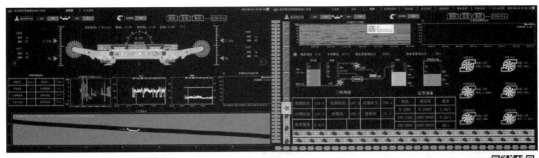

(b)

图 8-8（续）

② 设备远程会诊系统。建立煤矿与设备生产厂家合作平台，成立专家小组。当出现无法处理的故障时，通过平台与厂家技术人员进行远程会诊（图 8-9），共享设备运行现场状况及设备运行参数等信息，对设备故障进行及时有效的处理。

(a)

(b)

图 8-9　设备远程会诊

3. 5G＋智能采煤系统

为 5G 控制提供稳定可靠的低时延，发明了双链路的 5G＋采煤机传感与控制多源异构数据高速传输技术，AR（augment reality，增强现实）双发选收原理及其工作面链路布置见

图 8-10。在发送端对控制流进行复制,利用两个空口冗余发送相同的报文,选择先到达接收端的一路报文,从而实现"系统级"时延最优,消除某一路空口突发大抖动的影响,实现时延的稳定性大幅提升,代替人工感控与现场观测,实现双信道热冗余无缝切换及无人采煤路径规划、自动移架和半自动放煤。

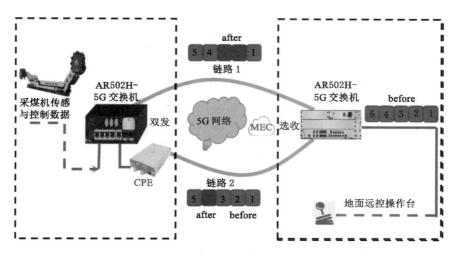

（a）AR 双发选收原理图

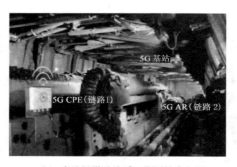

（b）麻地梁煤矿综采工作面链路布置

图 8-10　AR 双发选收技术

4.5G＋智能掘进系统

麻地梁煤矿智能掘进系统主要包括智能掘进机自动截割＋设备精准定位系统、智能锚杆钻车快速掘进系统、主运输系统、辅助运输系统、动力保障系统和智能安全保障系统等"六大子系统",见图 8-11。"六大子系统"通过 5G 传输系统产生的信号(图 8-12),以此构建整个智能掘进系统,实现了掘进机无人自动安全高效截割、锚杆钻车自动钻孔和自动锚固、地面集中远程控制、气动单轨吊精准定位和远程驾驶以及保障设备安全高效运行的功能。

5.5G＋智能带式输送机运输系统

在传统煤炭运输过程中,受开采煤量不均匀影响,带式输送机常发生空转、过载、跑偏现

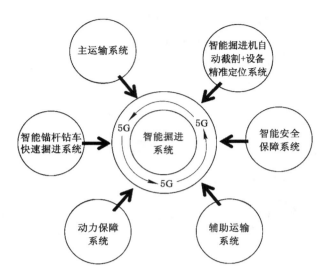

图 8-11　智能掘进"六大子系统"技术框架图

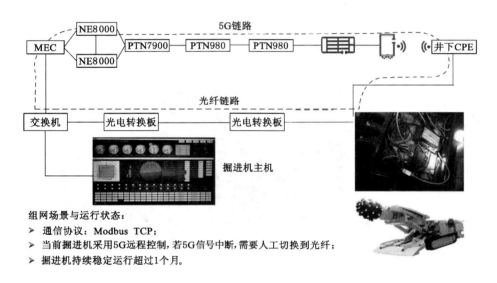

组网场景与运行状态：
➢ 通信协议：Modbus TCP；
➢ 当前掘进机采用 5G 远程控制，若 5G 信号中断，需要人工切换到光纤；
➢ 掘进机持续稳定运行超过 1 个月。

图 8-12　掘进工作面 5G 信号传输结构图

象，从而造成设备损坏或电能浪费，不利于煤炭绿色智能运输。麻地梁煤矿在主运输巷布置带式输送机智能巡检机器人（图 8-13），其前端装有矿用本安型网络摄像机和探照灯，下部装有可伸缩相机提升架和红外热成像相机。地面监测中心接收机器人采集的实时图像，建立基础图像数据库，并对实时图像进行数字化计算、处理、分析和比较学习，生成预判结果，实现对带式输送机运行状况的实时监测。当发生胶带跑偏、堆煤、有异物、咬边撕边等异常情况时，机器人及时发出警报。机器人配备无线充电装置，保障了设备续航能力。智能巡检机器人的应用代替了传统人工巡检，减少了人员视觉疲劳、注意力不集中、态度消极等因素造成的问题。

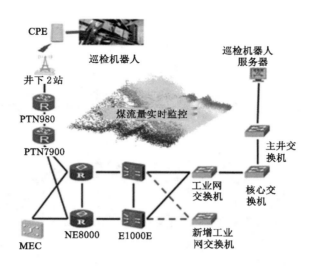

图 8-13　带式输送机智能巡检系统

6. 无人值守一体化煤质运销管控系统

该系统设置进门管理、远程计量、远程装车、出门管理、运销信息管理等五个子系统,分别解决传统运销中车辆入矿、称重、装车、出矿、数据处理与统计问题,实现了运输车辆入矿、装车、打票等全过程无人值守,信息发布、订立合同、派单、抢单等全部在线上进行,生产计划根据运输计划实时调整,取消了井底煤仓,简化了生产系统,运输全过程"不见煤",减少了安全隐患,实践了"以销定产、产销联动"管理模式,杜绝了亏卡销售情况。煤质运销管控系统见图 8-14。

7. 智能交通安全管控系统

针对辅助运输安全问题,矿井设置门禁系统、红绿灯及声光报警系统和定位监控系统,实时监控井下车辆与人员,由传统人工管控升级为系统管控,保障辅助运输本质安全。

① 门禁系统。无轨胶轮车入井时自动对其进行"四超"(超长、超宽、超高、超重)检测,不合格无法入井。

② 红绿灯及声光报警系统。合理地安装红绿灯及声光报警装置是保证运输安全的关键因素,在井下各联巷口及重要地点安装红绿灯及声光报警装置,根据车辆定位系统及"先入为主"原则,实时控制红绿灯显示模式,避免弯道处车辆会车、堵车甚至碰撞。

③ 定位监控系统。给入井车辆及人员配备定位卡,结合井下布置的检测基站和控制系统,共同构成人车定位监控系统,实时显示人员、车辆的位置及速度,通过系统计算和分析,自动记录违章运行的车辆及人员。

8. 互联网＋远程办公系统

传统办公模式下的文件审批、签字流程复杂,效率低,鉴于此,矿井提出互联网＋远程办公系统,实行无纸化远程办公,打造"居家办公"模式,系统涵盖煤炭生产、销售、公司后勤等领域,实现了矿山管理的线上化与智能化。

9. 物联网＋智能仓储快递服务系统

传统煤矿物料储存占地空间大,仓储和物流均由人工管理,耗时长且效率低。通过矿井

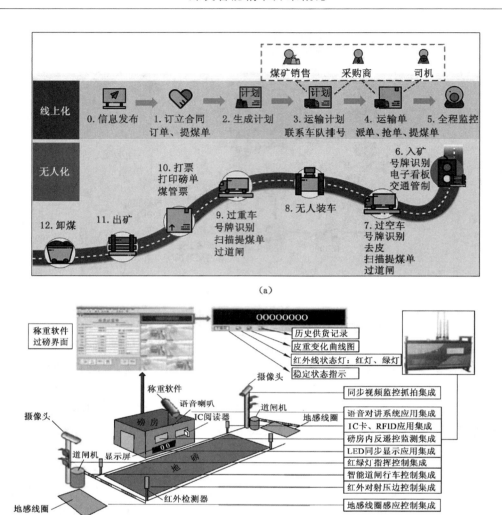

图 8-14　煤质运销管控系统

精确定位、AGV(automated guided vehicle,自动导引车)智能机器人、物联网等技术,将物品在入库、出库、运输过程中的信息录入数据网络,使平面仓库立体化,提升仓容,增加货位,并取代传统的人力操作,实现仓储作业智能化,运行流程见图 8-15。麻地梁煤矿仅需 1 名库管员及 3 名下料人员(含司机),即可完成整个矿井物料购买、存储及配送任务,降低了企业的人力成本投入。

10.智能通风系统

麻地梁煤矿智能通风系统基于现有的通风监控系统,通过构建数据实时传输的监测模块,保证井下各风流数据时刻在系统监测之内;决策模块通过专属网络通道接收风流数据,利用模块内置算法对比风流、风压等关键指标是否在矿井风流安全指标合理的波动值之间,根据计算结果提出风流调节方案;控制模块通过接收风流调节方案远程控制气动风门、气动风窗、局部通风机等通风设施,改变风流方向和大小,从而使矿井通风满足生产需求、通风系

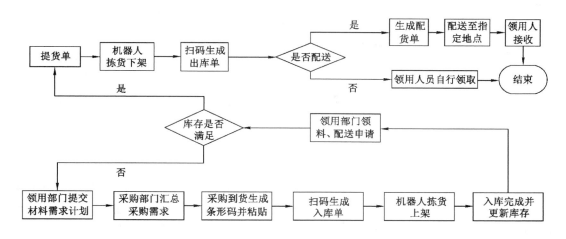

图 8-15　智能仓储快递服务系统运行流程图

统保持动态最佳及有害气体浓度降到安全水平,实现煤矿通风节能化与智能化。

麻地梁煤矿在智能化建设过程中,提出了智能煤矿 5G+安全精准开采技术系统架构、通感一体化与多网融合传输模式、"建设-生产-运营"绿色低碳技术体系,实现了煤岩特性智能感知与精细建模、煤矿多灾种智能判识与预警、5G+生产设备的地面远程集控、设备故障智能诊断与远程会诊。研究成果在内蒙古智能煤炭有限责任公司麻地梁煤矿、安徽恒源煤电股份有限公司钱营孜煤矿、山西岚县昌恒煤焦有限公司、淮北矿业股份有限公司杨柳煤矿得到应用,其中在麻地梁煤矿的两年应用过程中,累计为矿山新增利润 8.65 亿元,新增税收 4.79 亿元,生产能力由 5 Mt/a 核准提升至 8 Mt/a,单班下井人数减少至 60 人(其中综放工作面 4 人,掘进工作面 6 人),吨煤成本为 79.63 元,吨煤电费为 3.41 元,矿井水利用率为 100%,年减少用电 10^6 kW·h,取得了良好的应用效果。

麻地梁煤矿探索了一条"本质安全、降本增效、为煤矿工人谋幸福"的智能矿山建设新路子,有力推进煤矿智能化建设,有效改变井下的作业环境,实现采煤、掘进与通风等主要生产系统的地面集控、有人巡视、无人值守,取消检修班和夜班,切实提升职工的获得感、幸福感;通过智能化建设,矿井生产能力由 5 Mt/a 核增到 8 Mt/a;通过装备化减人和智能化控制,确保安全态势始终可控;通过智能化建设,积极培育发展新动能,解决"招工难招工贵"和安全环保制约的问题,找准转型升级新路径,助力实现煤炭企业高质量可持续发展。

麻地梁煤矿设计了"以智能精准为手段,以绿色低碳为旨归"的绿色矿山建设思路,在全面发展智能化的同时,将低碳目标和标准通盘考虑在内。在矿井环境保护方面,麻地梁煤矿设计了智能产销联动、土地复垦、节能减排、设备余热利用等系列模式;在绿色设计方面,实施了一井一面优化设计、矿井水综合利用、大型电机智能变频、绿化代替硬化、井下智能照明灯技术,以点带面地推动煤炭企业的绿色低碳发展。

2017 年,袁亮院士牵头成立了煤炭安全智能精准开采协同创新组织,集聚行业创新资源,推进煤炭安全智能精准开采,为深化能源革命提供了重要工程科技支撑和智力支持。煤炭安全智能精准开采已从科学构想发展为理论和技术现实,袁亮院士多次在全国"两会"上介绍煤炭行业在安全智能精准开采方面取得的先进成果。安徽理工大学 2019 年获批建设煤炭安全精准开采国家地方联合工程研究中心,2020 年获批建设安徽省智能开采工程研究中心,2020 年开设全国首批智能采矿工程本科专业,2021 年举办了 500 余人次参与的皖北煤电智能化培训班,培养了大批煤矿智能化人才。

第三节 红柳林煤矿智能化开采模式与技术路径

陕煤集团神木红柳林矿业有限公司(以下简称"红柳林煤矿")是由陕西煤业化工集团有限责任公司、神木市国有资产运营公司(现神木市国有资本投资运营集团有限公司)和陕西榆林能源集团煤炭运销有限公司共同组建的大型国有股份制企业。红柳林煤矿 2006 年开工建设,2009 年试生产,2011 年正式投产,地质储量为 19.54 亿 t,可采储量为 14.03 亿 t,井田面积为 138 km²,设计生产能力为 12.0 Mt/a,当前矿井核定生产能力为 18.0 Mt/a,地面配套建设同等规模的大型现代化选煤厂。

按照国家《关于加快煤矿智能化发展的指导意见》以及《陕西省煤矿智能化建设指南(试行)》要求,红柳林煤矿强化顶层设计、严格执行标准,瞄准智能化建设目标,以"智能协同矿井""井下空气质量革命""绿色立体生态"示范建设为引领,全力助推"931"高质量发展战略目标,形成了红柳林煤矿智能化建设特色模式。

红柳林煤矿与王国法院士团队合作打造红柳林智能绿色煤矿示范基地;与袁亮院士团队合作,紧扣公司井下空气质量革命的示范引领,让员工在井下也能呼吸到和地面一样的新鲜空气;与华为煤矿军团合作构建智能矿山整体框架,数据统一采集入湖,数据治理,数据融合与联动,挖掘数据价值,沉淀数据模型,使数据变成企业的资产与财富。

2012 年,红柳林煤矿在 15207 综采工作面建成全国第一个 7 m 大采高智能综采工作面,先后荣获国家科学技术进步奖二等奖、中国煤炭工业科学技术奖一等奖、中国煤炭工业协会科技成果一等奖,并获得工业和信息化部专项支持资金 1.1 亿元,成为全国首个大采高智能综采建设单位。

一、红柳林煤矿概况

2012 年以来,红柳林煤矿先后建成 18 个智能化综采工作面、3 个智能掘进工作面,主运输、供电与供排水、通风与压风、安全监控、自动装车等系统不断采用新装备进行优化升级。在国家能源紧张保供应保民生期间,红柳林煤矿认真贯彻落实国家保供政策,履行国企担当,释放优质产能,利用智能化建设成果释放生产力,坚决杜绝增补人员、加班延点,各项生产经营指标屡创新高,智能化建设实现"三提两降一改善"(即产量、进尺、工效逐年提升,单班作业人数、劳动强度逐渐降低,作业环境大幅改善)。红柳林煤矿近三年产量、进尺、工效统计见图 8-16。

红柳林煤矿按照"1+1+1+N"思路(建设"1 张网、1 朵云、1 平台、N 类智能应用"),把人工智能、物联网、云计算、大数据、机器人、智能装备等与煤矿建设深度融合,形成智能感知、智能决策、自动执行的煤矿智能化体系,成为 2021 年全国首批通过数字化技术应用与创新能力评价的 8 家单位之一。

2022 年 5 月 17 日世界电信日,工信部主管媒体《通信产业报》全媒体产业调研组和新媒体"工业互联网世界"首次发布的"2022 年特色专业工业互联网 50 佳"榜单中,红柳林煤

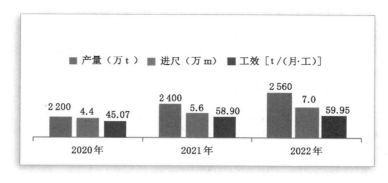

图 8-16　红柳林煤矿近三年产量、进尺、工效统计图

矿的"华为矿山工业互联网平台"成功入选,位列榜单第十六位,实现了煤炭企业在工业互联网领域的"零突破"。

根据国家能源局下发的《智能化示范煤矿验收管理办法(试行)》相关标准,有关部门对红柳林煤矿智能化建设条件进行了分类综合评价,红柳林煤矿智能化建设条件分类评价结果为 92.389 分,属于智能化建设条件一类煤矿。

红柳林煤矿根据《煤矿智能化建设指南(2021 年版)》《智能化示范煤矿验收管理办法(试行)》进行全要素对标建设,已经全部满足所有必备指标要求,智能化系统实现了常态化运行,达到了减人、增安、提效的目标。

二、智能化系统简介

1. 通信网络

工业、办公网络分别部署,实现主干万兆,桌面千兆;核心交换机采用三层动态路由协议,添加边界防火墙做隔离,确保网络安全可靠,打造了现代化的红柳林网络。

首次在煤矿井下应用 F5G 全光工业网,承载井下视频监控业务。4G+5G 多网融合无线通信,实现井上下感知网络全覆盖,提升矿井智能应用系统的综合感知能力、融合交互能力。各子网通过整网核心交换机互通,实现专网与外网、控制网与管理网的隔离。网络防火墙具备网络入侵监测功能,主要系统满足等保二级要求,重要系统满足等保三级要求。

2. 数据中心与服务

数据中心采用模块化机房建设,具备标准化、易扩展、智能管理、精细运维、高可靠的特点,配备动环监控系统,实现对模块内精密设备不间断监控,具有灾害自动报警、关键设备和系统运行异常报警功能。

数据中心部署红柳林私有云,为各系统提供 4700 核 vCPU、367 TB 业务存储以及 895 TB 的数据湖存储能力,满足系统对结构化和非结构化数据的存储需求,具备按需自助、弹性伸缩、安全隔离、稳定可靠的云平台优势。基于私有云的大数据服务,应用使能服务等丰富的云服务打造煤矿工业互联网平台,构建煤矿数据湖,沉淀数据资产,消除数据孤岛。按照验收标准的建设要求,在西安建设了异地灾备中心,实现对核心生产数据的异地灾备。

① 基于统一架构、统一标准的设计理念,打造了全国首个以数据驱动的煤矿工业互联网平台。

② 统一数据采集,沉淀数据资产:通过标准协议统一数据采集,构建产品模型和设备模型,彻底打通系统间的数据壁垒,支撑数字孪生。

③ 消除数据孤岛,简化应用链接:统一数据接口,按需从数据湖获取各类业务系统相关数据,大幅度降低数据获取难度,提升系统对接效率,支持高效运营与决策。

④ 煤矿工业互联网平台构建数据"采、存、算、管、用"的能力,通过海量数据的融合汇聚,支撑业务及应用的数据消费,打造以数据为驱动的智能决策中心。

红柳林煤矿数据中心与服务架构见图 8-17。

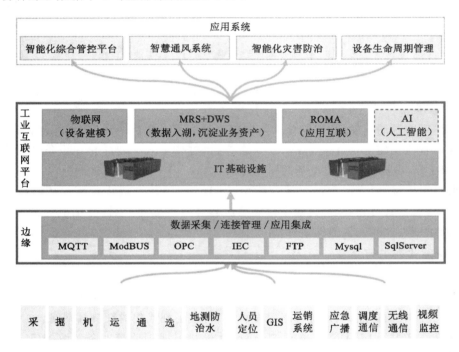

图 8-17　红柳林煤矿数据中心与服务架构

3. 综合管控平台

综合管控平台将矿井生产调度、安全管理、机电运输等业务系统数据采集入湖,消除数据孤岛。采用统一门户、统一认证搭建统一调度中心、综合集控中心、智能作业中心和经营管理中心,实现各生产环节、井下环境监测、人员位置等信息的可视化管控,通过数据融合互通实现生产信息综合集成、联动控制;通过对数据全面场景化智能分析,挖掘数据价值,实现矿井智慧生产调度、安全管理和高效运营。

4. 地质保障系统

红柳林煤矿建设有地质可视化及矿井"一张图"协同管理系统,通过不断优化升级,在矿井安全生产管理过程中发挥了重要作用。

该系统以钻探、物探、采掘和测量等高精度探测及监测手段,综合地震资料动态解析成果及巷道写实数据,基于多源数据融合方法,建立高精度三维地质模型,基于巷道揭露地质信息对三维地质模型进行动态更新。系统具备空间数据、属性数据以及时态数据的数字化管理和可视化功能,实现协同办公,为其他业务系统提供地理信息服务。

红柳林煤矿千米定向钻机与精细化模型构建效果图如图 8-18 所示。

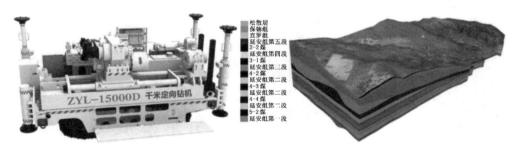

图 8-18　红柳林煤矿千米定向钻机与精细化模型构建效果图

5. 掘进系统

采用掘锚一体机、锚运机、长跨距转载机、长距离永磁滚筒带式输送机等主要设备,融合 5G、大数据、云平台等智能技术,进行多源数据融合交互,利用时空透明地质模型、动态成像等技术,结合掘进设备定位导航、智能截割、远程控制和多机协同系统,配备视频监控、电子围栏、智能环境监测等安全识别系统,共同组建成智能快速掘进系统(图 8-19),达到月进尺 1 500 m 以上,实现了智能快速掘进系统成套化、智能化运行。

6. 智能采煤系统

目前,红柳林煤矿三个综采工作面均为智能化综采工作面,且自动化率常态保持在 97% 以上。智能化综采工作面应用地质透明化、大数据分析、设备姿态增强感知、视频 AI 算法识别、惯性导航空间定位等技术,实现采煤机规划截割、液压支架防碰撞检测和跟机自动化、工作面自动调直、刮板输送机智能调速和自动张紧等功能,同时具备周期来压预警、安全姿态感知、人员精准定位及危险区域禁入识别报警等功能,真正实现了"少人则安,减人增效"的效果。

红柳林煤矿远程割煤自动化控制界面见图 8-20。

7. 主煤流运输系统

主煤流运输系统通过工业环网、数据入湖,实现了单机自动控制、远程集中控制和智能调速运行,具备顺、逆煤流一键启停功能;实现了基于煤量的智能分级调速功能,使主运输系统每年节能 10% 以上,磨损减少 8% 以上。

红柳林煤矿主煤流运输系统控制界面见图 8-21。

8. 智能视频分析识别系统

智能视频分析识别系统基于 AI 实现带式输送机计量、空载、跑偏、大块煤、堆煤、异物以及人员违规穿越带式输送机识别等功能,实现人员与设备的智能保护。巡检机器人代替传统人工巡检模式,实现对巡检区域的环境监测、设备状态监测,对数据、音频、视频进行深度分析,以实现智能识别、音频分析、红外热成像图采集、温度异常报警、烟雾检测、语音对讲指挥、数据查询等功能。

红柳林煤矿智能视频分析识别系统及现场实拍见图 8-22。

9. 智能辅助运输系统

智能辅助运输系统包括智能化胶轮车运输系统、HR 全自动车辆检测线系统、智能红绿灯系统,具有智能调度、用车管理、档案管理、全生命周期、维保管理、告警管理、自动结算、系统管理、统计分析等九大功能模块。

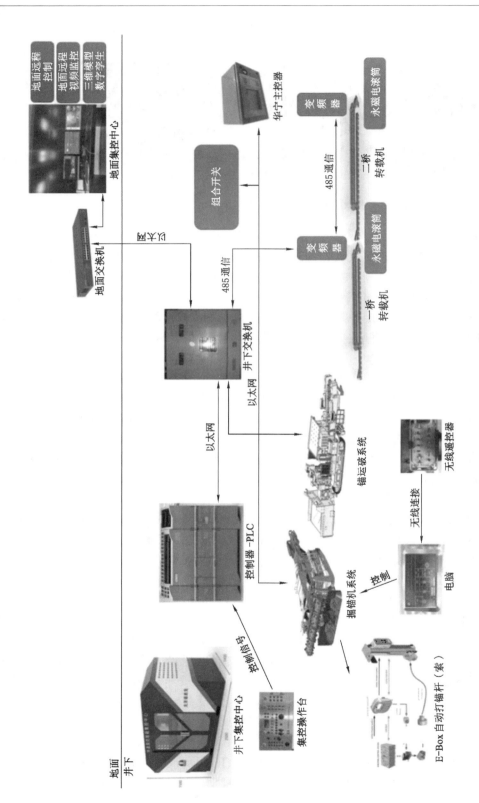

图 8-19　红柳林煤矿智能快速掘进系统组成

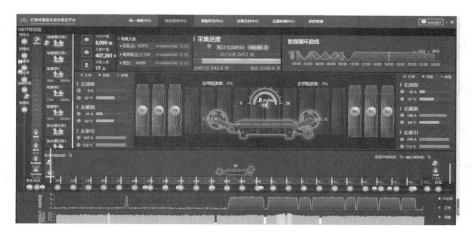

图 8-20　红柳林煤矿远程割煤自动化控制界面

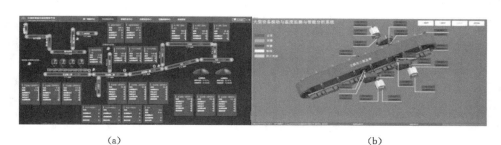

（a）　　　　　　　　　　　　　　　　　（b）

图 8-21　红柳林煤矿主煤流运输系统控制界面

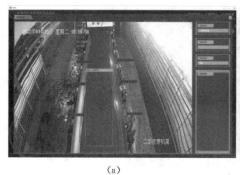

（a）　　　　　　　　　　　　　　　　　（b）

图 8-22　红柳林煤矿智能视频分析识别系统及现场实拍

通过全方位覆盖车辆运营管理各个环节,实现机车数据实时上传以及车辆超速报警、闯红灯抓拍、安全预警、驾驶员疲劳驾驶告警信息记录推送等,为车辆及人员管理等提供数字化、自动化、智能化手段。

红柳林煤矿智能辅助运输系统控制界面见图 8-23。

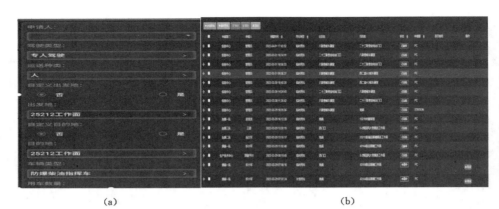

(a)   (b)

图 8-23   红柳林煤矿智能辅助运输系统控制界面

10. 智能通风系统

智能通风系统在行业内率先形成了"风流准确监测-控风智能决策-风量定量调节-灾害应急控制"一体化技术装备系统,实现了监控数据图形化显示,并以实时监测数据为基准,快速解算其他巷道风量,进而消除监控系统的风量监控盲区;软件平台可以根据矿井采掘等用风地点需风量要求,动态核定矿井通风能力;采用多目标动态计算技术,智能分析并给出各通风设施调节位置及调节量大小等风量调节方案,远程定量调节井下自动风窗通风面积、局部通风机和地面主要通风机运行频率,为矿井通风系统构建全时段立体"防护武装"。

智能通风系统包括两套空压机系统,一套位于主井机房,一套位于二号风井场地。系统采用变频调速控制,具备温度监控、超限预警功能,可实现智能运行、无人值守。

矿井所有避灾线路均敷设了压风自救管道、供气阀门和压风自救装置。

红柳林煤矿智能通风系统演示界面见图 8-24。

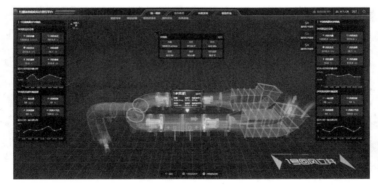

图 8-24   红柳林煤矿智能通风系统演示界面

11. 智能供排水系统

智能供排水系统包括感知、决策、执行、人机交互、信息传输和分析预测等六个部分,实现了供排水系统流量、压力的智能监测和控制功能。通过建立设备模型和监测设备运行工况对供排水设备进行故障分析诊断和预警。泵房实现了远程集中控制及无人值守,在智能运行模式下,系统根据排水泵运行情况安排各排水泵自动轮值运行,并与矿井水文监测系统实现了智能联动。

红柳林煤矿智能供排水系统演示界面见图 8-25。

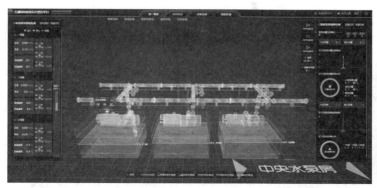

图 8-25　红柳林煤矿智能供排水系统演示界面

12. 智能安全监控系统

智能安全监控系统主要包括瓦斯灾害防治、水害防治、火灾防治、顶板灾害防治、粉尘灾害防治、综合防治系统等六个子项。

采用三维"一张图"的设计管理模式,融合矿井"人、机、环、管"多系统、跨业务监测监控数据,基于多源异构数据,统一集成三维"一张图"技术、多系统融合联动技术、大数据分析技术,构建智能矿山灾害预警综合防治平台,实现煤矿瓦斯、水、火、顶板、粉尘等灾害信息的预测、预警、报警、联动处置、灾害模拟仿真和安全动态评估,为灾害超前治理、源头管控、应急救援工作提供有力支撑。

红柳林煤矿智能安全监控系统演示界面见图 8-26。

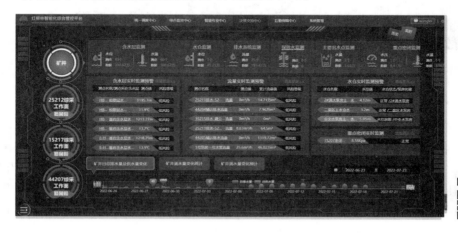

图 8-26　红柳林煤矿智能安全监控系统演示界面

13. 智慧园区建设

智慧园区智能运营中心,利用新一代信息与通信技术来感知、监测、分析、控制、整合园区各个关键环节的资源,具备指挥、调度、管控、办公、展示等功能,实现园区精细化治理、协同化处置、智能化调度。

智慧园区智能运营中心从智能运营、园区安全、舒适生活、便捷通行等四个方面开发了18个子应用,全面实现智能决策和数字化转型。通过掌上移动 App 实现大事小事"指尖"办,打造现代化"智慧、便捷、舒适、有温度、能感知"的智慧园区。

红柳林煤矿智慧园区建设演示界面见图 8-27。

(a)

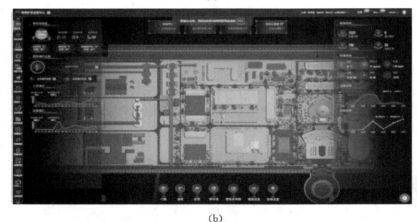

(b)

图 8-27 红柳林煤矿智慧园区建设演示界面

14. 经营管理系统

智能作业管理系统通过制定标准作业流程,精准推送任务,单兵装备反馈任务进展;基于视频协同,实现井下"疑难杂症"远程解决,所有过程可视可管,降低安全隐患。运用在线审批功能,让数据多跑路,员工少跑腿;采用巡检功能在线作业,所有数据实时采集直传,告别烦琐低效的纸质作业,提升作业效率,降低人员负担,升井即可下班;依托自动考核与学习培训功能,辅助区队人员管理,定制差异化培训计划,全面提升人员技能。红柳林煤矿经营管理系统如图 8-28 所示。

15. 选煤厂智能管控平台

红柳林煤矿建设了数据中心,利用超融合服务器,借助虚拟化技术,搭建云平台,平台包括各种数据算法、基础服务、管理系统。

平台对生产系统及设备运行信息、生产数据、消耗信息、基础煤质信息等进行在线监测、

◆ **实现线上任务/问题闭环**，值班室可以实时监控任务/问题完成情况。

◆ **重大检修作业标准化指导**，作业记录可视可溯，能够更方便地管理。

(a)   (b)

图 8-28 红柳林煤矿经营管理系统

实时获取。各类基础资料全部进行电子化管理，日常维护数据、离线化数据全部录入选煤数据中心。

红柳林煤矿建设了交互平台，实现各种终端的数据展示、交互；设置三维可视化系统，多维度、多方式集中展示各个系统数据。同时建有以各种选煤算法、曲线绘制方法、分析与评价方法、机电管理、生产管理与过程控制的专家经验等为主的专家知识库，为智能化选煤厂建设夯实了基础。

红柳林煤矿选煤厂智能管控平台演示界面见图 8-29。

(a)

(b)

图 8-29 红柳林煤矿选煤厂智能管控平台演示界面

16. 选煤厂基础生产和辅助系统

通过集中控制系统、视频监控系统、人员定位系统、设备状态在线监测系统、配电监控系统、在线测灰分析系统、产量计量系统、智能照明系统、智能通风除尘系统的建设,选煤厂生产及辅助环节全部实现自动化,设备及仪表全部实现在线监测与保护预警。

红柳林煤矿选煤厂基础生产和辅助系统自动化集中演示界面见图 8-30。

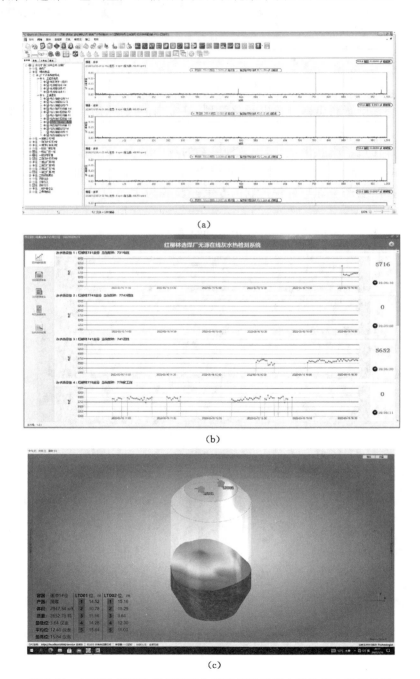

(a)

(b)

(c)

图 8-30　红柳林煤矿选煤厂基础生产和辅助系统自动化集中演示界面

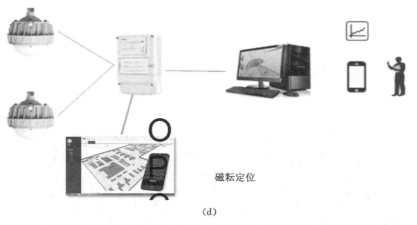

磁耘定位

(d)

(e)

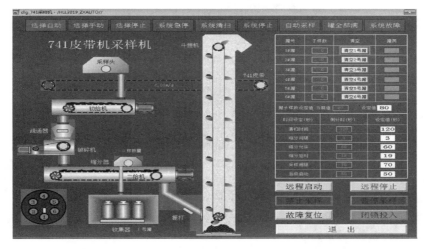

(f)

图 8-30（续）

17. 选煤厂智能控制系统

利用大数据分析模型,建设智能分选、智能浓缩、智能压滤、智能仓储与配煤、智能装车、智能集控、智能视频分析、智能停送电等系统,实现了选煤厂生产全过程智能化,极大地提高了选煤厂的产品质量、生产效率和安全管理水平。

红柳林煤矿基于数据分析的选煤厂智能控制系统演示界面见图 8-31。

(a)

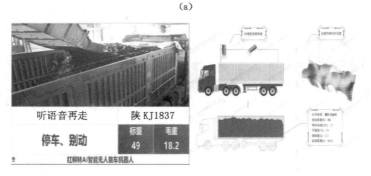

(b)

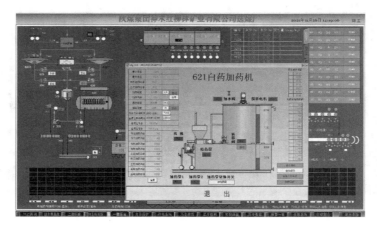

(c)

图 8-31 红柳林煤矿基于数据分析的选煤厂智能控制系统演示界面

（d）

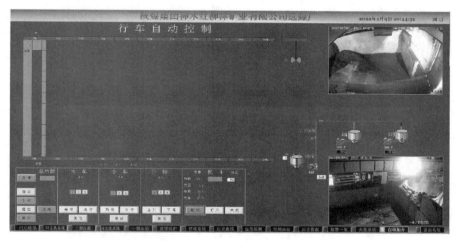

（e）

（f）

图 8-31（续）

18. 选煤厂智能管理决策系统

通过建设选煤厂智能管控平台及三维可视化系统,实现了生产、机电、技术、节能等日常运行协同管理,以三维立体方式展示了选煤厂整体场景结构及设备布局;通过安全监测系统及 AI 视频技术,对原煤杂物、人员不安全行为、设备运行状态进行实时在线监测并及时预测、预警。

以专家知识库中各类算法模型为基础,构建决策中心,进行生产情况、产量产率、设备健康诊断情况及各类数据的统计分析,为选煤厂管理决策提供有力支撑。

红柳林煤矿选煤厂智能管理决策系统演示界面见图 8-32。

(a)

(b)

图 8-32　红柳林煤矿选煤厂智能管理决策系统演示界面

三、关键创新技术

1. 率先创立全矿井数字孪生

基于统一的地理空间数据及各系统融合数据,矿井完成数字孪生场景建设,提升孪生空间表现能力,实现矿山总貌展示,完成巷道场景构建、综采面场景构建、通风场景构建、煤流场景构建、综合管控场景构建,最终实现对智能化矿山环境、设备的全要素构建。

红柳林煤矿智能综合管控平台演示界面见图 8-33。

图 8-33　红柳林煤矿智能综合管控平台演示界面

2. 率先创立矿山元图-数智工坊

红柳林煤矿搭建设备模型、系统组件库，支持"拖拉拽"功能，对接数字底座的设备数据，快速实现矿山智能应用编排、新场景的应用搭建，真正实现"数字模型拖拉拽，智能系统上线快，采掘机运通，场景随心配"，将井下业务变动带来的应用平台变化开发效率提升 200%，极大地提升煤矿上层业务应用的编排上线效率。

设备模型、系统组件库见图 8-34。

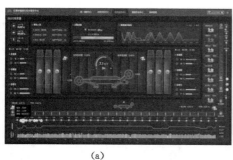

(a)　　　　　　　　　　　　　　(b)

图 8-34　设备模型、系统组件库

3. 率先创立煤炭行业 ICT 智能作业辅助系统

智能作业辅助系统，通过作业编排能力，实现各区队井下和地面的巡检、检修作业等场景的岗位作业标准化，作业管理数字化；通过多端协同，实现各队值班室人员和作业现场实时交互，远近协同，打造数字化班组。

煤炭行业 ICT(information and communication technology，信息与通信技术)智能作业辅助系统演示界面见图 8-35。

4. 应用基于 F5G 的全光工业网络

基于自主可控的要求，首次在井下使用 F5G 全光工业网络技术，以提供安全可靠的网络架构、光纤全路径双冗余保护，万兆直达末端，光纤链路故障 30 ms 快速自愈，解决网络带宽、网络自愈及熔纤问题。

基于 F5G 的全光工业网络见图 8-36。

图 8-35　煤炭行业 ICT 智能作业辅助系统演示界面

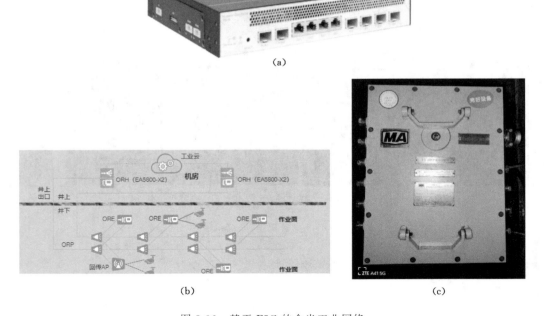

图 8-36　基于 F5G 的全光工业网络

5. 创新数据治理体系，建成全矿井一体化综合管控平台

基于工业互联网平台将矿井生产调度、安全管理、机电运输等系统数据采集入湖，沉淀煤炭行业数据模型和接口规范，统一权限，打破数据孤岛壁垒，支撑业务快速迭代，实现矿山业务系统的融合联动。统一数据采集可减少重复建设，降低企业建设成本 30%。

全矿井一体化综合管控平台界面见图 8-37。

6. 应用多场景智能机器人群

采用不同功能的智能机器人以适应多场景应用，实现远程或智能巡检及作业，代替

(a)

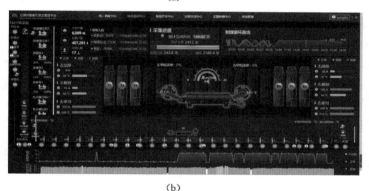

(b)

图 8-37　全矿井一体化综合管控平台界面

人工作业,逐步将人员从艰苦的工作环境中解放出来,降低人员劳动强度,改善工作环境。

多场景智能机器人群见图 8-38。

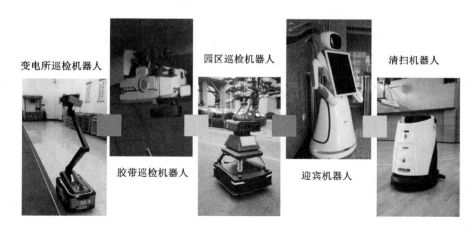

图 8-38　多场景智能机器人群

7. 设备全生命周期管理平台

设备全生命周期管理平台涵盖设备从购置、安装调试、使用维护、移动,到再制造及报废的全流程管理。

大型设备在线监测与故障诊断系统可接入通风系统、压风系统、主运输系统、辅助运输系统、供排水系统、综采系统、掘进系统、供电系统等八大系统,共 69 台(套)大型设备,可构建模型 502 个,实现设备隐形故障精准预测。

第四节　杨柳煤矿智能化矿井建设探索与实践

一、杨柳煤矿基本概况

杨柳煤矿位于安徽省淮北市濉溪县孙疃镇,南北长约 9 km,东西宽 3~9 km,井田面积为 60.197 6 km²。矿井于 2006 年 5 月开工建设,2011 年 12 月 23 日正式投产,设计生产能力为 180 万 t/a,核定生产能力为 180 万 t/a。截至 2022 年 5 月末,矿井剩余可采储量约 14 919.1 万 t。

矿井采用立井、石门开拓方式,通风方式为两翼对角式,通风方法为抽出式。中央区工业广场内设置有主井、副井和矸石井 3 个井筒,矿井东西翼分别布置东风井、西风井。主采 32、82、10 煤层,32 煤层平均厚度为 1.39 m,82 煤层平均厚度为 2.13 m,10 煤层平均厚度为 3.12 m。目前,矿井生产及生产准备均围绕 10 煤层进行,西翼 103 采区和北翼 107 采区接替交替回采,109 采区正在准备。矿井采用走向长壁采煤法,智能化采煤工艺,全部垮落法管理采空区顶板。矿井现有 1 个采煤工作面(1077 工作面)、3 个岩巷掘进工作面(109 采区轨道大巷、109 采区胶带大巷、105 采区煤仓清理联巷)、3 个煤巷掘进工作面(1034 工作面机巷、1034 工作面风巷、1076 工作面风巷)。其中,1077 工作面为智能化采煤工作面,109 采区胶带大巷、1076 工作面风巷为智能化掘进工作面。

二、杨柳煤矿智能化系统

围绕主要生产系统智能化、安全保障智能化、粉尘防控与职业健康等,杨柳煤矿建设了信息基础设施、地质保障系统、智能掘进系统、智能采煤系统、智能运输(主煤流运输、辅助运输)系统、通风与压风系统、供电与供排水系统、安全监控系统、智能化园区与经营管理系统及其他智能化项目。

1. 信息基础设施

目前,杨柳煤矿至集团之间的企业网络采用全万兆传输,机房布置两台万兆 H3C S7503E-M 型交换机,支持光纤单模、多模、超五类双绞线等多种传输介质。杨柳煤矿主干网络的有线网络传输速率为 10 000 Mb/s。生产系统、安全监控系统分别独立组网,已经建设完成千/万兆混合工业环网、千兆监测监控专用网。采用光纤工业以太环网+现场总线的模式,建设千/万兆混合光纤环网传输平台。地面网络与井下网络分别布设,地面网络与井下网络在核心交换层互通,具备自诊断功能,主干线路为冗余环形结构。杨柳煤矿建成井上下主要作业地点(巷道)无线 Wi-Fi 信号全覆盖网络。井下无线通信系统可接入不少于 256 台基站,可满足矿井无线全覆盖的需求。杨柳煤矿建设有矿数据中心,通过 ETL(extract transformation load,抽取、转换、装载)数据采集工具,对各业务系统中产生的数据进行抽取、清洗后,分类存储在杨柳煤矿 ODS(operational data store,操作型数据仓储)数据库中。同时,对数据进行不同维度、不同主题的分析与加工,最终存储到杨柳煤矿 EDW(enterprise data warehouse,企业数据仓库)数据库中。

杨柳煤矿建设了人员精准定位系统(图 8-39 和图 8-40),用"机房-井下交换机-基站-无线信号发射器"的方式为井下提供定位功能。杨柳煤矿机房已接入内网网络防火墙与工业网络防火墙,安全监控网络配备主、备网闸两部,实现专网与外网、控制网与管理网的隔离,网络防火墙具备网络入侵监测功能。淮北矿业集团数据中心已经完成了公有云服务器虚拟化的建设工作,该公有云的 X86 物理服务器上运行着几百台虚拟机,为杨柳煤矿提供了基于集团公司数据中心公有云所承载的管控一体化平台、大数据、生产调度、安全监控、财务共享等业务系统。杨柳煤矿私有云已在集团公司进行异地灾备。

图 8-39　人员精准定位系统导航图　　　　　图 8-40　人员精准定位系统基站

杨柳煤矿机房建立了环境监测系统,系统接入供配电、UPS、空调、烟感、温感、门禁、视频监控等,能够实现环境动态监测、关键设备及系统运行状态监测,具有灾害自动报警、关键设备和系统运行异常报警功能。杨柳煤矿综合自动化系统通过标准的西门子 S7 通信、TCP、OPC DA/UA 等通信方式采集数据,通过简单编程实现对流媒体视频监控设备的集成,见图 8-41。

杨柳煤矿构建了基于 AI 视频分析的识别模型库、基于各类数学算法(线性回归法、最小二乘法等)的预测模型库、基于现场 PLC 的设备控制模型库、基于集团/矿数据中心的数据分析决策模型库,实现了模型库的管理。杨柳煤矿综合管控平台具备数据采集工具(机语平台、综合自动化数据采集系统)、数据库(涛思实时数据库、MongoDB 非结构化数据库、MySQL 结构化数据库、SQL Server 结构化数据库、Oracle 结构化数据库等)、工业控制 SCADA(supervisory control and data acquisition,监控与数据采集系统)软件、操作系统软件(Linux、信创龙蜥、Windows等操作系统)、虚拟化软件(超融合系统)、网络管理软件(HiVision)、防病毒软件(360、火绒)。杨柳煤矿采用基于集团公司云计算中心的集团公司 BI(business intelligence,商业智能)分析平台,该平台具备各类数据分析模型及各类数据分析算法。在应用过程中,该平台可以根据实际业务的需求,进行各种数据场景的建模及展现。

融合平台采煤系统场景化应用演示界面如图 8-42 所示。

2.地质保障系统

杨柳煤矿的矿井地质探查采用定向钻技术,定向钻配备泥浆脉冲随钻测量系统

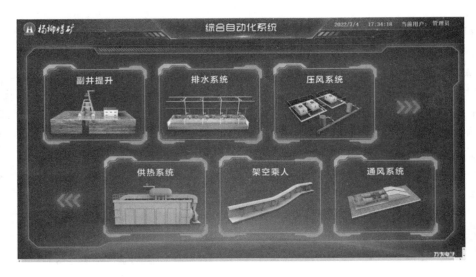

图 8-41　综合自动化系统

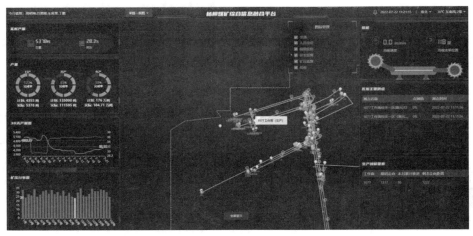

图 8-42　融合平台采煤系统场景化应用演示界面

(图 8-43),实时自动采集钻进中的各项施工参数及轨迹数据,通过随钻防爆计算机显示、存储。定向钻机均采用整体履带车装置,物探采用槽波地震、音频电透视、直流电法、顺变电磁法等技术,建立完善的矿井钻孔、导线、底板等高线、断层等地质信息数据库,地质数据与工程数据能够实现融合、共享。基于三维地质模型的数据处理架构和数据处理机制,能够利用煤层产状、地质构造等地质探测成果数据实时更新三维模型。通过点位三维精确赋值建立了杨柳煤矿地质信息数据库,创建了井巷工程、矿井关键地层及 7 个可采煤层、采空区、钻孔、断层三维地质模型,实现了矿山地质信息透明化。

地质模型基于精确赋值的基础数据建立,根据实时揭露数据进行动态修正,以提高模型精度。三维地质模型与煤层底板等高线、断层、勘探钻孔层位完全拟合,开拓巷道模型与测量控制点、工作面巷道模型与煤层产状高度拟合,地质模型的精度完全满足矿井智能化采

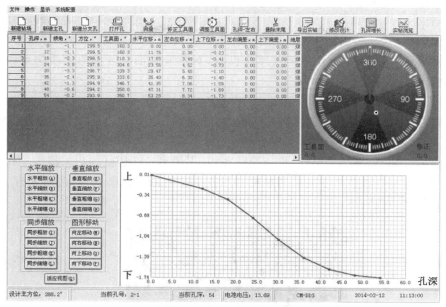

图 8-43　定向钻随钻测量系统界面

煤、智能化掘进、智能化通风、智能化安全监控等系统的需要。

　　根据矿井需求定制了杨柳煤矿 GIS 管理系统,采用自主可控技术与装备。系统服务端软件部署在虚拟机、Docker 容器等虚拟资源池内。杨柳煤矿能够对矿井地质数据进行关联分析,并用可视化的方式(图 8-44)进行直观展示,可根据需要对三维可视化加载地质数据、工程数据、三维模型进行空间信息分析。

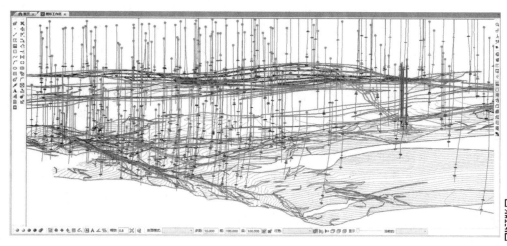

图 8-44　空间数据可视化

3. 智能掘进系统

矿井的煤巷掘进、支护等工艺流程已全部采用机械化作业。目前,巷道掘进采用的掘进机有 EBZ-260E 型智能掘进机、EBZ-260M-2 型掘锚护一体机、EBZ-260H 型掘进机、EQC4880 型全断面掘进机,机械化掘进技术成熟,同时建立了截割、装载、运输的联合机组。矿井建有安全监控系统,对掘进工作面温度和 CO、CH_4、粉尘浓度等生产环境数据进行实时智能监测及报警。采用钻探、物探等技术与设备,对巷道待掘进区域的地质构造、水文地质、瓦斯等进行超前探测。

盾构机(图 8-45)具有自主定位、定姿、定向功能,能够实现远程遥控行走。盾构机可提前设定刀盘转速、扭矩、推进速度等参数,配合智能导向系统进行自动截割,能够实现远程遥控截割,配备钻臂、钻车等支护设备,具有自动钻孔、工况在线监测及故障诊断等功能。盾构机配置临时支护系统,可缩小空顶距,快速形成支护,支护采用液压缸伸出支撑的工作方式。掘进、锚杆支护、运输等设备具备完善的单机状态监测和故障自诊断功能,能够实现设备之间的信号交互和联锁控制。

图 8-45　盾构机

盾构机采用一运＋二运＋连续输送机方式出渣,带式输送机机尾具备自移功能。盾构机掘进工作面建有运输系统集中控制中心,具有以太网数据上传功能,能够控制多部带式输送机的启停。带式输送机集中控制中心具有启车预警、故障智能报警、保护状态采集、运行工况监测、超限语音提示及保护停车功能。掘进工作面安全防护系统基于精确定位技术、AI 视频分析、近感探测技术,为井下掘进设备加装了电子围栏和一双"慧眼",实时监测设备周边危险区域内人员状况,实现人员进入设备运行危险区域的双向报警、远程监管功能。杨柳煤矿建有井下掘进系统集中控制中心或地面集中控制中心,掘进头和各转载点等区域安装高清摄像仪,实时监视掘进头重要点位,并将视频画面传输给远程集中控制中心和地面调度中心,准确识别掘进头及各关键部位生产环境。集中控制中心能够实现巷道掘进工作面破岩、运输等成套设备的"一键启停"控制。盾构机具备环境(粉尘、瓦斯等)智能监测与分析功能,具备智能降尘功能,并可与掘进装备实现联动。

4. 智能采煤系统

智能采煤系统的液压支架配置电液控制系统,实现支架的降、移、升等动作的自动控制,具有成组自动移架、推移刮板输送机、伸收护帮板、伸收伸缩梁等功能。采煤机为 MG650/1550-WD 型交流电牵引采煤机,采用智能决策记忆割煤技术实现记忆截割。在地面调度中心与井下控制台配置监控中心,具备对工作面设备的"一键启停"远程操控功能(图 8-46)。

工作面每 6 架支架安装 1 台云台摄像仪,与输送机机头、转载点等处摄像仪组成可视化监控系统。工作面智能化控制系统"一键启停"能够实现对采煤机、液压支架、刮板输送机、转载机、破碎机、供液系统等远程集中控制。采煤机机身安装各类高精度传感器,能实现机械、电气、液压等全方位姿态感知与故障诊断。采煤机安装牵引编码器与惯性导航系统,能实现自主精确定位。机身内安装倾角传感器(陀螺仪),可检测并计算采煤机倾角、仰俯角信息,以对采煤机姿态进行监测(图 8-47)。将采煤机和液压支架的作业工序详细划分成子工序,重新匹配子工序生成支架协同工序,并增加协同控制逻辑,形成采煤机、液压支架协同控制技术。采煤机具备"三角煤""三机"协同控制割煤、直线度检测、防碰撞检测功能并配备自动拖缆装置。

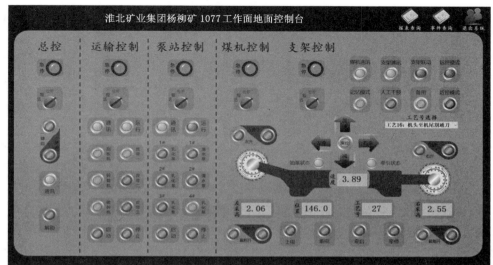

图 8-46　采煤机地面远程控制

图 8-47　采煤机姿态监测

根据采煤机定位,以电液控计算机主画面和工作面视频画面为辅助手段,通过支架远程操作台实现对液压支架的远程控制(图 8-48),完成支架单架或成组推移刮板输送机、降架、拉架、升架、喷雾除尘等动作,支架跟机率可达 75％以上。液压支架配备电液控制系统,可远程实现支架的降、移、升等动作,具有成组自动移架、推移刮板输送机、伸收护帮板、伸收伸缩梁等功能。液压支架具备支护高度、立柱压力、支护姿态、推移行程等支护状态监测功能以及自动找直、自动补压、自动喷雾等功能。工作面端头液压支架、超前支架均配置电液控制系统,能够就地控制与遥控控制。支护系统具有压力超前预警、自动跟机支护、伸缩梁(护帮板)防碰撞等功能。

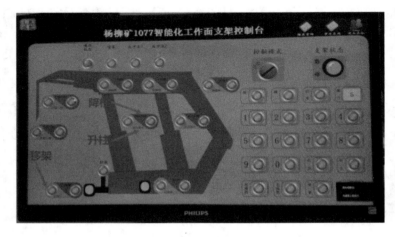

图 8-48　液压支架地面远程控制

刮板输送机采用变频软启动装置,具有煤流负荷检测、运行工况监测、故障诊断、链条自动张紧、断链停机保护、本地及远程控制"一键启停"等功能。自移式机尾和转载机自移系统采用电液控制,具有手动、自动遥控控制功能,实现"三机一架"协同控制。顺槽可伸缩带式输送机具备煤量、带速、温度等智能监测功能以及异物检测功能。顺槽可伸缩带式输送机安设跑偏、堆煤、撕裂、烟雾等保护,各保护装置安装符合要求,动作灵敏可靠,出现异常情况时能够及时停车。带式输送机能够实现基于煤量监测的智能调速控制以及电机高温、减速器轴承高温、润滑油高温、冷却水流量及压力不足、输送带打滑等故障诊断功能。刮板输送机卸煤点、转载机落煤点、带式输送机搭接点、采煤机割煤点等安装喷雾降尘装置,可实现智能喷雾。

供液系统具有在线监测功能,可以实现油温、油位、液位、温度、压力、浓度等运行状态参数的自动监测、预警功能;具有顺序启停、单启停、一键启停功能。乳化液泵站控制具有自动加卸载控制、主从控制、均衡开机等功能;乳化液泵站应具备进水过滤、高压反冲洗、自动配液、液位自动控制、乳化液浓度在线监测等功能。供电系统具有过流、短路、过压、欠压、漏电等故障监测和保护功能。移动变电站、组合开关等具有数据采集、上传与远程控制功能,在权限范围内能够进行分合闸操作,具备远程参数整定功能。工作面装备视频监控系统,具有视频增强、跟随采煤机自动切换视频画面功能,视频监控范围合理,监控画面清晰、稳定、无卡顿。

5. 主煤流运输系统

杨柳煤矿共有北翼、西翼两条主煤流运输系统,均采用带式输送机作为主煤流运输设备,其中北翼主煤流运输系统由两部带式输送机构成,西翼主煤流运输系统由三部带式输送机构成。主煤流运输系统中主运带式输送机、给煤机均使用独立的控制箱、操作台来实现设备单机"一键启停"、自动控制、变频驱动,均配备防滑、堆煤、跑偏等综合保护装置。控制箱通过光纤连接与主站相互通信,形成集中控制系统,并通过工业环网接入地面综合自动化平台(图 8-49),可实现地面远程集中控制、无人值守。煤矿采用立井箕斗进行煤炭提升,在自动化平台中,能实时监测提升速度。主煤流运输系统中沿线煤流基于 AI 识别实现分布状态的实时监测、变频调速,具备调速模型的优化功能,可实现煤流平衡。多部带式输送机搭接实现集中协同控制,具备语音预警功能。单条带式输送机配备 AI 智能识别系统,可实现带式输送机计量、空载、跑偏、大块煤、堆煤、异物,以及人员违规穿越带式输送机等预警、停车、实时抓拍等识别功能,见图 8-50。主煤流运输系统具备环境监测预警功能,可实现烟雾、粉尘、温度等的智能监测。

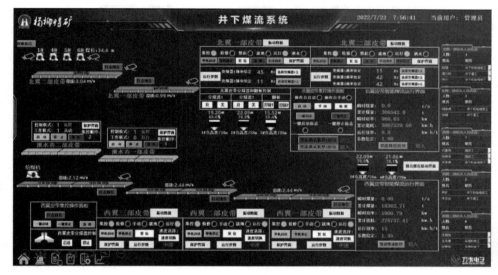

图 8-49　综合自动化平台

图 8-50　智能巡检机器人

6. 辅助运输系统

杨柳煤矿以柴油机单轨吊为主的辅助运输连续化作业新路径,能够实现集装化一站式点对点运输,实现无人驾驶,见图 8-51。矿井实现了井上下无线 Wi-Fi 信号全覆盖,在矿井人员精准定位系统内创建了车辆管理系统,通过在辅助运输车辆上安装精准定位卡,可实现车辆精准定位。矿井建立了矿用辅助运输智能监控与调度系统及井下智慧物流系统,实现对单轨吊、电机车、集装箱车等运输车辆位置、速度、运行参数、装载物料信息等各类状态信息的自动采集与智能监测。单轨吊无人驾驶系统是基于人工智能技术,面向井下使用环境的单轨吊机车的控制系统。系统以井下 Wi-Fi 网络为通信基础,采用超宽带无线通信技术及工业环网为传输平台,利用精确定位技术和机车安全运调技术,实现单轨吊无人驾驶。所有单轨吊(电机车)司机及跟车、调度人员现场均配备了手持终端。单轨吊具备车载视频、语音通话、应急呼救等功能,能实现相关信息的智能采集。杨柳煤矿对运输物资建立了编码体系,可实现物资运输的集装化,开发应用了仓储管理系统和智慧物流系统,两大系统均与物资管理系统无缝对接。

图 8-51　全国首台无人驾驶柴油机单轨吊机车

7. 通风与压风系统

杨柳煤矿主要通风机能够实现远程集中监控,具有一键式启动、停止、反风及倒机功能,局部通风机启停可实现远程监测。矿井具有完善的通风参数监测装置和系统,能够对井下瓦斯浓度、风压、风速等参数进行实时监测。矿井具有完善的通风参数(风压、风速、风量等)分析系统,可以对监测数据进行实时分析。过车风门、主要行人风门可实现自动开关,安装有视频监控系统、声光报警器;关键通风节点的风窗可实现远程控制。矿井建有智能通风模块,具备通风网络动态解算功能,能够对用风点的需风量进行预测。智能通风决策系统增加了故障诊断功能(风流异常故障、设施设备故障、监测传感器故障、网络结构故障)。智能通风系统可建立三维动态图,实时显示井下风流方向,对井下瓦斯(红色)、一氧化碳与风速(黄色)、压力与温湿度(绿色)等数据实时监测,实现三维动态显示,见图 8-52。井下发生灾变时,三维动态显示避灾路线,红色区域显示受灾区,黄色区域显示正常区,绿色区域显示最佳路线。

8. 供电与供排水系统

井下中央变电所、采区变电所均接入 KJ698 型煤矿智能供电监控系统,变电所重点部位均安设视频监控设施,可实现无人值守。井下中央水泵房和两个采区泵房,均具有自动化

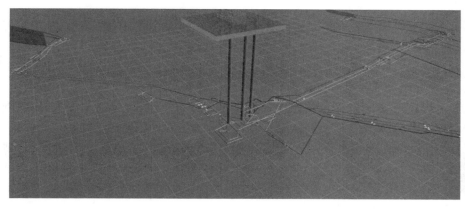

图 8-52　三维动态可视化

排水功能,可实现远程集中控制(图 8-53)。

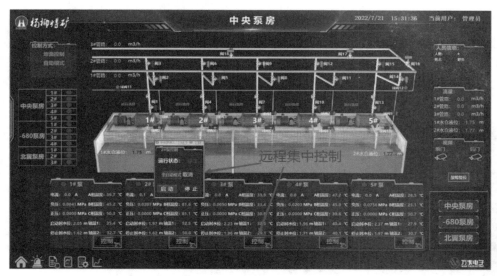

图 8-53　泵房远程集中控制

矿井供电系统由 35 kV 变电所、井下各变电所和配电点组成,均接入智能电力监控系统以实现数据采集、运行状态监视、远程集中控制、火灾预警、故障录波、防越级跳闸、大面积掉电一键复电、故障智能分析、井下局部通风机的远程切换等功能,可提高供电效率、保障供电安全。供电监控系统采用的新型智能保护器,具有漏电、短路、过载、断相及智能防越级跳闸等保护功能。杨柳煤矿智能电力监控系统,可实时对供电系统中设备电压、电流、频率、功率因数、电量等数据进行监测、显示,具备对设备分合闸遥控功能。井下主变电所、采区变电所、重要配电点均设置电力监控系统,实时监测电气设备运行工况,并具备无人值守条件,数据接入综合管控平台,实现状态参数实时显示、巡检故障录波储存、故障分析、智能预警、用电峰谷电量与能耗统计分析、电能质量监测。

9. 安全监控系统

系统通过信息集成采集瓦斯灾害防治、水灾防治、火灾防治、顶板灾害防治、粉尘灾害防治等灾害防治系统各类数据,研制的各种大数据分析模型包括故障分类挖掘、灾害关联分析、数据序列趋势分析、异常信息检测模型等,并基于大数据分析模型及故障模式,建立了实时监测系统,实现智能化子系统的在线状态评估与诊断。

现运行的 KJ73X 型煤矿安全监控系统安装有瓦斯传感器,通过数字化传输,将井下采集信号传输到地面,实现对主要作业环境瓦斯浓度变化的实时在线监测并自动生成曲线,当瓦斯浓度超过设定阈值时弹窗报警。系统可实现对瓦斯抽采作业全过程的管控,对打钻进行视频智能监控,对瓦斯抽采数据进行智能监测、分析、上传等。开发水文监测系统数据接口,建立水文监测数据管理平台,集成各矿井水文监测系统,采集水文监测实时数据和报警数据,开发监测数据综合查询和分析预警功能,并在"一张图"系统和透明化矿山系统中集成展示。矿井建有束管监测或光纤测温等自然发火监测预报系统,能够实现对井下采空区自然发火情况的监测、数据分析及上传。采煤工作面集控中心配置液压支架监测上位机,可实现对工作面矿压的实时监测。工作面架间采用 CAN 总线通信,接入工作面交换机,再通过工业以太网实现数据可靠传输。系统具备基于震动场监测、应力场监测等技术的冲击地压监测、预测与预警子系统,可对冲击危险区域进行实时监测。采煤工作面、掘进工作面具备粉尘浓度自动监测装置,可实现对粉尘浓度的实时监测、数据分析与上传及超限自动报警。系统具有完善的安全风险分级管控和隐患排查治理双重防控机制,可实现多种灾害监测数据的融合共享,以及对煤矿安全态势的动态评估、预测、预警,见图 8-54。

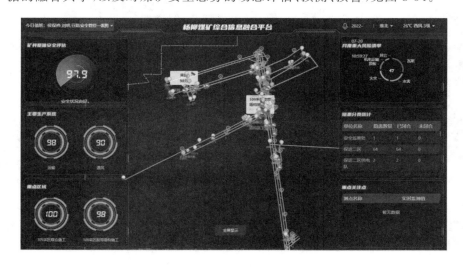

图 8-54 安全状态实时评估及预警

10. 智能化园区与经营管理系统

杨柳煤矿智能调度指挥中心(图 8-55)包含一套大屏显示系统,可通过人机对话方式完成煤矿安全生产全过程的监控与调度,可实现数据采集、信息发布、调度指挥、指令下达等业务的集中处理。矿井建有地面园区监控系统,可实现对地面车间厂房、园区大门等重点区域的监视防控,大门处安装智能门禁闸机系统,可通过人脸识别自动监测开启闸机并且测量体温,实现工业设施保障系统的智能决策和数据共享。杨柳煤矿综合管控平台建有安全生产监督和调度信息化系统,系统具备安全监测、人员定位、矿压监测、自动开采、声光报警、日常调度管理等功能。

图 8-55　智能调度指挥中心

杨柳煤矿决策支持系统基于集团/矿数据中心,可建立包括生产、经营、人力、监测、设备、能耗等在内的数据分析模型。杨柳煤矿决策支持系统将各类数据进行融合,以图表、同比环比和时间尺度等规则综合在大屏上展示,让管理人员掌握了解当前煤矿生产经营状况,辅助其制定决策。杨柳煤矿材料消耗分析界面见图 8-56。

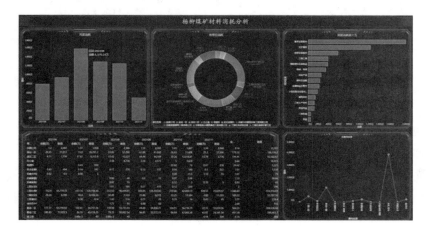

图 8-56　杨柳煤矿材料消耗分析界面

11. 其他智能化项目

自动润滑系统能够实现对主排水泵、东风井主要通风机与西风井主要通风机电机等设备的自动注油,系统包括润滑脂泵、油泵控制器等。矿灯智能充电系统能准确识别每盏灯充电状态、离架或在架情况、未充满或已在充情况。副井罐笼智能化系统包括罐内智能阻车装置、罐内应急通信系统、无线充电系统、智能控制系统和智能罐帘门。污水处理厂具备自动化污水处理能力,当提升泵在原水池达到水位后自动开启,加药装置与提升泵联动,自动添加药物,排污系统的排污阀实现定时排污。供水站自动化系统能够在线监控储水池水位,水池满水后自动停止水源井的水泵,可对水源井泵的出水量、压力等参数实时监控,实现水源井泵远程启停、变频调节,提高矿井水质,减少矿井水体氟含量,保障矿井水体的安全。人员入井智能检测系统主要体现为入井安检及考勤综合管理系统。杨柳煤矿在关联物资管理系统基础上开发应用了智能仓储与井下智慧物流系统,智能叉车见图 8-57。杨柳煤矿地面生产系统建立了25 mm 分级筛分工艺配套智能干选系统进行深度排矸。矿井通过 ILMS-2000 型智能装车计量系统,采用物联网+的理念,把绞车(铁牛)、带式输送机、给煤机、漏斗、空气炮、平煤器、轨道衡等机电设备和运销管理计量系统融为一体,通过视频监控和语音播报系统,实现了装车计量智能化、精准化。

图 8-57 智能叉车

思 考 题

1. 黄陵矿区智能化开采有哪些核心技术?
2. 简述黄陵一号煤矿"1+1+N"智能化开采新模式。
3. 黄陵矿区智能化开采取得的经济效益和社会效益如何?
4. 试述智慧矿山建设的设计原则。
5. 麻地梁煤矿哪些系统实现了智能化?
6. 5G 在麻地梁煤矿的工业应用包括哪些?
7. 麻地梁煤矿智能化开采取得的经济效益与社会效益如何?
8. 杨柳煤矿哪些系统实现了智能化?
9. 杨柳煤矿智能采煤系统包括哪些关键技术设备?
10. 杨柳煤矿智能掘进系统如何工作,如何实现智能化?

参 考 文 献

［1］付文俊,杨富强,彭伟,等.红庆梁煤矿安全智能视频系统［J］.煤矿安全,2018,
　　49(12):96-98.

［2］刘治翔,王帅,谢春雪,等.油缸位移传感器精度对掘进机截割成形误差影响规律研
　　究［J］.仪器仪表学报,2020,41(8):99-109.

［3］马明星.机掘巷道带式输送机智能监控系统的分析与应用［J］.机械管理开发,2021,
　　36(6):204-205.

［4］毛清华,陈磊,闫昱州,等.煤矿悬臂式掘进机截割头位置精确控制方法［J］.煤炭学
　　报,2017,42(增刊2):562-567.

［5］聂永朝,冯宝忠,杨洋.带式输送机智能运维管理平台研究与设计［J］.中国煤炭,
　　2021,47(4):37-44.

［6］唐恩贤.黄陵矿业公司智能化开采核心技术及其应用实践［J］.中国煤炭,2019,
　　45(4):13-18.

［7］王国法,刘峰.中国煤矿智能化发展报告(2020年)［M］.北京:科学出版社,2020.

［8］薛国华.黄陵一号煤矿智能开采新模式研究与实践［J］.中国煤炭工业,2022,48(5):
　　62-64.

［9］袁建平.黄陵一号煤矿薄煤层综采工作面智能化控制系统的研究［J］.山东煤炭科
　　技,2014(11):198-200.